"创新设计思维"
数字媒体与艺术设计类新形态丛书

U0390294

3ds

3ds Max
效果图制作 标准教程

微课版

互联网＋数字艺术教育研究院 ◎ 策划

程雯雯 张梅 ◎ 主编

田海燕 陈梦园 初秀伟 ◎ 副主编

人民邮电出版社
北 京

图书在版编目（ＣＩＰ）数据

3ds Max效果图制作标准教程：微课版 / 程雯雯,
张梅主编. -- 北京：人民邮电出版社，2022.7（2024.6重印）
（"创新设计思维"数字媒体与艺术设计类新形态丛
书）
ISBN 978-7-115-58640-7

Ⅰ．①3… Ⅱ．①程… ②张… Ⅲ．①三维动画软件—
教材 Ⅳ．①TP391.414

中国版本图书馆CIP数据核字(2022)第017672号

内 容 提 要

　　书全面系统地介绍了 3ds Max 2020 的基本操作方法和效果图的制作方法。全书共 9 章，内容包括基础知识和基本操作、基本几何体的创建、二维图形的创建、三维模型的创建、高级建模、复合对象的创建、材质和纹理贴图、摄影机和灯光环境特效的使用、综合实训案例——现代客餐厅。

　　本书将案例融入软件功能的介绍过程中，力求通过课堂案例演练，使读者快速掌握软件的应用技巧；读者在学习基础知识和基本操作后，通过课后习题实践，能够拓展读者的实际应用能力。本书的最后一章，精心设置了专业设计公司的精彩案例，力求通过综合实训案例的制作，使读者快速掌握效果图的设计理念和制作方法。

　　本书适合作为高等院校艺术设计专业相关课程的教材，也可作为从事效果图制作的设计人员的参考书。

◆ 主　　编　程雯雯　张　梅
　　副 主 编　田海燕　陈梦园　初秀伟
　　责任编辑　李海涛
　　责任印制　王　郁　陈　犇

◆ 人民邮电出版社出版发行　　北京市丰台区成寿寺路 11 号
　　邮编　100164　　电子邮件　315@ptpress.com.cn
　　网址　https://www.ptpress.com.cn
　　山东百润本色印刷有限公司印刷

◆ 开本：787×1092　1/16
　　印张：16.5　　　　　　　　　　　2022 年 7 月第 1 版
　　字数：476 千字　　　　　　　　 2024 年 6 月山东第 4 次印刷

定价：59.80 元

读者服务热线：(010)81055256　印装质量热线：(010)81055316
反盗版热线：(010)81055315
广告经营许可证：京东市监广登字 20170147 号

前言　FOREWORD

编写目的

3ds Max 功能强大、易学易用，深受设计者的喜爱。为了让读者能够快速且牢固地掌握 3ds Max 软件，并设计出更有创意的作品，我们几位长期在本科院校从事艺术设计教学的教师与专业设计公司经验丰富的设计师合作，并于 2016 年 3 月出版了《3ds Max 2014 效果图制作标准教程（微课版）》；截至 2020 年年底，该书已被近百所院校选作教材使用，并受到广大师生的好评。随着 3ds Max 软件版本的更新和该软件应用范围的扩大，我们几位编者再次合作，完成了本书的编写工作。本书以 3ds Max 2020 为软件版本，精选大量商业案例进行深入解析，以期能够快速提升读者的设计能力。

内容特点

本书章节内容按照"软件功能解析→课堂案例→课堂练习→课后习题"这一思路进行编排，且在本书最后一章设置了一个专业装饰设计公司的商业案例，以帮助读者综合应用所学知识。

软件功能解析： 在对软件的基本操作进行讲解之后，再通过对软件具体功能的详细解析，帮助读者深入掌握 3ds Max 的应用技巧。

课堂案例： 为读者精心挑选课堂案例，读者通过对课堂案例的实际操作，能够快速熟悉软件功能和效果图制作的基本思路。

课堂练习和课后习题： 本书设置了课堂练习，以帮助读者巩固所学知识；同时，为了拓展读者的实际应用能力，本书还设置了难度略为提升的课后习题。

明确设计目标，
总结知识要点

精选教学案例，
素材资源丰富

分步拆解案例，
详述操作方法

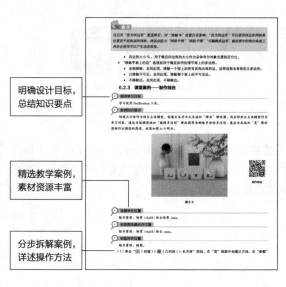

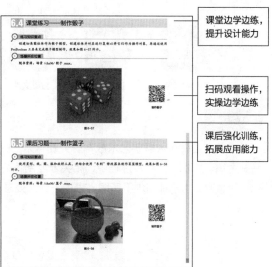

课堂边学边练，
提升设计能力

扫码观看操作，
实操边学边练

课后强化训练，
拓展应用能力

FOREWORD

学时安排

本书的参考学时为 60 学时，讲授环节为 28 学时，实训环节为 32 学时。各章的参考学时参见以下学时分配表。

章	课程内容	学时分配 / 学时	
		讲授	实训
第 1 章	基础知识和基本操作	4	—
第 2 章	基本几何体的创建	4	4
第 3 章	二维图形的创建	4	4
第 4 章	三维模型的创建	4	4
第 5 章	高级建模	2	4
第 6 章	复合对象的创建	2	4
第 7 章	材质和纹理贴图	2	4
第 8 章	摄影机和灯光环境特效的使用	2	4
第 9 章	综合实训案例——现代客餐厅	4	4
学时总计		28	32

资源下载

为方便读者线下学习或教学，书中所有案例的微课视频、基础素材和效果文件，以及 PPT 课件、教学大纲、教学教案等资料，读者可登录人邮教育社区（www.ryjiaoyu.com），在本书相应页面中免费下载使用。

微课视频　　　基础素材　　　效果文件　　　PPT 课件　　　教学大纲　　　教学教案

致　谢

本书由互联网 + 数字艺术教育研究院策划，由程雯雯、张梅担任主编，田海燕、陈梦园、初秀伟担任副主编。在本书的编写过程中，相关专业制作公司的设计师为本书提供了许多精彩的商业案例，在此也表示感谢。由于编写水平所限，书中不当之处恳请读者批评、指正。

编　者
2022 年 2 月

目录 CONTENT

CONTENT

CONTENT

Chapter

1

第1章
基础知识和基本操作

本章将介绍室内设计的一些基本常识，并介绍3ds Max 2020软件中的操作界面、参考坐标系、对象的选择方式、对象的变换和复制、捕捉工具、对齐工具、撤销与重做工具及对象的轴心控制等内容。

课堂学习目标

- 了解3ds Max与室内设计的关系

- 了解3ds Max 2020中文版的操作界面

- 掌握3ds Max 2020中常用的工具

1.1 3ds Max 室内设计概述

　　室内设计是一个很复杂和庞大的学习系统，里面涉及的科目和专业知识十分广泛。也可以说，室内设计是技术与艺术的完美结合。设计师不仅要掌握娴熟的软件操作技术，更要具备良好的美术功底、设计理论、报价预算、施工流程及工艺等素养和行业知识，然后通过计算机将头脑中的设计理念以效果图的形式展现出来，进而实施，使其变为现实。3ds Max 是使设计理念转化为效果图的最好工具。下面先概括性地介绍如何使用 3ds Max 进行室内设计。

1.1.1 室内设计概述

　　现代室内设计作为一门新兴的学科，尽管还只是近数十年的事，但是人们有意识地对自己生活、生产活动的室内进行安排、布置，甚至美化、装饰，却早已从人类文明伊始的时期就存在了。

　　室内设计根据建筑物的使用性质、所处环境和相应标准，运用物质技术手段和建筑设计原理，创造功能合理、舒适优美、满足人们物质和精神生活需要的室内环境，让不同的环境给人以不同的感觉。图 1-1 ～ 图 1-4 所示为一些室内效果图，这些空间环境既具有使用价值、满足相应的功能要求，又同时反映了历史文脉、建筑风格、环境气氛等精神因素，明确地把"创造满足人们物质和精神生活需要的室内环境"作为室内设计的目的。现代室内设计是综合的室内环境设计，它包括视觉环境和工程技术方面的问题，也包括声、光、热等物理环境及氛围、意境等心理环境和文化内涵等内容。

图 1-1

图 1-2

图 1-3

图 1-4

　　人的一生，绝大部分时间是在室内度过的。因此，人们设计、创造的室内环境，必然会直接关系到室内生活、生产活动的质量，如人们的安全、健康、工作效率、舒适度等。

　　对室内设计含义的理解及室内设计与建筑设计的关系从不同的视角、不同的侧重点来分析，许多学者都有不少深刻见解、值得仔细思考和借鉴的观点。

　　为了保证设计质量，标准的室内设计一般可以分为以下 4 个阶段。

　　（1）设计准备阶段

　　设计准备阶段包括：与客户签订合同，或者是根据标书要求参加投标；明确设计期限、制定设计计划进度安排，考虑各工种的配合与协调；明确设计任务和要求，熟悉与设计有关的规范和定额标准，收集并分析必要的资料和信息，如对现场的调查及对同类型实例的参考。此外，还包括设计费标准，即室内设计收取业主的设计费占室内装饰总投入资金的百分比。

　　（2）方案设计阶段

　　方案设计阶段是在设计准备阶段的基础上，进一步收集、分析、运用与设计任务有关的资料和信息，构思立意，进行初步方案设计，然后深入设计，进行方案的分析与比较。

　　（3）施工图设计阶段

　　施工必须要有平面布局、室内立面和平顶等图纸，还需要包括构造节点详细图、局部大样图、设备管线图，以及编制的施工说明和造价预算报告。

　　（4）设计实施阶段

　　实际实施阶段也就是工程的施工阶段。室内工程在施工前，设计人员应向施工单位进行设计意图说明及图纸的技术交底；工程施工期间需按图纸要求核对施工实况，有时还需根据现场实况提出对图纸的局部修改或补充；施工结束时，会同质检部门和建设单位进行工程验收。

1.　家装设计与美术基础

　　看一名效果图设计师是否具有美术基础和深厚的艺术修养，通过他 / 她对图 1-5 所示透视效果图的表现能力，即可得出明确的答案。

　　一名效果图设计师审美修养的培育和透视效果图表现能力的提高，都有赖于深厚的美术基本功底。活跃的思路、快速的表现方法可以通过大量的图 1-6 所示室内速写得到锻炼；准确的空间形体造型能力、清晰的空间投影概念可以通过图 1-7 所示结构素描得到解决；丰富敏锐的色彩感觉可以通过图 1-8 所示的色彩写生得到练习。

图 1-5

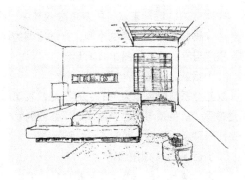

图 1-6

　　随着设计元素多元化时代的来临，人们对建筑效果图作品的要求也在不断提高。人们不再有从众心理，而是追求个性化、理想化的设计作品。这样的设计作品，无疑是需要广阔的设计思路和创新理念，否则，设计师终会被本行业所淘汰。

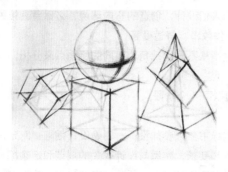

图 1-7

图 1-8

对于一名成熟的设计师来说，其仅仅具备美术基础是远远不够的。室内设计师还要对材料、人体工程学、结构、光学、摄影、历史、地理、民族风情等一些相关知识有所掌握。这样，其设计作品才会有内容、有内涵、有文化。

效果图设计是属于实用美术类的范畴。如果设计的成果只存在艺术价值，而忽略其使用功能，那么，这个设计只能是以失败而告终，同时也就失去了室内设计的意义。

2. 色彩与风格

没有难看的颜色，只有不和谐的配色。在一所房子中，色彩的使用还蕴藏着健康的学问。太强烈的色彩易使人产生烦躁的感觉和影响人的心理健康，设计师把握一些基本原则，就会发现家庭装饰的用色并不难。室内的装修风格非常多，合理地把握这些风格的大致特征且加以应用，并时刻把握最新、最流行的装修风格，对于设计师是非常有必要的。

色环其实就是彩色光谱中所见的长条形色彩序列，将首尾连接在一起，使红色连接到另一端的紫色所构成的环。色环通常包括 12 种不同的颜色，如图 1-9 所示。

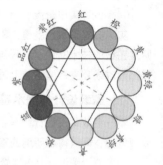

图 1-9

如果能将色彩运用得和谐、得当，设计师可以更加随心所欲地装扮自己的或他人的爱家。

（1）黑 + 白 + 灰 = 永恒经典

一般人在居家中，不太敢尝试过于大胆的颜色，认为还是使用白色比较安全。黑加白可以营造出强烈的视觉效果，近年来流行的灰色融入其中，缓和黑与白的视觉冲突感，从而营造出另一种不同的韵味。由 3 种颜色搭配出来的空间，充满冷调的现代与未来感。在这种色彩情景中，会由简单而产生出理性、秩序与专业感，如图 1-10 所示。

（2）银蓝 + 敦煌橙 = 现代 + 传统

以蓝色系与橙色系为主的色彩搭配，表现出现代与传统、古与今的交汇，碰撞出兼具现代与复古的视觉感受。蓝色系与橙色系原本属于强烈的对比色系，只是在双方的色度上有些变化。这两种色彩能给予空间一种新的生命，如图 1-11 所示。

（3）蓝 + 白 = 浪漫温情

无论是淡蓝还是深蓝，都可把白色的清凉与无瑕表现出来，这样的白色令人感到十分自由，令人的心胸开阔，如海天一色般的开阔、自在。蓝色与白色合理搭配给人以放松、冷清的感觉，如地中海风格主要就是以蓝色与白色进行搭配，如图 1-12 所示。

（4）黄 + 绿 = 新生的喜悦

黄色和绿色的配色方案可以令活力复苏。例如，鹅黄色是一种清新、鲜嫩的颜色，代表的是新生的喜悦；淡绿色是让人内心感到平静的色调，令人感觉如清风拂面，可以中和鹅黄色的轻快感，让空间沉稳下来。这样的室内配色方法是十分适合年轻夫妻使用的，如图 1-13 所示。

图 1-10

图 1-11

图 1-12

图 1-13

3. 色彩与色彩心理

色彩心理学家认为，不同颜色对人的情绪和心理的影响有所差别。色彩心理是客观世界的主观反映。不同波长的光作用于人的视觉器官而产生色感时，必然导致人产生某种带有情感的心理活动。事实上，色彩生理和色彩心理过程是同时交叉进行的，它们之间既相互联系又相互制约。在一定的生理变化时，就会产生一定的心理活动；在有一定的心理活动时，也会产生一定的生理变化。比如，红色能使人生理上脉搏加快，血压升高，心理上具有温暖的感觉。长时间红光的刺激，会使人心理上产生烦躁不安，在生理上欲求相应的绿色来补充平衡。因此，色彩的美感与生理上的满足和心理上的快感有关。

（1）色彩心理与年龄有关

根据实验室心理学的研究，人随着年龄上的变化，生理结构也发生变化，色彩所产生的心理影响随之有别。有人做过统计：儿童大多数喜爱鲜艳的颜色。婴儿喜爱红色和黄色，4 ～ 7 岁儿童最喜爱红色，8 ～ 15 岁的小学生中男生的色彩爱好次序为绿、红、青、黄、白、黑；女生的色彩爱好次序为绿、红、白、青、黄、黑。随着年龄的增长，儿童的色彩喜好逐渐向复色过渡，并逐渐向黑色靠近。这是因为儿童刚走入这个大千世界，脑子思维一片空白，感觉什么都是新鲜的，需要简单的、新鲜的、强烈刺激的色彩，但他们的神经细胞产生得快、补充得快，慢慢脑神经记忆库已经被其他刺激占去了许多，色彩感觉相应会成熟和柔和些。

（2）色彩心理与职业有关

体力劳动者喜爱鲜艳色彩，普通脑力劳动者喜爱调和色彩；农牧区的人喜爱极鲜艳的、成补色关系的色彩；高级知识分子则喜爱复色、淡雅色、黑色等较成熟的色彩。

（3）色彩心理与社会心理有关

由于不同时代在社会制度、意识形态、生活方式等方面的不同，人们的审美意识和审美感受也不同。古典时代认为不和谐的配色，在现代却被认为是新颖的、美的配色。反传统的配色在装饰色彩史上的例子是举不胜举的。一个时代的色彩审美心理受社会心理的影响很大，所谓的"流行色"就是社会心理的一种产物，时代的潮流、现代科技的新成果、新艺术流派的产生，甚至是自然中某种异常现象所引起的社会心理都可能对色彩心理产生作用。当一些色彩被赋予时代精神的象征意义，符合人们的认识、理想、兴趣、爱好、欲望时，那么这些具有特殊感染力的色彩会流行开来。比如，20 世纪60 年代初，宇宙飞船的上天给人类开拓了进入宇宙空间的新纪元，这个标志着新科学时代的重大事件曾轰动世界，各国人民都期待着宇航员从太空中带回新的趣闻。色彩研究家抓住了人们的心理，发布了"流行宇宙色"，结果这种颜色在一段时期内流行于全世界。这种宇宙色的特色是浅淡明快的高短调，抽象、无复色。不到一年，又开始流行低长调、成熟色、暗中透亮、几何形的格子花布，但一年后，又开始流行低短调、有复色、抽象、形象模糊、似是而非的时代色。以上就是动态平衡的审美欣赏循环。

4．共同的色彩情感

虽然色彩引起的复杂情感是因人而异的，但由于人类生理构造和生活环境等方面存在着共性，因此对大多数人来说，无论是单一色还是混合色，在色彩的心理方面也存在着共同的色彩情感。根据心理学家的研究，共同的色彩情感主要有 7 个方面，即色彩的冷暖、色彩的轻重感、色彩的软硬感、色彩的强弱感、色彩的明快感与忧郁感、色彩的兴奋感与沉静感、色彩的华丽感和朴实感。

正确的应用色彩美学，还有助于改善居住环境。宽敞的居室采用暖色装修，可以避免房间给人以空旷感；房间小的住户可以采用冷色装修，在视觉上让人感觉空间大些。人口少而令人感到冷清的家庭居室宜选暖色，人口多而感觉喧闹的家庭居室宜用冷色。同一家庭在室内色彩上也有侧重，例如：卧室装修色调暖些，有利于增进夫妻感情的和谐；书房用淡蓝色装饰，使人能够集中精力学习、研究；餐厅里，红棕色的餐桌有利于增进食欲。对不同的气候条件运用不同的色彩也可以在一定程度上改变环境气氛。在严寒的北方，人们希望室内墙壁、地板、家具、窗帘选用暖色装饰会有温暖的感觉；反之，南方气候炎热、潮湿，采用青、绿、蓝色等冷色调装饰居室，感觉上比较清凉。

研究由色彩引起的共同情感，对于装饰色彩的设计和应用具有十分重要的意义。

（1）恰当地使用色彩装饰在工作上能减轻疲劳，提高工作效率。

（2）冬天朝北的办公室房间，使用暖色能增加温暖感。

（3）住宅采用明快的配色，能给人以宽敞、舒适的感觉。

（4）娱乐场所采用华丽、兴奋的色彩能增强欢乐、愉快、热烈的气氛。

（5）学校、医院采用明洁的配色能为学生、病员创造安静、清洁、卫生、幽静的环境。

1.1.2　室内建模的注意事项

模型是室内效果图的基础，准确、精简的建筑模型是效果图制作成功最根本的保障。3ds Max 2020 以其强大的功能、简便的操作而成为室内设计师建模的首选。要真正进行室内建模，有以下几点要注意的事项。

（1）建筑单位必须统一。制作建筑效果图，最重要的一点就是必须使用统一的建筑单位。3ds Max 2020 具有强大的三维造型功能，但它的绘图标准是"看起来是正确的即可"，而对于设计师而言，他们往往需要精确定位。因此，一般在 AutoCAD 中建立模型，再通过文件转换进入 3ds Max 2020。用

AutoCAD 制作的建筑施工图都是以 mm 为单位的，本书中制作的模型也是使用 mm 为单位的。

3ds Max 2020 中的单位是可以选择的。在设置单位时，并非必须使用 mm 为单位，因为输入的数值都是通过实际尺寸换算为 mm 的。也就是说，用户如果使用其他单位进行建模也是可以的，但应该根据实际物体的尺寸进行单位的换算，这样才能保证制作出的模型和场景不会发生比例失调的问题，也不会给后期建模过程中导入模型带来不便。

所以在进行模型制作时，设计师一定要按实际尺寸换算单位进行建模。对于所有制作的模型和场景，设计师也应该保证使用相同的单位。

（2）模型的制作方法。通过几何体的搭建或命令的编辑，用户可以制作出各种模型。3ds Max 2020 的功能非常强大，用户制作同一个模型可以使用不同的方法，所以书中介绍的模型制作方法也不仅限于此，例如灵活运用修改命令进行编辑，用户就能通过不同的方法制作出模型。

（3）灯光的使用。使用 3ds Max 2020 建模时，灯光和摄影机是两个重要的工具，尤其是灯光的设置。在场景中进行灯光的设置不是一次就能完成的，设计师需要耐心调整，才能得到好的效果。由于室内场景中的光线照射非常复杂，因此设计师要在室内场景中模拟出真实的光照效果，在设置灯光时就需要考虑到场景的实际结构和复杂程度。

三角形照明是最基本的照明方式，它使用 3 个光源：主光源最亮，用来照亮大部分场景，通常会投射阴影；背光用于将场景中物品的背面照亮，可以展现场景的深度，一般位于对象的后上方，光照强度一般要小于主光源；辅助光源用于照亮主光源没有照射到的黑色区域，以控制场景中的明暗对比度，亮的辅助光源能平均光照，暗的辅助光源能增加对比度。

如果渲染出图后对灯光效果还是不满意，设计师可以使用 Photoshop 软件进行修饰。

（4）摄影机的使用。3ds Max 2020 中的摄影机与现实生活中的摄影机一样，也有焦距和视野等参数。同时，它还拥有超越真实摄影机的能力，更换镜头、无级变焦都能在瞬间完成。自由摄影机还可以绑定在运动的物体上来制作动画。

在建模时，设计师可以根据摄影机视图的显示创建场景中能够被看到的物体，这种做法可以不必将所有物体全部创建，从而降低场景的复杂度。比如，一个场景的各个面在摄影机视图中不可能全部被显示出来，这样在建模时只需创建可见面，而最终效果是不变的。

摄影机创建完成后，设计师需要对摄影机的视角和位置进行调节。48mm 是标准人眼的焦距，使用短焦距能模拟出鱼眼镜头的夸张效果，而使用长焦距则能观察较远的景物，并保证物体不变形。摄影机的位置也很重要，镜头的高度一般为正常人的身高，即 1.7m，这时的视角最真实。对于较高的建筑，设计师可以将目标点抬高，用来模拟仰视的效果。

（5）材质和纹理贴图的编辑。材质是表现模型质感的重要因素之一，创建模型后，设计师必须为模型赋予相应的材质才能表现出具有真实质感的效果。对于有些材质，设计师还需要为其配以灯光和环境才能表现出效果，例如建筑效果图中的玻璃质感和不锈钢质感等都具有反射性，如果没有灯光和环境的配合，效果是不真实的。

1.2　3ds Max 2020 的操作界面

运行 3ds Max 2020 后，首先映入眼帘的就是视图和面板。这两个板块为 3ds Max 2020 中重要的操作界面，可配合一些其他工具来制作模型。

1.2.1　3ds Max 2020 操作界面认识

在学习 3ds Max 2020 之前，首先要认识它的操作界面，并熟悉各控制区的用途和使用方法，这样才能在建模操作过程中得心应手地使用各种工具和命令，并可以节省大量的工作时间。

3ds Max 2020 的操作界面主要包括标题栏、菜单栏、工具栏、工作区、命令面板、视图控制区、动画控制区、MAXScript 迷你侦听器、状态栏和提示行几大部分，如图 1-14 所示。

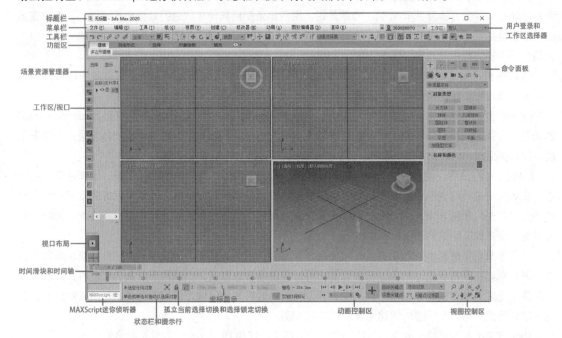

图 1-14

1.2.2 标题栏

标题栏 🟦 无标题 - 3ds Max 2020 位于 3ds Max 2020 软件的顶部，用以显示软件图标、场景文件名称和软件版本；单击右侧的 ─ □ × 三个按钮，可以将软件界面最小化、最大化和关闭。

1.2.3 菜单栏

菜单栏位于主窗口的顶部、标题栏的下方，如图 1-15 所示。每个菜单名称表明该菜单上命令的用途。单击菜单名时，下面弹出很多命令。

文件(F) 编辑(E) 工具(T) 组(G) 视图(V) 创建(C) 修改器(M) 动画(A) 图形编辑器(D) 渲染(R) Civil View 自定义(U) 脚本(S) Interactive 内容 帮助(H)

图 1-15

- "文件"菜单：该菜单中包含文件管理命令，如新建、重置、打开、保存、归档、退出等命令，如图 1-16 所示。
- "编辑"菜单：该菜单包含用来在场景中选择和编辑对象的命令，如撤销、重做、暂存、取回、删除、克隆、移动等命令，如图 1-17 所示。
- "工具"菜单：该菜单显示可帮助用户更改或管理对象（特别是对象集合）的对话框，从图 1-18 所示的下拉菜单中可以看到了常用的工具和命令。
- "组"菜单：该菜单包含用于将场景中的对象成组和解组的功能，如图 1-19 所示。"组"命令可将两个或多个对象组合为一个组对象。为组对象命名后，就可以像对任何其他对象一样来对该组对象进行处理。
- "视图"菜单：该菜单包含用于设置和控制视口的命令，如图 1-20 所示。通过用鼠标单击视口标签 [+] [透视] [标准] [默认明暗处理] 也可以访问与该菜单中相似的某些命令，如图 1-21 所示。

图 1-16

图 1-17

图 1-18

图 1-19

图 1-20

图 1-21

● "创建"菜单：该菜单提供了创建几何体、灯光、摄影机和辅助对象的命令。该菜单中又包含各种子菜单，它与创建命令面板中的各项是相同的，如图 1-22 所示。

● "修改器"菜单：该菜单提供了快速应用常用修改器的命令。同样，该菜单中又划分为一些子菜单。此菜单上各个项的可用性取决于当前选择，如图 1-23 所示。

● "动画"菜单：该菜单提供了一组有关动画、约束、控制器及反向运动学（IK）解算器的命令。此菜单中还提供自定义属性和参数关联控件，以及用于创建、查看和重命名动画预览的控件，如图 1-24 所示。

图 1-22   图 1-23   图 1-24

● "图形编辑器"菜单：该菜单中的命令可以访问用于管理场景及其层次和动画的图形子窗口，如图 1-25 所示。

● "渲染"菜单：该菜单包含用于渲染场景、设置环境和渲染效果、使用 Video Post 合成场景及访问 RAM 播放器的命令，如图 1-26 所示。

● "Civil View"菜单：要使用"Civil View"菜单，必须将该软件界面初始化，然后重新启动 3ds Max 2020。

● "自定义"菜单：该菜单包含用于自定义 3ds Max 用户界面（UI）的命令，如图 1-27 所示。

● "脚本"菜单：该菜单包含用于处理脚本的命令，这些脚本是用户使用软件内置脚本语言 MAXScript 创建而来的，如图 1-28 所示。

● "Interactive"菜单：该菜单用于获取 Interactive。3ds Max Interactive 是一款 VR 引擎，可以扩展 3ds Max 的功能，创建身临其境的交互式体系结构可视化，其核心是 Autodesk Stingray 引擎，但我们计划将 3ds Max Interactive 调整为可视化工作流的特定需求，而不是实时渲染游戏。

● "内容"菜单：使用该菜单可以启动 3ds Max 2020 资源库。

● "帮助"菜单：通过"帮助"菜单可以访问 3ds Max 联机参考系统，如图 1-29 所示。其中，"欢迎屏幕"命令显示第一次运行 3ds Max 时默认情况下打开的"欢迎使用屏幕"对话框。

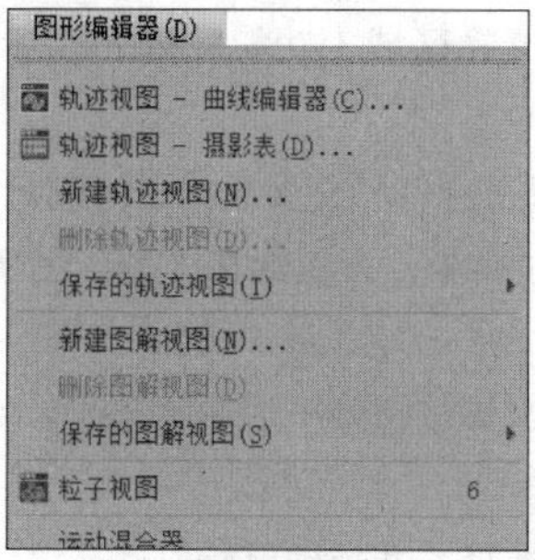

图 1-26

图 1-25

图 1-27

图 1-28

图 1-29

1.2.4　工具栏

通过工具栏可以快速访问 3ds Max 2020 中许多常见操作的工具和对话框，如图 1-30 所示。

图 1-30

下面对工具栏中的各个工具进行介绍，以便后来的应用。

● ↩（撤销）和 ↪（重做）："撤销"按钮可取消上一次的操作，如"选择"操作和在选定对象上执行的操作。"重做"按钮可取消上一次的"撤销"操作。

- （选择并链接）：可将两个对象链接作为子和父，定义它们之间的层次关系。子级将继承应用于父级的变换（移动、旋转和缩放），但是子级的变换对父级没有影响。

- （取消链接选择）：使用"取消链接选择"按钮可移除两个对象之间的层次关系。

- （绑定到空间扭曲）：该按钮可以把当前选择附加到空间扭曲。

- 全部 ▼ （选择过滤器列表）：单击右侧 ▼ 按钮，可以打开"选择过滤器列表"，如图 1-31 所示。详细介绍可参见 1.4.4 小节。

图 1-31

- （选择对象）：可使用户选择对象或子对象，以便进行操作。

- （按名称选择）：可以使用"从场景选择"对话框从当前场景中的所有对象列表中选择对象。

- （矩形选择区域）：在视口中以矩形框选区域。弹出按钮中提供了 （圆形选择区域）、 （围栏选择区域）、 （套索选择区域）和 （绘制选择区域）功能，以供选择。

- （窗口／交叉选择切换）：在按区域选择时，单击该按钮可以在窗口和交叉模式之间进行切换。在窗口模式 中，只能选择所选内容内的对象或子对象。在交叉模式 中，可以选择区域内的所有对象或子对象，以及与区域边界相交的任何对象或子对象。

- （选择并移动）：要移动单个对象，则无须先选择该按钮。当该按钮处于活动状态时，单击对象进行选择，并拖动鼠标以移动该对象即可。

- （选择并旋转）：当该按钮处于激活状态时，单击对象进行选择，并拖动鼠标以旋转该对象。

- （选择并均匀缩放）：使用该按钮，可以沿 3 个轴以相同量缩放对象，同时保持对象的原始比例； （选择并非均匀缩放）按钮可以根据活动轴约束以非均匀方式缩放对象； （选择并挤压）按钮可以根据活动轴约束来缩放对象。

- （选择并放置）：使用"选择和放置"工具将对象准确地定位到另一个对象的曲面上。此方法大致相当于"自动栅格"选项，但随时可以使用，而不仅限于在创建对象时。

- （使用轴点中心）：该按钮提供了对用于确定缩放和旋转操作几何中心的 3 种方法的访问。 （使用轴点中心）按钮可以围绕其各自的轴点旋转／缩放一个或多个对象。 （使用选择中心）按钮可以围绕其共同的几何中心旋转／缩放一个或多个对象。如果变换多个对象，该软件会计算所有对象的平均几何中心，并将此几何中心用作变换中心。 （使用变换坐标中心）按钮可以围绕当前坐标系的中心旋转／缩放一个或多个对象。

- （选择并操纵）：使用该按钮可以通过在视口中拖动"操纵器"，编辑某些对象、修改器和控制器的参数。

- （键盘快捷键覆盖切换）：使用该按钮可以在只使用主用户界面快捷键与同时使用主快捷键和组（如编辑／可编辑网格、轨迹视图和 NURBS 等）快捷键之间进行切换；此外，在自定义用户界面对话框中可以自定义键盘快捷键。

- 3² （捕捉开关）： 3² （3D 捕捉）是默认设置，鼠标指针直接捕捉到 3D 空间中的任何几何体，3D 捕捉用于创建和移动所有尺寸的几何体，而不考虑构造平面； 2² （2D 捕捉），鼠标指针仅捕捉到活动构建栅格，并包括该栅格平面上的任何几何体，将忽略 z 轴或垂直尺寸； 2² （2.5D 捕捉），鼠标指针仅捕捉活动栅格上对象投影的顶点或边缘。

- （角度捕捉切换）：角度捕捉切换用于确定被操作对象以多大角度增量旋转。默认设置为以 5° 增量进行旋转。

- % （百分比捕捉切换）：该按钮通过使用百分比捕捉切换指定的百分比控制对象的缩放。

- （微调器捕捉切换）：使用该按钮可设置 3ds Max 中所有微调器的单个单击增加或减少值。

- ■（编辑命名选择集）：显示"编辑命名选择集"对话框，可用于管理子对象的命名选择集。
- ■（镜像）：单击该按钮将打开"镜像"对话框，用户利用该对话框可以在镜像一个或多个对象的同时，移动这些对象，也可以同时创建克隆对象。"镜像"对话框还可以用于围绕当前坐标系中心镜像当前选择对象。
- ■（对齐）：该按钮提供了用于对齐对象的 6 种不同工具的访问。在对齐弹出按钮中单击 ■（对齐）按钮，然后选择对象，将打开"对齐"对话框，使用该对话框可将当前选择与目标选择对齐，目标对象的名称将显示在"对齐"对话框的标题栏中。执行子对象对齐时，"对齐"对话框的标题栏会显示为对齐子对象当前选择。使用"快速对齐"按钮 ■ 可将当前选择的位置与目标对象的位置立即对齐；使用 ■（法线对齐）按钮可打开对话框，基于每个对象上面或选择的法线方向将两个对象对齐；使用 ■（放置高光）按钮，可将灯光或对象对齐到另一对象，以便可以精确定位其高光或反射；使用 ■（对齐摄影机）按钮，可以将摄影机与选定的面法线对齐；■（对齐到视图）按钮可用于显示"对齐到视图"对话框，使用户可以将对象或子对象选择的局部轴与当前视口对齐。
- ■（切换场景资源管理器）："场景资源管理器"提供了一个无模式对话框以用于查看、排序、过滤和选择对象，还提供了其他功能以用于重命名、删除、隐藏和冻结对象，以及创建和修改对象层次、编辑对象属性。
- ■（切换层资源管理器）："层资源管理器"是一种显示层及其关联对象和属性的"场景资源管理器"模式。用户可以使用它来创建、删除和嵌套层，以及在层之间移动对象，还可以查看和编辑场景中所有层的设置，以及与其相关联的对象。
- ■（显示功能区）：该按钮用来打开或关闭在较早版本中被称为石墨工具的功能区。
- ■（曲线编辑器）：轨迹视图 – 曲线编辑器是一种轨迹视图模式，用于以图表上的功能曲线来表示运动。利用它，用户可以查看运动的插值和软件在关键帧之间创建的对象变换。另外，使用曲线上找到的关键点的切线控制柄，可以轻松查看和控制场景中各个对象的运动和动画效果。
- ■（图解视图）：图解视图是基于节点的场景图，通过它可以访问对象属性、材质、控制器、修改器、层次和不可见场景关系，如关联参数和实例。
- ■（材质编辑器）：单击该按钮可以打开 Slate 材质编辑器；该材质按钮还隐藏了 ■（精简材质编辑器）按钮，利用该精简材质按钮，读者可以根据习惯选择常用的材质编辑器面板；材质编辑器提供了创建和编辑对象材质及贴图的功能。
- ■（渲染设置）："渲染设置"对话框具有多个面板，面板的数量和名称因活动渲染器而异。
- ■（渲染帧窗口）：单击该按钮，可打开渲染帧窗口，在该窗口中会显示渲染输出。
- ■（快速渲染）：单击该按钮，可以使用当前产品级渲染设置来渲染场景，而无须显示"渲染设置"对话框。
- ■（在云中渲染）：使用 Autodesk Cloud 渲染场景。Autodesk Rendering 使用在线资源，因此用户可以在进行渲染的同时继续使用桌面。
- ■（打开 A360 库）：打开介绍 A360 在线渲染的网页。

1.2.5　功能区

功能区采用工具栏形式，它可以按照水平或垂直方向停靠，也可以按照垂直方向浮动。

通过主工具栏中的 ■（显示功能区）按钮可以隐藏和显示功能区，模型的功能区是以最小化的方式显示在主工具栏的下方。通过单击功能区右上角的 ■ 按钮，可以选择将功能区以"最小化为选项卡""最小化为面板标题""最小化为面板按钮""循环浏览所有项"4 种方式进行显示。图 1–32 所示为选择"最小化为面板标题"时的功能区显示状态。

图 1-32

每个选项卡都包含许多面板，这些面板显示与否通常取决于上下文。例如，"选择"选项卡的内容因活动的子对象层级而改变。用户可以用鼠标右键单击菜单来确定将显示哪些面板，还可以分离面板以使它们单独地浮动在界面上。通过拖动任意端即可调整面板大小，且当面板变小时，面板会自动调整为合适的大小。这时，以前直接可用的控件将需要通过展开下拉菜单才能获得。

功能区上的第一个选项卡是"建模"选项卡，该选项卡的第一个面板"多边形建模"中提供了"修改"面板工具的子集：子对象层级（"顶点""边""边界""多边形""元素"）、堆栈级别、用于子对象选择的预览选项等。用户随时都可通过鼠标右键单击菜单显示或隐藏任何可用面板。

1.2.6 命令面板

命令面板是 3ds Max 2020 的核心部分，默认状态下它位于整个窗口界面的右侧。命令面板由 6 个用户界面面板组成，从左至右依次为 ✚（创建）、◢（修改）、❏（层次）、●（运动）、▣（显示）和 ✎（实用程序）。使用这些面板可以访问 3ds Max 2020 的大多数建模功能，以及一些动画功能、显示选择和其他工具。每次只有一个面板可见，在默认状态下打开的是 ✚（创建）面板。要显示其他面板，只需单击命令面板顶部的选项卡即可切换至不同的命令面板，如图 1-33 所示。

图 1-34 面板上有 ▶ 或 ▼ 按钮的即是卷展栏。卷展栏的标题左侧带有 ▶，表示卷展栏已卷起；有 ▼ 表示卷展栏已展开。通过单击 ▶ 或 ▼，可以在卷起和展开卷展栏之间切换。如果很多卷展栏同时展开，屏幕可能不能完全显示卷展栏，这时可以把鼠标指针放在卷展栏的空白处，当鼠标指针变成 🖑 形状时，按住鼠标左键上、下拖动，以实现上、下移动卷展栏。

下面介绍效果图建模中常用的命令面板。

✚（创建）面板是 3ds Max 2020 中常被用到的面板之一。利用 ✚（创建）面板可以创建各种模型对象，它是命令级数最多的面板，如图 1-34 所示。该面板上方的 7 个按钮代表了 7 种可创建的对象，现简单介绍如下。

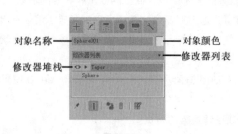

对象名称
对象颜色
修改器列表
修改器堆栈

图 1-33

图 1-34

- ●（几何体）：用来创建标准几何体、扩展几何体、合成造型、粒子系统和动力学物体等。
- ◨（图形）：用来创建二维图形，并可沿某个路径放样生成三维造型。
- 💡（灯光）：用来创建泛光灯、聚光灯和平行灯等各种灯，模拟现实中各种灯光的效果。
- ▣（摄影机）：用来创建目标摄影机或自由摄影机。
- ◣（辅助对象）：用来创建起辅助作用的特殊物体。
- 〰（空间扭曲）：用来创建空间扭曲以模拟风、引力等特殊效果。

- （系统）：用来生成骨骼等特殊物体效果。

单击其中的一个按钮，可以显示相应的子面板。在可创建对象按钮的下方是创建的模型分类下拉列表框 标准基本体 ▼ ，单击右侧的 ▼（下三角）按钮，可从弹出的下拉列表中选择要创建的模型类别。该下拉列表框内收录的是在几何体子面板中可以创建的模型类别。

利用 （修改）面板可以修改对象的参数、应用编辑修改器及访问编辑修改器堆栈。通过该面板，用户可以实现模型的各种变形效果，如拉伸、变曲、扭转等。在一个对象创建完成后，如果要对其进行修改，即可单击 （修改）按钮，打开修改命令面板，如图 1-35 所示。

（显示）面板主要用于设置显示和隐藏、冻结和解冻场景中的对象，还可以改变对象的显示特性，加速视图显示，简化建模步骤。在命令面板中单击 （显示）按钮，即可打开 （显示）面板，如图 1-36 所示。

图 1-35　　　　　　　　　　　　　　　图 1-36

利用 （实用程序）面板可以访问各种工具程序。3ds Max 工具作为插件被提供，其中部分工具由第三方开发商提供，因此，后面章节对 3ds Max 的设置介绍中可能包含在此处未加以说明的工具。

1.2.7　工作区

工作区是 3ds Max 2020 主界面中面积最广的区域，它是我们的创作空间，是打开另一个世界——一个用户可以操控的世界的入口。

工作区中共有 4 个视图。在 3ds Max 2020 中，视图（也叫视口）显示区位于窗口的中间，占据了大部分的窗口区域，它是 3ds Max 2020 的主要工作区。通过视图，用户可以从不同的角度来观看所建立的场景。在默认状态下，系统在 4 个视窗中分别显示了"顶"视图、"前"视图、"左"视图和"透视"视图 4 个视图（又称场景）。其中"顶"视图、"前"视图、"左"视图相当于对象在相应方向的平面投影，或沿 x 轴、y 轴、z 轴所看到的场景；"透视"视图则是从某个角度看到的场景，如图 1-37 所示。"顶"视图、"前"视图等又被称为正交视图。在正交视图中，系统仅显示对象的平面投影形状，而在"透视"视图中，系统不仅显示对象的立体形状，而且显示了对象的颜色，所以正交视图通常用于对象的创建和编辑，"透视"视图则用于观察效果。

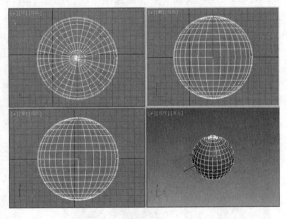

图 1-37

4 个视图都可见时，带有高亮显示边框的视图始终处于活动状态。默认情况下，透视视图"平滑"并"高亮显示"。在任何一个视图中单击鼠标左键或右键都可以激活该视图，被激活视图的边框显示为黄色。在激活的视图中可以进行各种操作，操作时其他的视图仅作为参考视图（注意，同一时刻只能有一个视图处于激活状态）。用鼠标左键和右键激活视图的区别在于：用鼠标左键单击某一视图时，可能会对视图中的对象进行误操作，而用鼠标右键单击某一视图时，则只是激活视图。

三色世界空间三轴架显示在每个视口的左下角。世界空间 3 个轴的颜色分别为：x 轴为红色，y 轴为绿色，z 轴为蓝色。三轴架通常指世界空间，而无论当前是什么参考坐标系。

ViewCube 3D 导航控件提供了视图当前方向的视觉反馈，让用户可以调整视图方向，以及在标准视图与等距视图间进行切换。ViewCube 默认情况下会显示在活动视口的右上角，如果处于非活动状态，则会叠加在场景之上。它不会显示在摄影机、灯光、图形视口或者其他类型的视图中。当 ViewCube 处于非活动状态时，其主要功能是根据模型的北向显示场景方向。

将鼠标指针移到视图的中心上，也就是 4 个视图的交点上，当鼠标指针变成双向箭头时，拖曳鼠标（见图 1-38），可以改变各个视图的大小和比例，如图 1-39 所示。

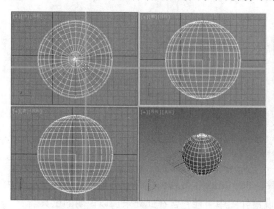
图 1-38

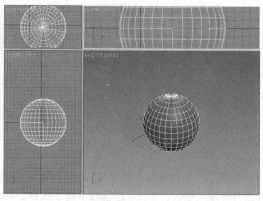
图 1-39

用户还可将视图设置为"底"视图、"右"视图、"用户"视图、"摄影机"视图和"后"视图等。"摄影机"视图与"透视"视图类似，它显示了用户在场景中放置摄影机后，通过摄影机镜头所看到的画面。

用户可以选择默认配置之外的布局。要选择不同的布局，请单击或用鼠标右键单击常规视口标签（[+]），然后从常规视口标签菜单中选择图 1-40 所示的"配置视口"命令，接着单击"视口配置"对话框中的"布局"选项卡来选择其他布局，如图 1-41 所示。

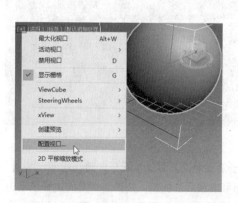
图 1-40

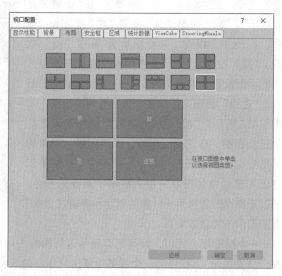
图 1-41

视口标签菜单：视口标签菜单主要提供更改视口、观察点（Point of View，POV）选项（如透视、正交、顶、底、前、后、左、右）。单击左上角视口名称（如［透视］）即可显示视口标签菜单，在其中可选择"前"视图，如图 1-42 所示。

视图显示菜单：在视口名称右侧名称（如［标准］）上单击即可打开视图显示菜单，该菜单中显示出视图模型显示类型和窗口显示效果等命令，在其中可以选择"性能"命令，如图 1-43 所示。

视口模型显示类型菜单：在视口中单击最右侧的菜单名称（如［默认明暗处理］），在打开的菜单中可以选择模型显示的类型，如选择"平面颜色"命令，如图 1-44 所示。

图 1-42

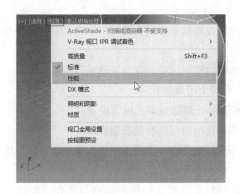

图 1-43

图 1-44

4 个视图的类型是可以改变的。激活视图后，按下相应的快捷键就可以实现视图之间的切换。快捷键对应的中英文名称如表 1-1 所示。

表 1-1

快捷键	英文名称	中文名称
T	Top	顶视图
B	Bottom	底视图
L	Left	左视图
R	Right	右视图
U	User	用户视图
F	Front	前视图
P	Perspective	透视视图
C	Camera	摄影机视图

另外，在 3ds Max 2020 的视口左侧有"视口布局"按钮 ，用户单击该按钮可以在展开的菜单中选择视口的布局，其中展示的几种视口布局与图 1-41 中"布局"选项卡内的视口布局相同。该菜单只是一种视口的快捷选择方式，用户借助它可以快速选择需要的视口类型，这样使用起来也方便了很多。

1.2.8　视图控制区

视图调节工具位于 3ds Max 2020 主界面的右下角，图 1-45 显示的是标准 3ds Max 2020 视图调节工具；根据当前激活视图的类型不同，视图调节工具会略有不同。当选择一个视图调节工具时，其按

钮呈黄色，表示对当前激活视图窗口来说该按钮是激活的；在激活窗口中单击鼠标右
键可关闭按钮。

下面对视图控制区中显式及隐式按钮的功能进行介绍。

图 1-45

- （缩放）：单击该按钮，在任意视图中按住鼠标左键不放，并上、下拖动
鼠标，可以拉近或推远场景。

- （缩放所有视图）：用法与 （缩放）按钮基本相同，只不过该按钮影响的是当前所有可见
视图。

- （最大化显示选定对象）：将选定对象（或对象集）在活动透视视口或正交视口中居中显示。
当要浏览的小对象在复杂场景中丢失时，该控件非常有用。

- （最大化显示）：将所有可见的对象在活动透视视口或正交视口中居中显示。当在单个视口中
查看场景的每个对象时，该控件非常有用。

- （所有视图最大化显示）：将所有可见对象在所有视口中居中显示。当希望在每个可用视口的
场景中看到各个对象时，该控件非常有用。

- （所有视图最大化显示选定对象）：将选定对象或对象集在所有视口中居中显示。当要浏览的
对象在复杂场景中丢失时，该控件非常有用。

- （缩放区域）：使用该按钮可放大在视口内拖动的矩形区域。仅当活动视口是正交视口、透视
视口或用户三向投影视图时，该控件才可用。该控件不可用于摄影机视口。

- （视野）：视口"视野"（FOV）调整视口中可见的场景数量和透视光斑量。

- （平移视图）：单击该按钮，在任意视图中拖动鼠标时可以移动视图窗口。

- （选定的环绕）：将当前选定对象的中心用作旋转的中心。当视图围绕其中心旋转时，选定对
象将保持在视口中的同一位置上。

- （环绕）：将视图中心用作旋转中心。如果对象靠近视口的边缘，它可能会被旋转出视图
范围。

- （环绕子对象）：将当前选定子对象的中心用作旋转的中心。当视图围绕其中心旋转时，当前
选定的子对象将保持在视口中的同一位置上。

- （最大化视口切换）：单击该按钮，当前视图将全屏显示，便于对场景进行精细编辑操作。再
次单击该按钮，可恢复原来的状态。其组合键为 Alt+W。

1.2.9 状态栏和提示行

状态栏和提示行位于视口区的下部偏左，状态栏显示了所选对象的数量、对象的锁定、当前鼠标的
坐标位置及当前使用的栅格距等；提示行显示了当前使用工具的提示信息，
如图 1-46 所示。

> 选择了 1 个对象
> 单击或单击并拖动以选择对象

图 1-46

接下来，对状态栏中 （"孤立当前选择切换"按钮和"选择锁定切
换"按钮）及其右侧坐标显示区进行介绍。

1. 孤立当前选择切换和选择锁定切换

- （孤立当前选择切换）：孤立当前选择可防止在处理单个选定对象时选择其他对象。这样，用
户可以专注于需要看到的对象，无须为周围的环境分散注意力，同时也可以降低由于在视口中显示其他
对象而造成的性能开销。如果想要退出该模式，可以再次单击将"孤立当前选择切换"按钮弹起即可。

- （选择锁定切换）：使用"选择锁定切换"按钮可启用或禁用选择锁定。锁定选择可防止在复
杂场景中意外选择其他部分。

2．坐标显示区

坐标显示区用来显示鼠标指针的位置或变换的状态，并且可以在其中输入新的变换值，如图 1-47 所示。变换（变换工具包括移动工具、旋转工具和缩放工具）对象的一种方法是直接通过键盘在坐标显示区中输入坐标，而且可以在"绝对"或"偏移"这两种模式下进行此操作。单击"绝对"按钮 ⊞ 或"偏移"按钮 ⊡ 可以在两种模式之间切换。

图 1-47

- ⊞（绝对）：以"绝对"模式设置世界空间中对象的确切坐标。
- ⊡（偏移）：以"偏移"模式相对于其现有坐标来变换对象。

当在坐标显示区（X：、Y：、Z：）中进行输入时，可以使用 Tab 键从一个坐标框跳转到另一个坐标框。

1.2.10 动画控制区

动画控制区、时间滑块和时间轴主要用于制作动画时进行动画的记录、动画帧的选择、动画的播放和动画时间的控制等。动画控制区位于状态栏的右侧，图 1-48 所示为动画控制区。

图 1-48

1.3 3ds Max 2020 的参考坐标系

使用参考坐标系列表，可以指定变换（移动、旋转和缩放）所用的坐标系。该列表中的选项包括"视图""屏幕""世界""父对象""局部""万向""栅格""工作""拾取"等，如图 1-49 所示。

参考坐标系列表选项的功能介绍如下。

- 视图：在默认的"视图"坐标系中，所有正交视口中的 x 轴、y 轴和 z 轴都相同。使用该坐标系移动对象时，会相对于视口空间移动对象。图 1-50 所示为 4 个视图中的视图坐标。

x 轴始终朝右。

y 轴始终朝上。

z 轴始终垂直于屏幕指向用户。

图 1-49

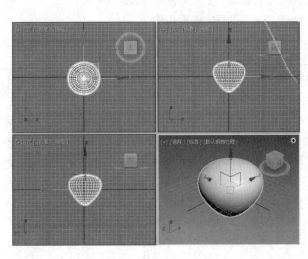

图 1-50

● 屏幕：将活动视口屏幕用作坐标系，图 1-51 和图 1-52 所示分别为激活了旋转视图后"透视"视图和"顶"视图的坐标效果。该模式下的坐标系始终相对于观察点。

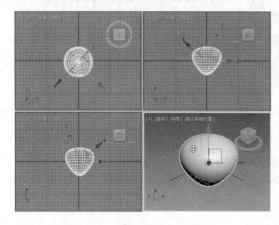

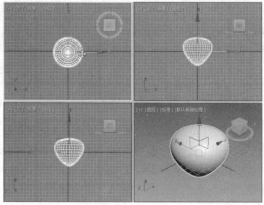

图 1-51 图 1-52

x 轴为水平方向，正向朝右。

y 轴为垂直方向，正向朝上。

z 轴为深度方向，正向指向用户。

因为"屏幕"模式取决于其方向的活动视口，所以非活动视口中三轴架上的 *x*、*y* 和 *z* 标签显示当前活动视口的方向。激活该三轴架所在的视口时，三轴架上的标签会发生变化。

● 世界：使用世界坐标系，如图 1-53 所示。从正面看：

x 轴正向朝右；

z 轴正向朝上；

y 轴正向指向背离用户的方向。

● 父对象：使用选定对象的父对象坐标系。如果对象未链接至特定对象，则其为世界坐标系的子对象，其父对象坐标系与世界坐标系相同。

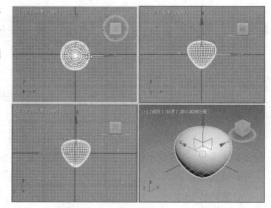

图 1-53

● 局部：使用选定对象的坐标系。对象的局部坐标系由其轴点支撑。使用"层次"命令面板上的选项，可以相对于对象调整局部坐标系的位置和方向。

● 万向：万向坐标系与 Euler XYZ 旋转控制器一同使用。它与"局部"坐标系类似，但其 3 个旋转轴之间不一定相互呈直角。使用"局部"坐标系和"父对象"坐标系围绕一个轴旋转时，会更改两个或 3 个"Euler XYZ"轨迹。"万向"坐标系可避免这个问题——它会围绕一个轴的"Euler XYZ"旋转仅更改该轴的轨迹，这使得功能曲线编辑更为便捷。此外，利用"万向"坐标的绝对变换输入会将相同的 Euler 角度值用作动画轨迹（按照坐标系要求，与相对于"世界"坐标系或"父对象"坐标系的 Euler 角度相对应）。

● 栅格：使用活动栅格的坐标系。

● 工作："工作"轴启用时，即为采用默认的坐标系（每个视图左下角的坐标系）。

● 拾取：使用场景中另一个对象的坐标系。

1.4 对象的选择方式

为了方便用户，3ds Max 2020 提供了多种选择对象的方式。学会并熟练掌握使用各种选择方式，将会极大提高制作速度。

1.4.1 选择对象的基本方法

选择对象的基本方法包括启用 ▦ （选择对象）按钮后直接单击选择（见图 1-54(a)）和启用 ▦ （按名称选择）按钮后在打开的"从场景选择"对话框中选择，如图 1-54（b）所示。

在该对话框中按住 Ctrl 键并单击可选择多个对象，按住 Shift 键并单击可选择连续范围内的对象。在对话框的右侧可以设置好对象以什么形式进行排序，也可以在工具栏中指定不显示在对象列表框中的对象类型（包括"几何体""图形""灯光""摄影机""辅助对象""空间扭曲""组 / 集合""外部参考""骨骼"），即在工具栏中单击任意对象类型的按钮，在列表框中将隐藏该类型对象。

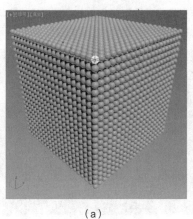
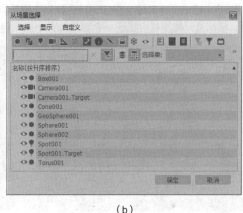

（a）   （b）

图 1-54

1.4.2 区域选择

区域选择是指工具栏中的选区工具 ▦ （矩形选择区域）、▦ （圆形选择区域）、▦ （围栏选择区域）、▦ （套索选择区域）和 ▦ （绘制选择区域）与鼠标拖动配合使用来选定对象。

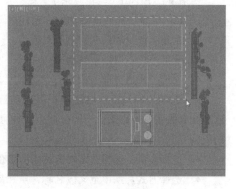

● 启用 ▦ （矩形选择区域）按钮并用鼠标左键在视口中需选定的对象上拖动，然后释放鼠标左键。单击的第 1 个位置是矩形的一个角，释放鼠标的位置是相对的角，如图 1-55 所示。

● 启用 ▦ （圆形选择区域）按钮并用鼠标左键在视口中需选定的对象上拖动，然后释放鼠标左键。起先单击的位置是圆形的圆心，释放鼠标左键的位置定义了圆的半径，如图 1-56 所示。

图 1-55

● 启用 ▦ （围栏选择区域）按钮并用鼠标左键在需选定的对象上拖动绘制多边形，创建多边形选择区，如图 1-57 所示。

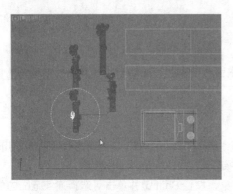

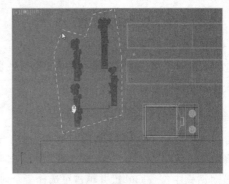

图 1-56   图 1-57

- 启用 ▦（套索选择区域）按钮并围绕应该选择的对象按住鼠标左键并拖动鼠标以绘制图形，如图 1-58 所示，然后释放鼠标左键。要取消该选择，在释放鼠标前右键单击即可。

- 启用 ▦（绘制选择区域）按钮，按住鼠标左键并将鼠标指针拖至对象之上，然后释放鼠标左键。在进行拖放时，鼠标指针周围将会出现一个以画刷大小为半径的圆圈。根据绘制创建的选区如图 1-59 所示。

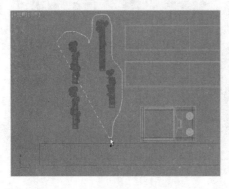

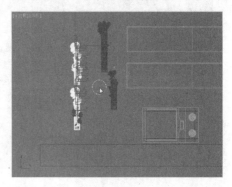

图 1-58   图 1-59

1.4.3 利用"编辑"菜单选择

在菜单栏中单击"编辑"菜单，在弹出的下拉菜单中选择相应的命令，如图 1-60 所示。
"编辑"菜单中的各命令功能介绍如下。

- 全选：选择场景中的全部对象。
- 全部不选：取消所有选择。
- 反选：反选当前选择集。
- 选择类似对象：自动选择与当前选择对象类似的所有项。通常，这意味着这些对象必须位于同一层中，并且应用了相同的材质（或不应用材质）。

图 1-60

- 选择实例：选择选定对象的所有实例。
- 选择方式：从中定义以名称、层和颜色选择方式选择对象。
- 选择区域：其功能可参考 1.4.2 小节中区域选择的介绍。

1.4.4 利用过滤器选择

利用"选择过滤器列表"可以限制由选择工具选择对象的特定类型和组合。例如，图 1-61 所示为在场景中创建的几何体和摄影机等，如果在过滤器下拉列表框中选择"C- 摄影机"（见图 1-62），则使用选择工具只能选择摄影机。

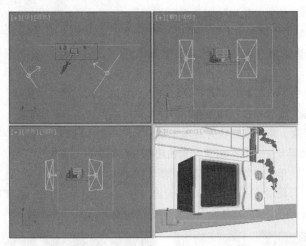

图 1-61　　　　　　　　　　　　　　　　　图 1-62

　　如果在过滤器下拉列表框中选择"L- 灯光"，在场景中即使按 Ctrl+A 组合键全选对象，也不会选择除灯光以外的其他模型和摄影机对象。

1.4.5　对象成组

　　对象成组即将两个或多个对象组合为一个组对象，并为组对象命名，然后就可以像处理任何其他对象一样对它进行处理。

　　要创建组，首先在场景中选择需要成组的对象，然后在图 1-63 所示的菜单栏中选择"组 > 组"命令，在打开的对话框中设置组的名称，如图 1-64 所示，单击【确定】按钮即可。将模型成组后可以对组进行编辑，如果想单独地调整组中的一个模型，只需在菜单栏中选择"组 > 打开"命令，单独地设置一个模型的参数，调整模型参数后选择"组 > 关闭"命令即可。

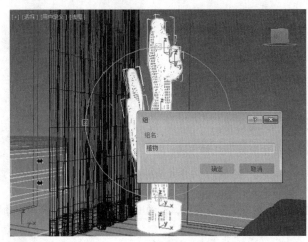

图 1-63　　　　　　　　　　　　　　　　　图 1-64

　　"组"菜单中的各命令功能介绍如下。

- 组：该命令可将对象或组的选择集组成为一个组。
- 解组：该命令可将当前组分离为其组件对象或组。

● 打开：使用该命令可以暂时对组进行解组，并访问组内的对象。例如，用户可以在组内独立于组的剩余部分变换和修改对象，然后使用"关闭"命令还原始组。

● 附加：该命令可使选定对象成为现有组的一部分。

● 分离：该命令（在场景资源管理器中，可实现排除于组之外）可从对象的组中分离选定对象。

● 炸开：该命令可以解组组中的所有对象，而不论嵌套组的数量如何，这与"解组"不同，后者只解组一个层级。有一点同"解组"命令一样，即所有炸开的实体都保留在当前选择集中。

● 集合：该命令将对象选择集、集合或组合并至单个集合，并将光源辅助对象添加为头对象。创建集合对象后，用户可以将其视为场景中的单个对象，单击组中任意对象来选择整个集合，还可将集合作为单个对象进行变换，也可同对待单个对象那样为其应用修改器。

组的编辑与修改主要是指可以为组对象进行"附加""分离""打开"操作和使用一些变换工具。

图 1-65 所示为成组后的对象，用户使用旋转工具可以对组进行旋转，如图 1-66 所示。

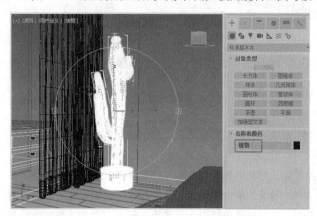 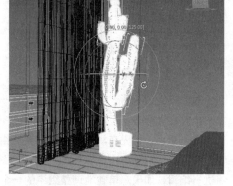

图 1-65 图 1-66

1.5 对象的变换

对象的变换包括对象的移动、旋转和缩放。这 3 项操作几乎在每一次建模中都会用到，它们也是建模操作的基础。

1.5.1 移动对象

启用移动命令有以下几种方法。

● 单击工具栏中的 ✛（选择并移动）按钮。

● 按 W 键。

● 选择对象后单击鼠标右键，在弹出的快捷菜单中选择"移动"命令。

使用移动命令的操作方法如下。

选择对象并启用移动命令，当将鼠标指针移动到对象坐标轴上时（如 y 轴），鼠标指针会变成 ✛ 形状，并且坐标轴（y 轴）会变成亮黄色，表示可以移动，如图 1-67 所示。此时按住鼠标左键不放并拖曳，对象就会跟随鼠标指针一起移动。

利用移动命令可以使对象沿两个轴向同时移动。观察对象的坐标轴，会发现每两个坐标轴之间都有共同区域，当将鼠标指针移动到此处区域时，该区域会变黄，如图 1-68 所示。此时按住鼠标左键不放并拖曳，对象就会跟随鼠标指针一起沿两个轴向移动。

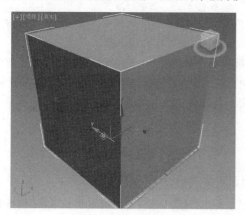

图 1-67

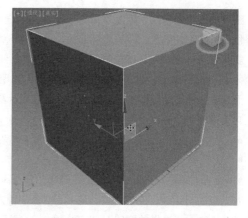

图 1-68

为了提高效果图的制作精度，用户可以使用键盘输入方式来精确控制移动数值。只需用鼠标右键单击 ➕ （选择并移动）按钮，打开"移动变换输入"对话框，如图 1-69 所示，在其中既可精确控制移动数值，也可在右边确定被选对象新位置的相对坐标值。使用这种方法进行移动，移动方向仍然要受到轴的限制。

图 1-69

1.5.2　旋转对象

启用旋转命令有以下几种方法。

- 单击工具栏中的 ↻ （选择并旋转）按钮。
- 按 E 键。
- 选择对象后单击鼠标右键，在弹出的快捷菜单中选择"旋转"命令。

使用旋转命令的操作方法如下。

选择对象并启用旋转命令，当将鼠标指针移动到对象的旋转轴上时，鼠标指针会变为 ↻ 形状，旋转轴的颜色会变成亮黄色，如图 1-70 所示。按住鼠标左键不放并拖曳，对象会随鼠标指针的移动而旋转。旋转对象只用于单方向旋转。

利用旋转命令可以通过旋转来改变对象在视图中的方向，因此熟悉各旋转轴的方向很重要。

旋转模框是根据虚拟跟踪球的概念建立的，旋转模框的控制工具是一些圆，用户在任意一个圆上单击，再沿圆形拖动鼠标即可进行旋转。对于大于 360° 的角度，用户可以不止旋转一圈。当圆旋转到虚拟跟踪球后面时将变得不可见，这样模框不会变得杂乱无章，更容易使用。

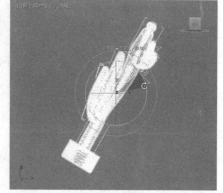

图 1-70

在旋转模框中，除了控制 x、y、z 轴方向的旋转外，还可以控制自由旋转和基于视图的旋转，在暗灰色圆的内部拖动鼠标可以自由旋转一个对象，就像真正旋转一个轨迹球一样（即自由模式）；在浅灰色的球外框拖动鼠标可以在一个与视图视线垂直的平面上旋转一个对象（即屏幕模式）。

利用 ↻ （选择并旋转）按钮也可以进行精确旋转，使用方法与"选择并移动"按钮的用法一样，只是打开的对话框有所不同。

1.5.3 缩放对象

缩放的模框中包括了限制平面，以及伸缩模框本身提供的缩放反馈。缩放变换按钮为弹出按钮，它可提供 3 种类型的缩放，即等比例缩放、非等比例缩放和挤压缩放（即体积不变）。

旋转任意一个轴可将缩放限制在该轴的方向上，被限制的轴被加亮为黄色；旋转任意一个平面可将缩放限制在该平面上，被选中的平面被加亮为透明的黄色；选择中心区域可进行所有轴向的等比例缩放。而在进行非等比例缩放时，缩放模框会在鼠标移动时拉伸和变形。

启用缩放命令有以下几种方法。

- 单击工具栏中的 ![按钮]（选择并均匀缩放）按钮。
- 按 R 键。
- 选择对象后单击鼠标右键，在弹出的快捷菜单中选择"缩放"命令。

对对象进行缩放，3ds Max 2020 提供了 3 种方式，即选择 ![按钮]（选择并均匀缩放）、![按钮]（选择并非均匀缩放）和 ![按钮]（选择并挤压）。在系统默认设置下，工具栏中显示的是 ![按钮]（选择并均匀缩放）按钮，"选择并非均匀缩放"按钮和"选择并挤压"按钮是隐藏按钮。

- ![按钮]（选择并均匀缩放）：只改变对象的体积，不改变形状，因此坐标轴向对它不起作用。
- ![按钮]（选择并非均匀缩放）：将对象在指定的轴向上进行二维缩放（不等比例缩放），对象的体积和形状都发生变化。
- ![按钮]（选择并挤压）：在指定的轴向上使对象发生缩放变形，对象体积保持不变，但形状会发生改变。

选择对象并启用缩放命令，当将鼠标指针移动到缩放轴上时，鼠标指针会变成 ![图标] 形状，按住鼠标左键不放并拖曳，即可对对象进行缩放，如图 1-71 所示。利用缩放命令可以同时在两个或三个轴向上进行缩放，方法和移动命令相似。

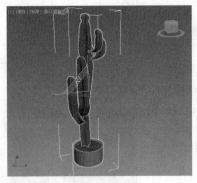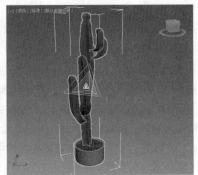

图 1-71

1.6 对象的复制

有时在建模过程中需要创建很多形状、性质相同的几何体，如果分别进行创建会浪费许多时间，这时就要使用复制命令来完成这个工作。

1.6.1 直接复制对象

在场景中选择需要复制的模型，按 Ctrl+V 组合键，可以直接复制模型。变换工具是使用最多的复制方法，如利用移动、旋转和缩放工具，在按住 Shift 键的同时拖动鼠标，即可将对象进行变换复制，释放鼠标，打开"克隆选项"对话框，其中可选的复制类型有 3 种，它们分别代表常规复制、关联复制和参考复制。图 1-72 所示为按 Ctrl+V 组合键打开的对话框。

在图 1-72 中复制方式分为复制、实例和参考 3 种，这 3 种复制方式主要根据复制后原对象与复制对象的相互关系来分类。

● 复制：复制后原对象与复制对象之间没有任何关系，它们是完全独立的对象，所以相互间没有任何影响。

图 1-72

● 实例：复制后原对象与复制对象相互关联，用户对任何一个对象的参数修改都会影响到复制的其他对象。

● 参考：复制后原对象与复制对象有一种参考关系，用户对原对象进行参数修改，复制对象会受到同样的影响，但对复制对象进行修改不会影响原对象。

1.6.2　利用镜像复制对象

当建模中需要创建两个对称的对象时，如果使用直接复制方式，对象间的距离很难控制，而且要使两对象相互对称直接复制是办不到的。在这种情况下，镜像就能很简单地解决这个问题。

选择对象后，单击 （镜像）按钮，弹出"镜像：世界 – 坐标"对话框，如图 1-73 所示。

● 镜像轴：用于设置镜像的轴向，系统提供了 6 种镜像轴向。偏移用于设置镜像对象和原始对象轴心点之间的距离。

● 克隆当前选择：用于确定镜像对象的复制类型。

◆ 不克隆：表示仅把原始对象镜像到新位置而不复制对象。

◆ 复制：表示把选定对象镜像复制到指定位置。

◆ 实例：表示把选定对象关联镜像复制到指定位置。

◆ 参考：表示把选定对象参考镜像复制到指定位置。

图 1-73

使用镜像复制应该熟悉轴向的设置。选择对象后单击"镜像"按钮，在打开的对话框中可以依次选择镜像轴，并观察镜像复制对象的轴向（可以看到视图中的复制对象是随镜像对话框中镜像轴的改变实时显示的），选择合适的轴向后单击"确定"按钮即可，单击"取消"按钮则取消镜像。

1.6.3　利用间距复制对象

利用间距复制对象是一种快速且比较随意的对象复制方法，它可以指定一个路径，使复制对象排列在指定的路径上。利用间距复制对象的操作步骤如下。

（1）在视图中创建一个几何球体和圆，如图 1-74 所示。

（2）单击球体将其选中，选择"工具 > 对齐 > 间隔工具"命令，如图 1-75 所示，打开"间隔工具"对话框。

（3）在"间隔工具"对话框中单击"拾取路径"按钮，然后在图 1-76 所示的视图中单击圆，在"计数"数值框中设置复制的数量为 13，设置结束后"拾取路径"按钮会变为"Circle001"，表示拾取的是图形圆。

（4）单击"应用"按钮，复制完成，效果如图 1-77 所示。

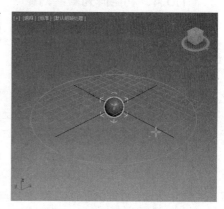

图 1-74

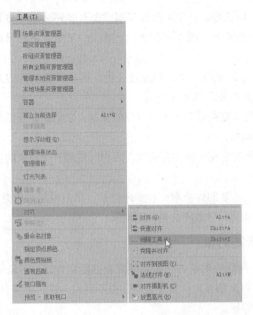

图 1-75

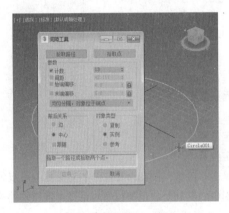

图 1-76

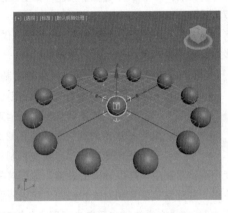

图 1-77

1.6.4 利用阵列复制对象

有时需要创建出多个相同的几何体，而且这些几何体要按照一定的规律进行排列，这时就要用到 ▓（阵列）工具。

1. 阵列工具的调出及应用

阵列工具位于浮动工具栏中。初次使用时，需将其所在浮动工具栏调出。具体调出方法是：在工具栏的空白处单击鼠标右键，在弹出的快捷菜单中选择"附加"命令（见图 1-78），弹出"附加"浮动工具栏，单击 ▓（阵列）按钮即可启用该工具，如图 1-79 所示。

下面通过一个例子来介绍阵列复制，操作步骤如下。

（1）在视图中创建一个球体，效果如图 1-80 所示。

（2）用鼠标右键单击顶视图，然后单击球体将其选中，切换到 ▓（层次）命令面板，在"调整轴"卷展栏中单击"仅影响轴"按钮，如图 1-81 所示，再使用 ✚（选择并移动）工具将球体的坐标中心移到球体以外，如图 1-82 所示。调整轴的位置后，关闭"仅影响轴"按钮。

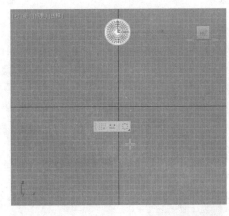

| 图 1-78 | 图 1-79 | 图 1-80 | 图 1-81 |

注意："仅影响轴"只对被选择对象的轴心点进行修改，这时使用移动和旋转工具能够改变对象轴心点的位置和方向。

（3）在浮动工具栏中单击 ▦（阵列）按钮，打开"阵列"对话框，如图 1-83 所示。

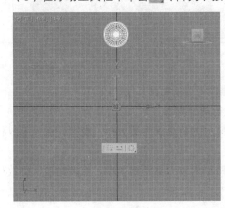

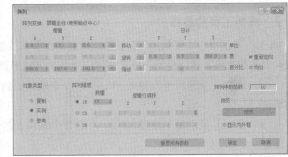

| 图 1-82 | 图 1-83 |

（4）在"阵列"对话框中设置参数，然后单击"确定"按钮，可以阵列出有规律的对象，如表 1-2 所示。

表 1-2

阵列效果	对应阵列参数设置
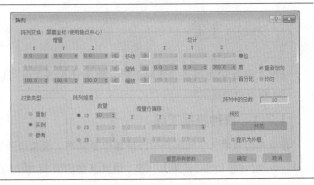	

续表

阵列效果	对应阵列参数设置
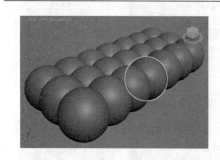	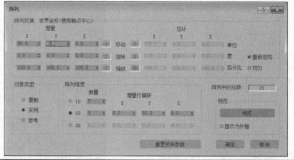
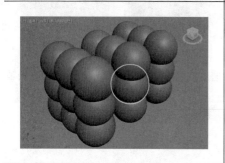	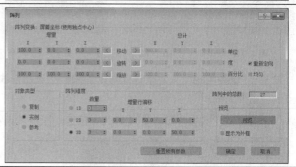

2. 阵列工具的参数

"阵列"对话框中主要包括阵列变换、对象类型和阵列维度等选项组及其他选项。

- "阵列变换"选项组用于指定如何应用 3 种方式来进行阵列复制。

 ◆ 增量：分别用于设置 X、Y、Z 这 3 个轴向上的阵列对象之间距离大小、旋转角度、缩放程度的增量。

 ◆ 总计：分别用于设置 X、Y、Z 这 3 个轴向上的阵列对象自身距离大小、旋转角度、缩放程度的增量。

- "对象类型"选项组用于确定复制的方式。

- "阵列维度"选项组用于确定阵列变换的维数。1D、2D、3D 会根据"阵列变换"选项组的参数设置创建一维阵列、二维阵列、三维阵列。

- 阵列中的总数：表示阵列复制对象的总数。

- 重置所有参数：该按钮能把所有参数恢复到默认设置。

1.7 捕捉工具

捕捉工具是功能很强的建模工具，熟练使用该工具可以极大地提高工作效率。图 1–84 所示为捕捉工具。

1.7.1 四种捕捉工具

图 1-84

在建模过程中为了精确定位以使建模更精准，经常会用到捕捉控制器。捕捉控制器由 4 个捕捉工具组成，分别为 (捕捉开关)、 (角度捕捉切换)、 (百分比捕捉切换)和 (微调器捕捉切换)。

下面对前 3 种捕捉工具进行重点介绍。

1. 捕捉开关

（捕捉开关）能够很好地在三维空间中锁定需要的位置，以便进行旋转、创建、编辑与修改等操作。在创建和变换对象或子对象时，该工具可以帮助制作者捕捉几何体的特定部分，同时还可以捕捉栅格点 / 线、切点、中点、轴心、中心面等。

开启捕捉工具（关闭动画设置）后，旋转和缩放命令执行在捕捉点周围。例如，开启"顶点捕捉"对一个立方体进行旋转操作，在使用变换坐标中心的情况下，可以使用捕捉让对象围绕自身顶点进行旋转。当动画设置开启后，无论是执行旋转还是执行缩放命令，捕捉工具都无效，对象只能围绕自身轴心进行旋转或进行缩放。捕捉分为相对捕捉和绝对捕捉。

在（捕捉开关）按钮上单击鼠标右键，可以调出"栅格和捕捉设置"对话框，如图 1-85 所示，在该对话框中可以选择捕捉的类型，还可以控制捕捉的灵敏度，这一点是比较重要的。如果捕捉到了对象，系统会以蓝色显示（这里可以更改）一个 15 像素的方格及相应的线。

该捕捉工具有 3 种，系统默认设置为（3D 捕捉），在（3D 捕捉）按钮中还有另两种弹出按钮，即（2D 捕捉）和（2.5D 捕捉）。关于它们的详细介绍，请参见 1.2.4 小节。

2. 角度捕捉切换

（角度捕捉切换）用于设置进行旋转操作时角度间隔。不打开角度捕捉对于细微角度调节有帮助，但对于整角度的旋转就很不方便了。事实上，我们经常要进行如 90°、180° 等整角度的旋转，这时打开"角度捕捉切换"按钮，系统会以 5° 作为角度变换间隔进行角度旋转调整。在该按钮上单击鼠标右键调出"栅格和捕捉设置"对话框，在"选项"选项卡中可以通过对"角度"值的设置来控制角度捕捉的间隔角度，如图 1-86 所示。

图 1-85

图 1-86

3. 百分比捕捉切换

（百分比捕捉切换）用于设置缩放或挤压操作时的百分比例间隔。如果不打开百分比例捕捉，系统会以 1% 作为缩放的比例间隔。如果要调整比例间隔，在该按钮上单击鼠标右键调出"栅格和捕捉设置"对话框，在"选项"选项卡中可以通过对"百分比"值的设置来缩放捕捉的比例间隔，默认间隔为 10.0%。

1.7.2　捕捉工具的参数设置

在（3D 捕捉）按钮上单击鼠标右键，打开"栅格和捕捉设置"对话框。下面对该对话框中的 4 个选项卡进行介绍。

1. "捕捉"选项卡

"捕捉"选项卡如图 1-85 所示。

- 栅格点：捕捉到栅格交点。默认情况下，此捕捉类型处于启用状态。键盘组合键为 Alt+F5。
- 栅格线：捕捉到栅格线上的任何点。
- 轴心：捕捉到对象的轴心点。
- 边界框：捕捉到对象边界框的 8 个角中的一个。
- 垂足：捕捉到样条线上与上一个点相对的垂直点。
- 切点：捕捉到样条线上与上一个点相对的相切点。
- 顶点：捕捉到网格对象或可以转换为可编辑网格对象的顶点，捕捉到样条线上的分段。键盘组合键为 Alt+F7。
- 端点：捕捉到网格边的端点或样条线的顶点。
- 边 / 线段：捕捉沿着边（可见或不可见）或样条线分段的任意位置。键盘组合键为 Alt+F9。
- 中点：捕捉到网格边的中点和样条线分段的中点。键盘组合键为 Alt+F8。
- 面：捕捉到曲面上的任意位置。键盘组合键为 Alt+F10。
- 中心面：捕捉到三角形面的中心。

2. "选项"选项卡

"选项"选项卡如图 1-86 所示。

- 显示：切换捕捉标记的显示与否。禁用该选项后，捕捉仍然起作用，但不显示。
- 大小：以像素为单位设置捕捉"击中"点的大小。这是一个小图标，表示源或目标捕捉点。
- 捕捉预览半径：当鼠标指针与潜在捕捉到的点的距离在"捕捉预览半径"值和"捕捉半径"值之间时，捕捉标记跳到最近的潜在捕捉到的点，但不发生捕捉。默认设置为 30。
- 捕捉半径：以像素为单位设置鼠标指针周围区域的大小，在该区域内捕捉将自动进行。默认设置为 20。
- 角度：设置对象围绕指定轴旋转的增量（以度为单位）。
- 百分比：设置缩放变换的百分比增量。
- 捕捉到冻结对象：选中此选项后，启用捕捉到冻结对象。默认设置为禁用状态。该选项也位于捕捉工具栏中和"捕捉"快捷菜单中，按住 Shift 键的同时，用鼠标右键单击任意视口，可以进行访问。键盘组合键为 Alt+F2。
- 启用轴约束：约束选定对象，使其沿着在"轴约束"工具栏上指定的轴移动。禁用该选项（默认设置）后，将忽略约束，并且可以将捕捉的对象平移为任意尺寸（假设使用 3D 捕捉）。该选项也位于捕捉工具栏中和"捕捉"快捷菜单中，按住 Shift 的同时，用鼠标右键单击任意视口，可以进行访问。键盘组合键为 Alt+F3 或 Alt+D。
- 显示橡皮筋：当启用此选项并且移动一个选择时，在原始位置和鼠标坐标位置之间显示橡皮筋线。当"显示橡皮筋"设置为启用时，使用该可视化辅助选项可使结果更精确。

3. "主栅格"选项卡

"主栅格"选项卡如图 1-87 所示。

- 栅格间距：栅格间距的大小是栅格最小方形的大小。使用微调器可调整间距（使用当前单位），或者直接输入值。
- 每 N 条栅格线有一条主线：主栅格的显示为更暗的线或"主"线以标记栅格方形的组。使用微调器调整该值以调整主线之间的方形栅格数，或可以直接输入该值，最小为 2。
- 透视视图栅格范围：设置透视视图中的主栅格大小。
- 禁止低于栅格间距的栅格细分：当在主栅格上放大时，3ds Max 将栅格视为一组固定的线。实际上，栅格在栅格间距设置处停止。如果保持缩放，固定栅格将从视图中丢失，不影响缩小。当缩小时，主栅格不确定扩展以保持主栅格细分。默认设置为启用。

● 禁止透视视图栅格调整大小：当放大或缩小时，3ds Max 将"透视"视口中的栅格视为一组固定的线。实际上，无论缩放多大多小，栅格将保持一个大小。默认设置为启用。

● 动态更新：默认情况下，当更改"栅格间距"和"每N条栅格线有一条主线"的值时，只更新活动视口。完成更改值后，其他视口才进行更新。选择"所有视口"可在更改值时更新所有视口。

4."用户栅格"选项卡

"用户栅格"选项卡如图 1-88 所示。

● 创建栅格时将其激活：启用该选项可自动激活创建的栅格。

● 世界空间：将栅格与世界空间对齐。

● 对象空间：将栅格与对象空间对齐。

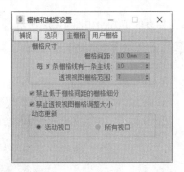

图 1-87

图 1-88

1.8 对齐工具

使用对齐工具可以对对象进行位置、方向和比例的对齐，还可以进行法线对齐、放置高光、对齐摄影机和对齐视图等操作。对齐工具有实时调节及实时显示效果的功能。

使用对齐工具前，首先要在场景中选择需要对齐的模型，然后在工具栏中单击 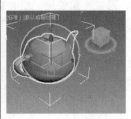（对齐）按钮，在打开的对话框中设置对齐属性，图 1-89 所示的参数为让球体对齐到茶壶的中心位置。

当前激活的是"透视"视图，如果想将球体放置到茶壶轴点，我们可以按照图 1-90 所示的进行设置。

图 1-89

图 1-90

"对齐当前选择"对话框中的各选项介绍如下。

● "对齐位置（世界）"选项组。

◆ X 位置、Y 位置、Z 位置：指定要在其中执行对齐操作的一个或多个轴。启用 3 个选项可以将当前对象移动到目标对象位置。

◆ 最小：将具有最小 X 轴、Y 轴和 Z 轴值的对象边界框上的点与其他对象上选定的点对齐。

◆ 中心：将对象边界框的中心与其他对象上的选定点对齐。

◆ 轴点：将对象的轴点与其他对象上的选定点对齐。

◆ 最大：将具有最大 X 轴、Y 轴和 Z 轴值的对象边界框上的点与其他对象上选定的点对齐。

● "对齐方向（局部）"选项组：用来在轴的任意组合上匹配两个对象之间的局部坐标系的方向。

● "匹配比例"选项组：选中"X 轴""Y 轴"和"Z 轴"复选框，可匹配两个选定对象之间的缩放轴值。该操作仅对变换输入中显示的缩放值进行匹配。这不一定会导致两个对象的大小相同，如果两个对象先前都未进行缩放，则其大小不会更改。

设置球体到茶壶的上方，如图 1-91 所示。设置球体到茶壶的下方，如图 1-92 所示。

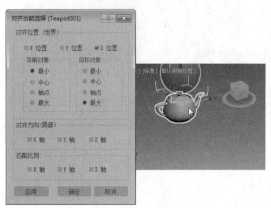

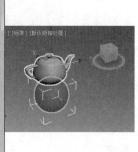

图 1-91   图 1-92

1.9 撤销与重做

在建模中，操作步骤非常多，如果当前某一步操作出现错误，重新进行操作是不现实的。3ds Max 2020 中提供了撤销命令和重做命令，可以使操作回到之前的某一步，这两个命令在建模过程中非常有用。这两个命令在工具栏中都有相应的快捷按钮。

撤销命令 ↺：为用于撤销最近一次操作的命令，可以连续使用，组合键为 Ctrl+Z。在 ↺ 按钮上单击鼠标右键，会显示当前所执行过的一些步骤，用户可以从中选择要撤销的步骤，如图 1-93 所示。

重做命令 ↻：为用于恢复撤销的命令，可以连续使用，组合键为 Ctrl+Y。重做功能也有恢复步骤的列表，使用方法与撤销命令相同。

图 1-93

撤销和重做不仅可以使用工具栏的 ↺（撤销）按钮和 ↻（重做）按钮，而且可以在"编辑"菜单中选择相应的选项，这里就不再介绍了。

1.10 对象的轴心控制

　　轴心控制是指控制对象发生变换时的中心，只影响对象的旋转和缩放。对象的轴心控制包括 3 种方式：▐▊（使用轴心点控制）、▐▊（使用选择中心）、▐▊（使用变换坐标中心）。

1.10.1 使用轴心点控制

　　把被选择对象自身的轴心点作为旋转、缩放操作的中心。如果选择了多个对象，则以每个对象各自的轴心点进行变换操作。如图 1-94 所示，3 个圆柱体按照自身的坐标中心旋转。

1.10.2 使用选择中心

　　把选择对象的公共轴心点作为对象旋转和缩放的中心。如图 1-95 所示，3 个圆柱体围绕一个共同的轴心点旋转。

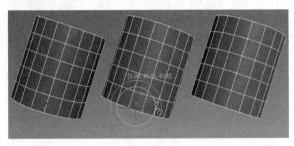

图 1-94

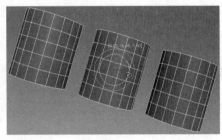

图 1-95

1.10.3 使用变换坐标中心

　　把选择的对象所使用当前坐标系的中心点作为被选择对象旋转和缩放的中心。例如，可以通过拾取坐标系统进行拾取，把被拾取对象的坐标中心作为选择对象的旋转和缩放中心。

　　下面仍通过 3 个立方体进行介绍，操作步骤如下。

　　（1）用鼠标框选右侧的两个人物模型，然后选择参考坐标系下拉列表框中的"拾取"选项，如图 1-96 所示。

　　（2）单击另一个人物模型，将前两个人物模型的坐标中心拾取在一个人物模型上。

　　（3）对这两个人物模型进行旋转，会发现这两个人物模型的旋转中心是被拾取人物模型的坐标中心，如图 1-97 所示。

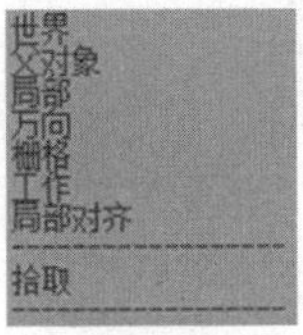

图 1-96

图 1-97

Chapter

2

第2章
基本几何体的创建

本章介绍3ds Max 2020中自带的模型。在大多数的场景建模中，模型都是由一些简单又标准的基本体堆砌和编辑而成的。通过对本章的学习，读者可以对默认的几何体进行一个初步的了解和认识。

课堂学习目标

- 熟练掌握标准几何体的创建
- 熟练掌握扩展几何体的创建
- 熟练掌握建筑模型的制作
- 掌握使用几何体堆砌模型

2.1 创建标准几何体

我们熟悉的几何基本体在现实世界中就是像水皮球、管道、长方体、圆环和圆锥形冰激凌杯这样的对象。在 3ds Max 2020 中，我们可以使用单个基本体对很多这样的对象建模，还可以将基本体结合到更复杂的对象中，并使用修改器进行进一步优化。我们平时见到的规模宏大的建筑浏览动画、室内外宣传效果图等都是由一些简单的几何体修改后得到的。可以说，用户只需通过对基本模型的节点、线和面的编辑与修改，就能制作出想要的模型。认识和学习这些基础模型是以后学习复杂建模的前提和基础，本节我们将学习 3ds Max 2020 中自带标准几何体的创建方法和应用。图 2-1 所示为标准几何体所在的命令面板。

图 2-1

2.1.1 长方体

对于室内外效果图来说，长方体是建模过程中使用非常频繁的对象类型，设计者通过修改该模型可以得到大部分模型。

创建长方体有两种方法：一种是立方体创建方法；另一种是长方体创建方法，如图 2-2 所示。

图 2-2

- 立方体创建方法：以正方体方式创建，操作简单，但只限于创建正方体。
- 长方体创建方法：以长方体方式创建，是系统默认的创建方法，用法比较灵活。

长方体的创建方法比较简单，也比较典型，该创建方法是学习创建其他几何体的基础。创建长方体的操作步骤如下。

（1）单击 "＋（创建）> ●（几何体）> 长方体" 按钮。

（2）在 "顶" 视图中单击并拖动鼠标创建长方体的长和宽，然后松开并向上移动鼠标设置长方体的高。

（3）在 "参数" 卷展栏中设置长方体的参数，如图 2-3 所示。

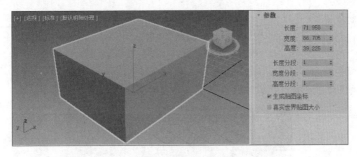

图 2-3

单击长方体将其选中，然后单击 ☑（修改）按钮，切换到修改命令面板，在修改命令面板中也会显示长方体的参数，如图 2-4 所示。

"参数" 卷展栏中的各选项功能介绍如下。

- 长度、宽度、高度：确定长方体的长、宽、高 3 条边的长度。
- 长度分段、宽度分段、高度分段：确定长方体的长、宽、高 3 条边上的片段划分参数。
- 生成贴图坐标：自动产生贴图坐标。
- 真实世界贴图大小：不选择此复选框时，贴图大小符合创建对象的尺寸；选择该复选框，贴图大小由绝对尺寸决定，而与对象的相对尺寸无关。

"键盘输入"卷展栏（见图 2-5）中的各选项功能介绍如下。

- X、Y、Z：输入的数值为沿活动构造平面的轴的偏移。
- 长度、宽度、高度：参见上述相关介绍。

对于简单的基本建模，使用键盘创建方式比较方便：直接在"键盘输入"卷展栏中输入几何体的创建参数，然后单击"创建"按钮，视图中会自动生成该几何体。如果创建较为复杂的模型，建议使用手动方式建模。

"名称和颜色"卷展栏（见图 2-8）用于显示长方体的名称和颜色。在 3ds Max 2020 中创建的所有几何体都有此项，以便以后选取和修改。在该卷展栏下单击右边的颜色块，打开"对象颜色"对话框，如图 2-6 所示。此对话框用于设置长方体的颜色，在其中单击颜色块选择合适的颜色后，单击"确定"按钮完成设置，单击"取消"按钮则取消颜色设置。若单击"添加自定义颜色"按钮，可以自定义颜色。

图 2-4

图 2-5

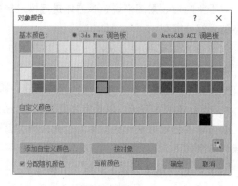
图 2-6

2.1.2　课堂案例——制作端景台

案例学习目标

学习如何创建并编辑长方体。

案例知识要点

使用长方体和移动、旋转、捕捉工具来完成端景台的制作，如图 2-7 所示。

图 2-7

制作端景台

场景所在位置

随书资源：场景 /cha02/ 端景台 .max。

效果图场景所在位置

随书资源：场景 /cha02/ 端景台 ok.max。

贴图所在位置

随书资源：贴图。

（1）单击"＋（创建）>●（几何体）>长方体"按钮，在"顶"视图中创建长方体，在"参数"卷展栏中设置"长度"为 400.0、"宽度"为 1200.0、"高度"为 30.0，如图 2-8 所示。

（2）在场景中选择长方体，按组合键 Ctrl+V，在打开的对话框中选择"复制"单选按钮，单击"确定"按钮。

（3）选择复制出的长方体，切换到 ⎿（修改）命令面板，在"参数"卷展栏中设置"长度"为 300.0、"宽度"为 1100.0、"高度"为 30.0，如图 2-9 所示。

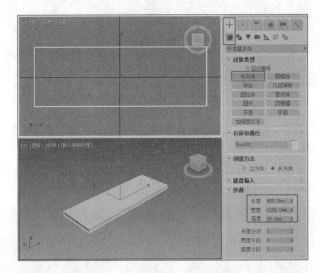

图 2-8

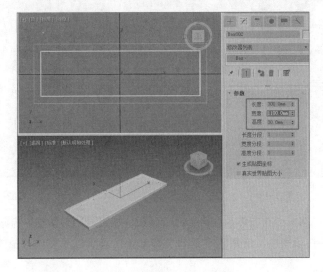

图 2-9

（4）在工具栏中选择 2.5（2.5 捕捉），在打开的对话框中设置捕捉为"顶点"，关闭对话框即可。

（5）通过对顶点捕捉，使用 ✛（选择并移动）工具，在"前"视图中将鼠标指针沿着 y 轴移动到第一个长方体的下方，如图 2-10 所示。

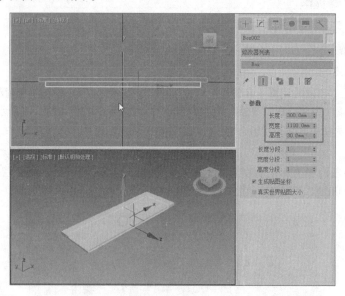

图 2-10

（6）单击"✛（创建）>●（几何体）>长方体"按钮，在"顶"视图中创建长方体，在"参数"卷展栏中设置"长度"为 30.0、"宽度"为 30.0、"高度"为 800.0，如图 2-11 所示。

（7）使用 ✛（选择并移动）工具，在场景中调整模型的位置，并在"顶"视图中按住 Shift 键移动复制模型，如图 2-12 所示。

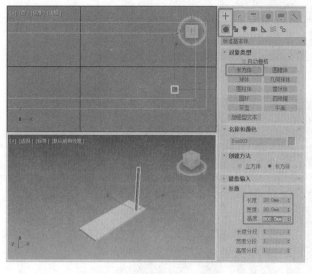

图 2-11

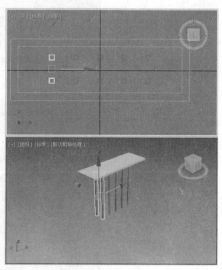

图 2-12

（8）在场景中选择第一个长方体，按组合键 Ctrl+V，在打开的对话框中选择"复制"单选按钮，单击"确定"按钮。在场景中，使用 ✛（选择并移动）工具调整长方体的位置以将该长方体作为底座。

（9）选择刚复制出的底座模型，在"参数"卷展栏中修改"长度"为 250.0、"宽度"为 800.0、"高度"为 30.0，如图 2-13 所示。

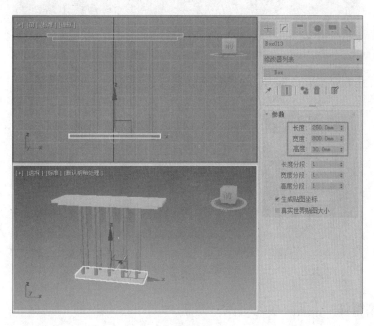

图 2-13

（10）继续复制长方体，在"参数"卷展栏中修改"长度"为 300.0、"宽度"为 900.0、"高度"为 30.0，如图 2-14 所示。

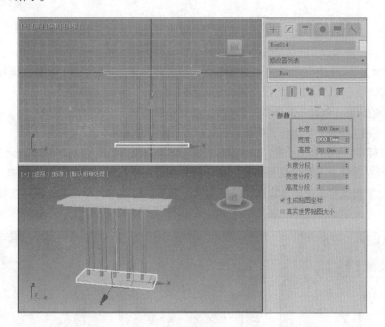

图 2-14

（11）组合完成后，我们可以发现其中支架模型较粗，只需将其选中，并修改其参数即可，如图 2-15 所示。

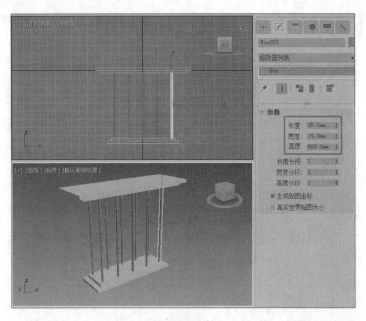

图 2-15

2.1.3 圆锥体

"圆锥体"对象类型用于制作圆锥、圆台、四棱锥、棱台及其它们的局部。下面介绍圆锥体的创建方法及其参数的设置和修改。

创建圆锥体同样有两种方法：一种是边创建方法；另一种是中心创建方法，如图 2-16 所示。

图 2-16

- 边创建方法：以边界为起点创建圆锥体，在视图中单击鼠标左键形成的点即为圆锥体底面的边界起点，随着鼠标的拖曳始终以该点作为锥体的边界。

- 中心创建方法：以中心为起点创建圆锥体，系统将采用在视图中第一次单击鼠标左键形成的点作为圆锥体底面的中心点。该创建方法是系统默认的创建方法。

创建圆锥体的方法比创建长方体多一个步骤，操作步骤如下。

（1）单击" ➕ （创建）> ⚫ （几何体）> 标准基本体 > 圆锥体"按钮。

（2）移动鼠标指针到适当的位置，按住鼠标左键不放并拖曳，视图中生成一个圆形平面，如图 2-17 所示；释放鼠标左键并上下移动鼠标指针，锥体的高度会跟随鼠标指针的移动而增减（见图 2-18），在合适的位置上单击鼠标左键，再次移动鼠标指针，调节顶端面的大小，单击鼠标左键完成创建，如图 2-19 所示。

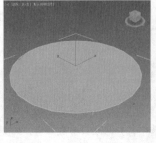

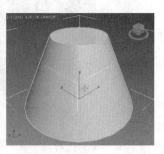

图 2-17   图 2-18   图 2-19

单击圆锥体将其选中，然后单击 🖉（修改）按钮，在修改命令面板中会显示圆锥体的参数，如图 2-20 所示。

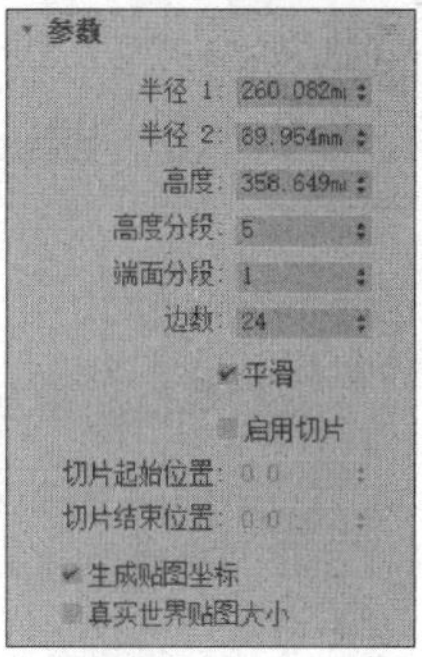

- 半径 1：用于设置圆锥体底面的半径。
- 半径 2：用于设置圆锥体顶面的半径。
- 高度：用于设置圆锥体的高度。
- 高度分段：用于设置圆锥体在高度上的段数。
- 端面分段：用于设置圆锥体在两端平面上沿半径方向上的段数。
- 边数：用于设置圆锥体端面圆周上的片段划分数。其值越大，圆锥体越光滑。
- 平滑：表示是否进行表面光滑处理。该复选框开启时，产生圆锥、圆台；关闭时，产生棱锥、棱台。
- 启用切片：表示是否进行局部切片处理。
- 切片起始位置：用于确定切除部分的起始幅度。
- 切片结束位置：用于确定切除部分的结束幅度。其他参数可参见前面章节的参数说明。

图 2-20

2.1.4　球体

"球体"对象类型用于制作表面光滑的球体，也可以制作局部球体。下面介绍球体的创建方法及其参数的设置和修改。

创建球体的方法也有两种，与创建圆锥体的方法相同，这里就不详细介绍了。球体的创建方法非常简单，操作步骤如下。

（1）单击"➕（创建）> ⬤（几何体）> 标准基本体 > 球体"按钮。

（2）移动鼠标指针到适当的位置，按住鼠标左键不放并拖曳，在视图中生成一个球体；移动鼠标指针可以调整球体的大小，在适当位置上释放鼠标左键，球体创建完成，如图 2-21 所示。

单击球体将其选中，然后单击 🖉（修改）按钮，在修改命令面板中会显示球体的参数，如图 2-22 所示。

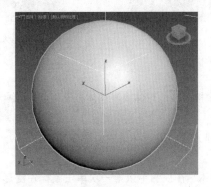

图 2-21

图 2-22

- 半径：用于设置球体的半径大小。
- 分段：用于设置表面的段数。其值越大，表面越光滑，造型也越复杂。
- 平滑：表示是否对球体表面自动进行光滑处理（系统默认开启该功能）。
- 半球：用于创建半球或球体的一部分。值由 0.0 到 1.0 可调。默认值为 0.0，表示创建完整的球体。如果增加数值，球体会被逐渐减去，例如值为 0.5 时，表示创建半球体；值为 1.0 时，球体全部消失。
- 切除 / 挤压：在进行半球系数调整时发挥作用。用于确定球体被切除后，原来的网格划分也随之切除或者仍保留但被挤入剩余的球体中。其他参数可参见前面章节的参数说明。

2.1.5 圆柱体

"圆柱体"对象类型用于制作棱柱体、圆柱体、局部圆柱体。下面介绍圆柱体的创建方法及其参数的设置和修改。

圆柱体的创建方法与创建长方体的方法基本相同，创建圆柱体的操作步骤如下。

（1）单击"➕（创建）> ⬤（几何体）> 标准基本体 > 圆柱体"按钮。

（2）将鼠标指针移到视图中，按住鼠标左键不放并拖曳，视图中出现一个圆形平面；在适当的位置上释放鼠标左键并上下移动，圆柱体的高度会跟随鼠标指针的移动而增减，在适当的位置上单击鼠标左键，圆柱体创建完成，如图 2-23 所示。

单击圆柱体将其选中，然后单击 按钮，在修改命令面板中会显示圆柱体的参数，如图 2-24 所示。

- 半径：用于设置底面和顶面的半径。
- 高度：用于确定圆柱体的高度。
- 高度分段：用于确定圆柱体在高度上的段数。如果要弯曲圆柱体，设置高度段数可以产生光滑的弯曲效果。
- 端面分段：用于确定在圆柱体两个端面上沿半径方向的段数。
- 边数：用于确定圆周上的片段划分数（即棱柱的边数）。对于圆柱体来说，边数越多，其表面越光滑。其最小值为 3，此时圆柱体的截面为三角形。其他参数可参见前面章节的参数说明。

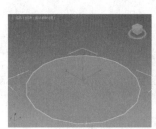 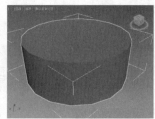 

图 2-23   图 2-24

2.1.6 几何球体

"几何球体"对象类型用于建立以三角面相拼接而成的球体或半球体。下面介绍几何球体的创建方法及其参数的设置和修改。

创建几何球体有两种方法：一种是直径创建方法；另一种是中心创建方法，如图 2-25 所示。

图 2-25

- 直径创建方法：以直径方式拉出几何球体。在视图中以第一次单击鼠标左键形成的点为起点，把拖曳鼠标的方向作为所创建几何球体的直径方向。
- 中心创建方法：以中心方式拉出几何球体。在视图中第一次单击鼠标左键形成的点作为要创建几何球体的圆心，拖曳鼠标的位移大小作为所要创建球体的半径。该创建方法是系统默认的创建方法。

几何球体的创建方法与创建球体的方法相同，创建几何球体的操作步骤如下。

（1）单击"➕（创建）> ⬤（几何体）> 标准基本体 > 几何球体"按钮。

（2）将鼠标指针移到视图中，按住鼠标左键不放并拖曳，视图中生成一个几何球体；移动鼠标指针可以调整几何球体的大小，在适当位置上释放鼠标左键，几何球体创建完成，如图 2-26 所示。

单击几何球体将其选中，然后单击 ⌐（修改），在修改命令面板中会显示几何球体的参数，如图 2-27 所示。

图 2-26　　　　　　　　　　　图 2-27

- 半径：用于确定几何球体的半径大小。
- 分段：用于设置球体表面的复杂度。其值越大，三角面越多，球体也越光滑。
- 基点面类型：用于确定是由哪种规则的异面体组合成球体。
  ♦ 四面体：由四面体构成几何球体。三角形的面可以改变形状和大小，这种几何球体可以被分成相等的 4 个部分。
  ♦ 八面体：由八面体构成几何球体。三角形的面可以改变形状和大小，这种几何球体可以被分成相等的 8 个部分。
  ♦ 二十面体：由二十面体构成几何球体。三角形的面可以改变形状和大小，这种几何球体可以被分成相等的任意多个部分。其他参数可参见前面章节的参数说明。

2.1.7　圆环

“圆环”对象类型用于制作立体的圆环圈。圆环圈的截面为正多边形，用户可以通过对正多边形边数、光滑度、旋转角度等控制来产生不同的圆环效果，还可以利用切片参数制作局部的一段圆环。下面介绍圆环的创建方法及其参数的设置和修改。

创建圆环的操作步骤如下。

（1）单击“＋（创建）> ●（几何体）> 标准基本体 > 圆环”按钮。

（2）将鼠标指针移到视图中，按住鼠标左键不放并拖曳，在视图中生成一个圆环，如图 2-28 所示；在适当的位置上释放鼠标左键并上下移动鼠标指针可以调整圆环的粗细，单击鼠标左键完成圆环创建。

单击圆环将其选中，然后单击 ⌐ 按钮，在修改命令面板中会显示圆环的参数，如图 2-29 所示。

图 2-28　　　　　　　　　　　图 2-29

- 半径 1：用于设置圆环中心与截面正多边形的中心距离。

- 半径 2：用于设置截面正多边形的内径。
- 旋转：用于设置片段截面沿圆环轴旋转的角度，如果进行扭曲设置或以不光滑表面着色，则可以看到它的效果。
- 扭曲：用于设置每个截面扭曲的角度，产生扭曲的表面。
- 分段：用于确定沿圆周方向上片段被划分的数量。其值（最小值为 3）越大，得到的圆环越光滑。
- 边数：用于确定圆环的侧边数。
- "平滑"选项组：用于设置光滑属性。将棱边光滑有以下 4 种方式。
  - ◆ 全部：对所有表面进行光滑处理。
  - ◆ 侧面：对侧边进行光滑处理。
  - ◆ 无：不进行光滑处理。
  - ◆ 分段：光滑每一个独立的面。其他参数可参见前面章节参数说明。

2.1.8　管状体

"管状体"对象类型用于创建各种空心管状体对象，如管状体、棱管、局部管状体等。下面介绍管状体的创建方法及其参数的设置和修改。

管状体的创建方法与创建其他几何体的方法不同，创建管状体的操作步骤如下。

（1）单击"　＋　（创建）＞　●　（几何体）＞ 标准基本体 ＞ 管状体"按钮。

（2）将鼠标指针移到视图中，按住鼠标左键不放并拖曳，视图中出现一个圆；在适当的位置上释放鼠标左键并前、后移动鼠标指针会生成一个圆环形面片，然后单击鼠标左键并上下移动鼠标指针，管状体的高度会随之增减，在合适的位置上单击鼠标左键完成管状体创建，如图 2-30 所示。

单击管状体将其选中，然后单击　☑　（修改）按钮，在修改命令面板中会显示管状体的参数，如图 2-31 所示。

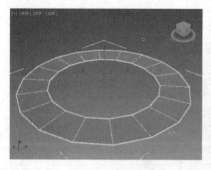
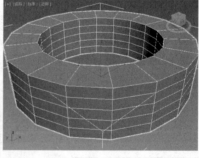
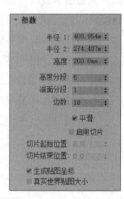

图 2-30　　　　　　　　　　　　　　　　　　　　　　　　　图 2-31

- 半径 1：用于确定管状体的内径大小。
- 半径 2：用于确定管状体的外径大小。
- 高度：用于确定管状体的高度。
- 高度分段：用于确定管状体高度方向的段数。
- 端面分段：用于确定管状体上下底面的段数。
- 边数：用于设置管状体侧边的多少。其值越大，管状体越光滑。对于棱管来说，边数值决定其属于几棱管。其他参数可参见前面章节的参数说明。

2.1.9 课堂案例——制作几何壁灯

⊕ 案例学习目标

学习如何创建并编辑管状体和圆柱体。

⊕ 案例知识要点

使用管状体、圆柱体、移动工具来制作几何壁灯，如图 2-32 所示。

制作几何壁灯

图 2-32

⊕ 场景所在位置

随书资源：场景 /cha02/ 几何壁灯 .max。

⊕ 效果图场景所在位置

随书资源：场景 /cha02/ 几何壁灯 ok.max。

⊕ 贴图所在位置

随书资源：贴图。

（1）单击"➕（创建）> ⬤（几何体）> 标准基本体 > 管状体"按钮，在"顶"视图中创建管状体，在"参数"卷展栏中设置"半径 1"为 480.0、"半径 2"为 600.0、"高度"为 100.0、"高度分段"为 1、"边数"为 80，如图 2-33 所示。

（2）切换到 ☑（修改）命令面板，在"修改器列表"中选中"编辑多边形"修改器，在"选择"卷展栏中单击 ◁（边）按钮，在"前"视图中选中图 2-34 所示的两条边。

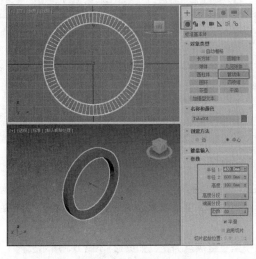

图 2-33

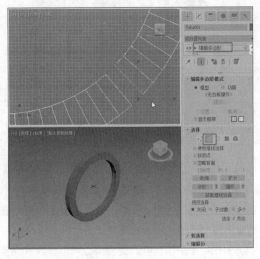

图 2-34

（3）在"选择"卷展栏中单击"循环"按钮，选择图2-35所示的两圈边。

（4）在"编辑边"卷展栏中单击"切角"后的▢（设置）按钮，在视口中弹出的助手小盒中设置切角量和边数，如图2-36所示。

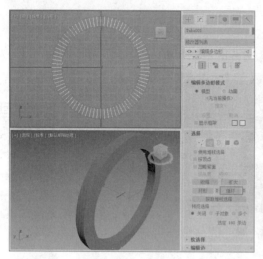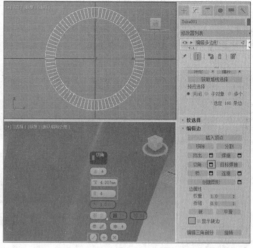

图2-35 图2-36

（5）单击"➕（创建）>⬤（几何体）>圆柱体"按钮，在"顶"视图中创建圆柱体，在"参数"卷展栏中设置"半径"为40.0、"高度"为300.0、"高度分段"为1、"边数"为30，如图2-37所示。

（6）单击"➕（创建）>⬤（几何体）>球体"按钮，在"顶"视图中创建球体，设置一个合适的参数即可，如图2-38所示。

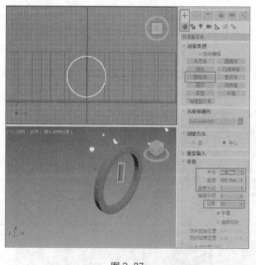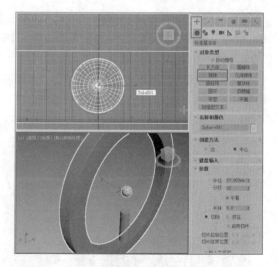

图2-37 图2-38

（7）选择球体，切换到⬛（修改）命令面板，在"修改器列表"中选中"FFD 4×4×4"修改器，将选择集定义为"控制点"，在"前"视图中整组选中控制点，并调整其位置，在"顶"视图中缩放选中的整组控制点的大小，如图2-39（a）所示。

（8）在场景中组合并调整模型，可以修改和调整模型直至满意为止，如图2-39（b）所示。

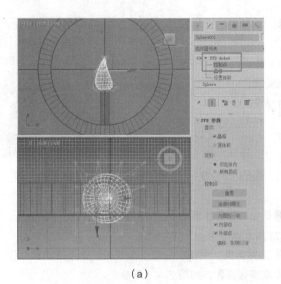
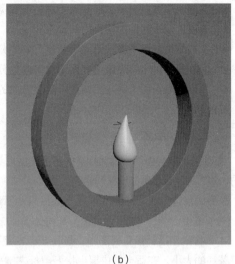

（a）　　　　　　　　　　　　　　　（b）

图 2-39

2.1.10　四棱锥

"四棱锥"对象类型用于创建锥体模型，四棱椎是锥体的一种特殊形式。下面来介绍四棱锥的创建方法及其参数的设置和修改。

四棱锥的创建方法有两种：一种是基点 / 顶点创建方法；另一种是中心创建方法，如图 2-40 所示。

图 2-40

- 基点 / 顶点创建方法：系统把第一次单击鼠标左键时鼠标指针所在位置的点作为四棱锥的底面点或顶点。该创建方法是系统默认的创建方法。

- 中心创建方法：系统把第一次单击鼠标左键时鼠标指针所在位置的点作为四棱锥底面的中心点。

四棱锥的创建方法比较简单，与圆柱体的创建方法比较相似，创建四棱锥的操作步骤如下。

（1）单击 " ✛（创建）> ⬤（几何体）> 标准基本体 > 四棱锥 " 按钮。

（2）将鼠标指针移到视图中，按住鼠标左键不放并拖曳，视图中生成一个正方形平面；在适当的位置上松开鼠标左键并上下移动鼠标指针，调整四棱锥的高度，然后单击鼠标左键完成四棱锥创建，如图 2-41 所示。

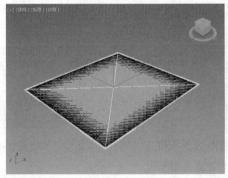
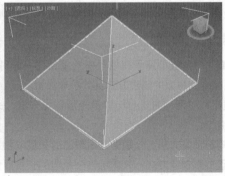

图 2-41

单击四棱锥将其选中，然后单击 ⟋（修改）按钮，在修改命令面板中会显示四棱锥的参数，如图 2-42 所示。四棱锥的参数比较简单，与前面章节讲到的参数大部分都相似。

- 宽度、深度：用于确定底面矩形的长和宽。
- 高度：用于确定四棱锥的高。
- 宽度分段：用于确定沿底面宽度方向的分段数。
- 深度分段：用于确定沿底面深度方向的分段数。
- 高度分段：用于确定沿四棱锥高度方向的分段数。

其他参数可参见前面章节的参数说明。

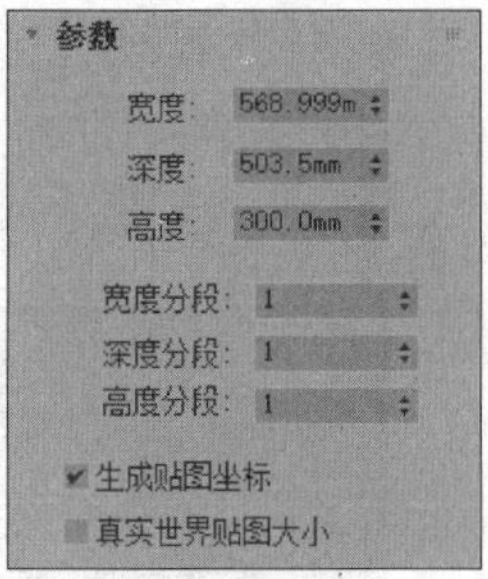

2.1.11 茶壶

"茶壶"对象类型用于创建标准的茶壶造型或者茶壶的一部分。下面来介绍茶壶的创建方法及其参数的设置和修改。

图 2-42

茶壶的创建方法与球体的创建方法相似，创建茶壶的操作步骤如下。

（1）单击"＋（创建）> ●（几何体）> 标准基本体 > 茶壶"按钮。

（2）将鼠标指针移到视图中，按住鼠标左键不放并拖曳，视图中生成一个茶壶；上下移动鼠标指针调整茶壶的大小，在适当的位置上松开鼠标左键完成茶壶创建，如图 2-43 所示。

单击茶壶将其选中，然后单击 （修改）按钮，在修改命令面板中会显示茶壶的参数，如图 2-44 所示。茶壶的参数比较简单，用户利用参数的调整可以把茶壶拆分成不同的部分。

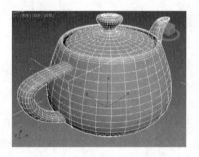

图 2-43

图 2-44

- 半径：用于确定茶壶的大小。
- 分段：用于确定茶壶表面的划分精度。其值越大，茶壶表面越细腻。
- 平滑：表示是否自动进行表面光滑处理。
- 茶壶部件：用于设置茶壶各部分的取舍。茶壶分为壶体、壶把、壶嘴和壶盖 4 个部分。

其他参数可参见前面章节的参数说明。

2.1.12 平面

"平面"对象类型用于在场景中直接创建平面对象，如用于创建地面和场地等，其使用起来非常方便。下面来介绍平面的创建方法及其参数设置。

创建平面有两种方法：一种是矩形创建方法；另一种是正方形创建方法，如图 2-45 所示。

图 2-45

- 矩形创建方法：分别确定两条边的长度以创建长方形平面。
- 正方形创建方法：只需给出一条边的长度以创建正方形平面。

创建平面的方法和创建球体的方法相似，创建平面的操作步骤如下。

（1）单击"＋（创建）> ●（几何体）> 标准基本体 > 平面"按钮。

（2）将鼠标指针移到视图中，按住鼠标左键不放并拖曳，视图中生成一个平面；调整至适当的大小后松开鼠标左键，平面创建完成，如图 2-46 所示。

单击平面将其选中，然后单击 [C] (修改) 按钮，在修改命令面板中会显示平面的参数，如图 2-47 所示。

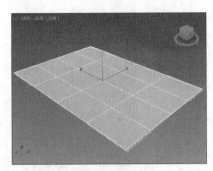 

图 2-46   图 2-47

- 长度、宽度：用于确定平面的长、宽，以决定平面的大小。
- 长度分段：用于确定沿平面长度方向的分段数，系统默认值为 4。
- 宽度分段：用于确定沿平面宽度方向的分段数，系统默认值为 4。
- 渲染倍增：只在渲染时起作用，可进行如下两项设置。
    - 缩放：渲染时平面的长和宽均以该尺寸比例倍数扩大。
    - 密度：渲染时平面的长和宽方向上的分段数均以该密度比例倍数扩大。
- 总面数：用于显示平面对象全部的面片数。

平面参数的修改非常简单，本书就不在此进行介绍了。

2.1.13 加强型文本

"加强型文本"对象类型提供了内置文本对象，可以创建样条线轮廓或实心、挤出、倒角几何体。此外，用户通过其他选项可以根据每个角色应用不同的字体和样式并添加动画和特殊效果。

创建加强型文本的操作步骤如下。

（1）单击"[+] (创建) > [●] (几何体) > 标准基本体 > 加强型文本"按钮。

（2）将鼠标指针移到视图中，单击鼠标即可在当前视口中创建加强型文本，如图 2-48 所示。

单击加强型文本将其选中，然后单击 [C] (修改) 按钮，在修改命令面板中会显示加强型文本的参数。首先来介绍"插值"卷展栏，如图 2-49 所示。

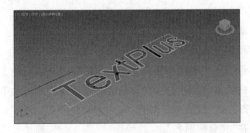 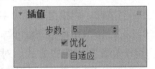

图 2-48   图 2-49

- 步数：用于设置分割曲线的顶点数。步数越多，曲线越平滑。用户可以手动设置步数，还可以使用"自适应"复选框自动设置步数。取值范围为 0 ~ 100。
- 优化：从直线段移除不必要的步数。默认设置为启用。
- 自适应：用于自动设置步数，以生成为平滑曲线。默认设置为禁用。

"布局"卷展栏：使用此卷展栏可更改文本的放置方式，如图 2-50 所示。

- 点：使用点确定布局。平面：使用"自动""XY 平面""XZ 平面"或"YZ 平面"确定布局。
- 区域：使用"长度"和"宽度"测量值确定布局。

图 2-50

图 2-51

"参数"卷展栏：使用此卷展栏可更改文本和版式，如图 2-51 所示。

- "文本"框：在其中可以输入多行文本（按 Enter 键开始新的一行），默认文本是"加强型文本"。用户可以通过"剪贴板"复制并粘贴单行文本和多行文本。
- 将值设置为文本：切换"将值设置为文本"窗口以将文本链接到要显示的值。该值可以是对象值（如半径），或者是从脚本或表达式返回的任意其他值。
- 打开大文本窗口：切换大文本窗口，以便更好地查看大量文本。
- 字体列表：从可用字体（包括 Windows 中安装的字体和类型 1 PostScript 字体）列表中进行选择。
- 字体类型列表：用于选择"常规""斜体""粗体""粗斜体"字体类型。
- **B**（粗体样式）按钮：切换加粗文本。
- *I*（斜体样式）按钮：切换斜体文本。
- U（下画线样式）按钮：切换下画线文本。
- T̶（删除线）按钮：切换删除线文本。
- TT（全部大写）按钮：切换大写文本。
- Tᴛ（小写）按钮：将使用相同高度和宽度的大写文本切换为小写。
- T¹（上标）按钮：切换是否减少字母的高度和粗细并将它们放置在常规文本行的上方。
- T₁（下标）按钮：切换是否减少字母的高度和粗细并将它们放置在常规文本行的下方。
- 对齐：用于设置文本对齐方式。对齐方式包括："左对齐""中心对齐""右对齐""最后一个左对齐""最后一个中心对齐""最后一个右对齐""全部对齐"。
- 大小：用于设置文本高度，其中测量方法由活动字体定义。
- 跟踪：用于设置字母间距。
- 行间距：用于设置行间距（需要有多行文本）。
- V 比例：用于设置垂直缩放。
- H 比例：用于设置水平缩放。

● "重置参数"按钮：对于选定角色或全部角色，将选定参数重置为其默认值。参数包括："全局V 比例""全局 H 比例""跟踪""行间距""基线转移""字间距""局部 V 比例""局部 H 比例"。

● "操纵文本"按钮：切换功能以均匀或非均匀手动操纵文本，如调整文本大小、字体、跟踪、字间距和基线。

"几何体"卷展栏：在该卷展栏中可以调整文本的挤出或倒角的参数，如图 2-52 所示。

● 生成几何体：将 2D 的几何效果切换为 3D 的几何效果。

● 挤出：用于设置挤出深度。

● 挤出分段：用于指定在挤出文本中创建的分段数。

● 应用倒角：切换对文本执行倒角。

● 预设列表：从下拉列表中选择一个预设倒角类型，或选择"（自定义）"以使用通过倒角剖面编辑器创建的倒角。预设包括："凹面""凸面""凹雕""半圆""边缘""线性""S 形区域""三步""两步"。

● 倒角深度：用于设置倒角区域的深度。

● 宽度：该复选框用于切换功能以修改宽度参数。默认设置为未选中状态，并受限于深度参数。选中以从默认值更改宽度，并在宽度文本框中输入数量。

● 倒角推：用于设置倒角曲线的强度。例如，使用凹面倒角预设时，0 值表示完美的线性边，-1表示凸边，+1 表示凹边。

● 轮廓偏移：用于设置轮廓的偏移距离。

● 步数：用于设置分割曲线的顶点数。步数越多，曲线越平滑。

● 优化：从倒角的直线段移除不必要的步数。默认设置为启用。

● "倒角剖面编辑器"按钮：切换到"倒角剖面编辑器"窗口，用户可以创建自己的自定义剖面。

● "显示高级参数"按钮：切换显示高级参数，如图 2-53 所示。

● "封口"组。

◆ 开始：用于设置文本正面的封口。选项包括："封口（简单封口无倒角）""无封口（开放面）""倒角封口""倒角无封口"。默认设置为"倒角封口"。

◆ 结束：用于设置文本背面的封口。选项包括："封口""无封口（开放面）""倒角封口""倒角无封口"。默认设置为"封口"。

◆ 约束：对选定面使用选择约束。

● "封口类型"组。

◆ 变形：使用三角形创建封口面。

◆ 栅格：在栅格图案中创建封口面。封口类型的变形和渲染要比渐进变形封口效果好。

◆ 细分：使用细分图案创建将变形的封口面。

● "材质 ID"组：使用此组可将单独选定的材质应用于"始端封口""始端倒角""边""末端倒角""末端封口"。

"动画"卷展栏：在该卷展栏中可以设置文本的动画类型和参数，如图 2-54 所示。

● 分隔：用于设置为文本的哪部分设置动画。

● "上方向"轴：将文本元素的向上方向设置为 X 轴、Y 轴或 Z 轴。如果使用动画预设，而用于创建该预设的原始对象的方向轴与当前文本元素的方向轴不同会导致文本使用错误的方向，此时则需要使用此选项。

● 翻转轴：用于反转文本元素的方向。

图 2-52 　　　　　　　　　图 2-53 　　　　　　　　　图 2-54

2.2 创建扩展基本体

扩展几何体是比标准几何体更复杂的几何体，可以说它是标准几何体的延伸。它具有更加丰富的形态，在建模过程中也被频繁地使用，并被用于建造更加复杂的三维模型。

2.2.1 切角长方体和切角圆柱体

"切角长方体"和"切角圆柱体"对象类型用于直接产生带切角的立方体和圆柱体。下面介绍切角长方体和切角圆柱体的创建方法及其参数的设置和修改。

切角长方体和切角圆柱体的创建方法是相同的，两者都具有圆角的特性，这里以切角长方体为例对创建方法进行介绍，操作步骤如下。

（1）单击"➕（创建）> ⚫（几何体）> 扩展基本体 > 切角长方体"按钮。

（2）将鼠标指针移到视图中，按住鼠标左键不放并拖曳，视图中生成一个长方形平面，如图 2-55 所示；在适当的位置上松开鼠标左键并上下移动鼠标指针，调整其高度，如图 2-56 所示；单击鼠标左键后再次上下移动鼠标指针，调整其圆角的系数，然后单击鼠标左键完成切角长方体创建，如图 2-57 所示。

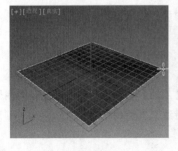  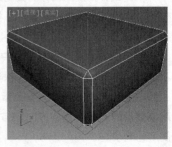

图 2-55 　　　　　　　　　图 2-56 　　　　　　　　　图 2-57

单击切角长方体或切角圆柱体将其选中，然后单击 ☑（修改）按钮，在修改命令面板中会显示切角长方体或切角圆柱体的参数，如图 2-58 所示。切角长方体和切角圆柱体的参数大部分都是相同的。

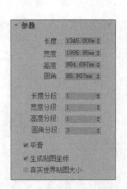

（a）切角长方体的参数面板　　（b）切角圆柱体的参数面板

图 2-58

- 圆角：用于设置切角长方体（或切角圆柱体）的圆角半径，确定圆角的大小。
- 圆角分段：用于设置圆角的分段数。其值越大，圆角越平滑。

其他参数可参见前面章节的参数说明。

2.2.2 课堂案例——制作星球吊灯

案例学习目标

学习如何创建并编辑切角圆柱体。

案例知识要点

使用球体和可渲染的样条线，并创建切角圆柱体作为底座来制作星球吊灯，效果如图 2-59 所示。

图 2-59

制作星球吊灯

场景所在位置

随书资源：场景 /cha02/ 星球吊灯 .max。

效果图场景所在位置

随书资源：场景 /cha02/ 星球吊灯 ok.max。

贴图所在位置

随书资源：贴图。

（1）在场景中创建大小不一的球体，并调整球体到合适的位置，如图 2-60 所示。

（2）单击"➕（创建）> ⬜（图形）> 线"按钮，在"前"视图中创建线，在"渲染"卷展栏中勾选"在渲染中启用"复选框和"在视口中启用"复选框，设置合适的渲染"厚度"，如图 2-61 所示。

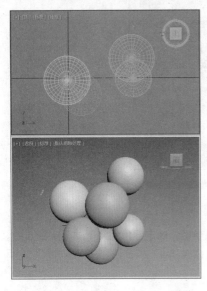

图 2-60

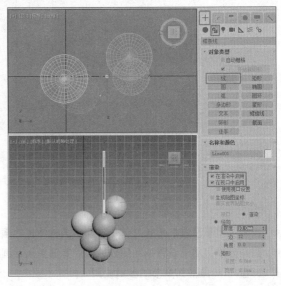

图 2-61

（3）选择线，切换到 ⬜（修改）命令面板，将选择集定义为"顶点"，在视口中调整顶点，如图 2-62 所示。

（4）使用同样的方法为其他的球体创建线，如图 2-63 所示。

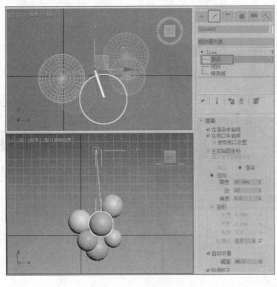

图 2-62

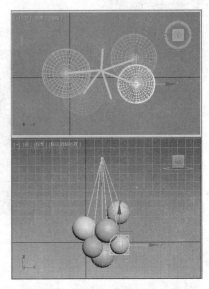

图 2-63

（5）单击"➕（创建）> ⬤（几何体）> 扩展基本体 > 切角圆柱体"按钮，在"前"视图中创建切角圆柱体，在"参数"卷展栏中设置"半径"为 200.0、"高度"为 40.0、"圆角"为 10.0、"高度分段"为 1、"圆角分段"为 1、"边数"为 50，如图 2-64 所示。

（6）在场景中调整各个模型的位置，组合出吊灯的效果如图 2-65 所示。

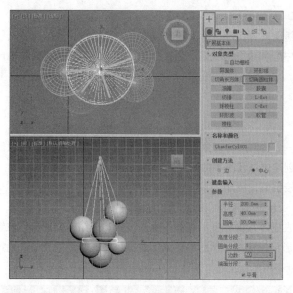

图 2-64　　　　　　　　　　　　　　图 2-65

2.2.3　异面体

"异面体"对象类型用于创建各种具备奇特表面的异面体。下面介绍异面体的创建方法及其参数的
设置和修改。

异面体的创建方法和球体的创建方法相似，创建异面体的操作步骤如下。

（1）单击" （创建）> ●（几何体）> 扩展基本体 > 异面体"按钮。

（2）将鼠标指针移到视图中，按住鼠标左键不放并拖曳，视图中生成一个异面体；上下移动鼠标指
针调整异面体的大小，在适当的位置上松开鼠标左键，异面体创建完成，如图 2-66 所示。

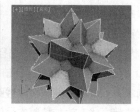

图 2-66

单击异面体将其选中，然后单击 （修改）按钮，在修改命令面板中会显示异
面体的参数，如图 2-67 所示。

- 系列：该组参数中提供了 5 种基本形体方式供选择，它们都是常见的异面
体，依次为四面体、立方体 / 八面体、十二面体 / 二十面体、星形 1、星形 2。其他
许多复杂的异面体都可以由它们通过修改参数变形而得到。

- 系列参数：利用 P、Q 选项，可以通过两种途径分别对异面体的顶点和面进
行双向调整，从而产生不同的造型。

- 轴向比率：异面体的表面都是由三角形、矩形和五边形 3 种类型的平面图形
拼接而成的。这里的 3 个微节器（P、Q、R）是分别调节各自比例的；"重置"按钮

图 2-67

可使数值恢复到默认值（系统默认值为 100.0）。

- 顶点：用于确定异面体内部顶点的创建方式，作用是决定异面体的内部结构。其中"基点"参数确定使用基点的方式，使用"中心"或"中心和边"方式则产生较少的顶点，且得到的异面体也比较简单。
- 半径：用于设置异面体半径的大小。

2.2.4 环形结

"环形结"是扩展几何体中较为复杂的一个几何形体对象类型。用户通过调节它的参数，可以制作出种类繁多的特殊造型。下面介绍环形结的创建方法及其参数的设置和修改。

环形结的创建方法和圆环的创建方法比较相似，创建环形结的操作步骤如下。

（1）单击"＋（创建）> ●（几何体）> 扩展基本体 > 环形结"按钮。

（2）将鼠标指针移到视图中，按住鼠标左键不放并拖曳，视图中生成一个环形结；在适当的位置上松开鼠标左键并上下移动鼠标指针，调整环形结的粗细，然后单击鼠标左键，环形结创建完成。通过修改参数可以变换出各种不同的环形结如图 2-68 所示。

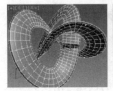

图 2-68

单击环形结将其选中，然后单击 ☑（修改）按钮，在修改命令面板中会显示环形结的参数。环形结与其他几何体相比，参数较多，它主要分为基础曲线参数、横截面参数、平滑参数和贴图坐标参数几大类。

基础曲线参数用于控制有关环绕曲线的参数，如图 2-69 所示。

- 结、圆：用于设置创建环形结或标准圆环。
- 半径：用于设置曲线半径的大小。
- 分段：用于确定在曲线路径上的分段数。
- P、Q：仅对结状方式有效，控制曲线路径蜿蜒缠绕的圈数。其中，P 值控制 Z 轴方向上的缠绕圈数，Q 值控制路径轴上的缠绕圈数。当 P、Q 值相同时，产生标准圆环。
- 扭曲数：仅对圆状方式有效，控制在曲线路径上产生弯曲的数量。
- 扭曲高度：仅对圆状方式有效，控制在曲线路径上产生弯曲的高度。

横截面参数用于通过截面图形的参数控制来产生形态各异的造型，如图 2-70 所示。

图 2-69

图 2-70

- 半径：用于设置截面图形的半径大小。

- 边数：用于设置截面图形的边数，确定圆滑度。
- 偏心率：用于设置截面压扁的程度。当其值为 1 时，截面为圆；当其值不为 1 时，截面为椭圆。
- 扭曲：用于设置截面围绕曲线路径扭曲循环的次数。
- 块：用于设置在路径上所产生的块状凸起数量。只有当块高度大于 0 时，才能显示出效果。
- 块高度：用于设置块隆起的高度。
- 块偏移：在路径上移动块，改变其位置。

平滑参数用于控制造型表面的光滑属性，如图 2-71 所示。

- 全部：对整个造型进行光滑处理。
- 侧面：只对纵向（路径方向）的面进行光滑处理，即只光滑环形结的侧边。
- 无：不进行表面光滑处理。

贴图坐标参数用于指定环形结的贴图坐标，如图 2-72 所示。

图 2-71   图 2-72

- 生成贴图坐标：根据环形结的曲线路径指定贴图坐标，需要指定贴图在路径上的重复次数和偏移值。
- 偏移：用于设置在 U、V 方向上贴图的偏移值。
- 平铺：用于设置在 U、V 方向上贴图的重复次数。

2.2.5 油罐、胶囊和纺锤

"油罐""胶囊""纺锤"这 3 个几何体对象类型都具有圆滑的特性，它们的创建方法和参数也有相似之处。下面介绍油罐、胶囊和纺锤的创建方法及其参数的设置和修改。

油罐、胶囊和纺锤的创建方法相似，这里以油罐为例来介绍这 3 个几何体的创建方法，操作步骤如下。

（1）单击"➕（创建）> ⬤（几何体）> 扩展基本体 > 油罐"按钮。

（2）将鼠标指针移到视图中，按住鼠标左键不放并拖曳，视图中生成油罐的底部；在适当的位置上松开鼠标左键并移动鼠标指针，调整油罐的高度；单击鼠标左键，移动鼠标指针调整切角的系数，再次单击鼠标左键完成油罐创建。使用相似的方法可以创建出胶囊和纺锤，图 2-73 所示依次为创建的油罐、胶囊和纺锤。

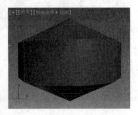

图 2-73

单击油罐（胶囊或纺锤）将其选中，然后单击 ✐（修改）按钮，在修改命令面板中会显示其参数，如图 2-74 所示，这 3 个几何体的参数大部分都相似。

- 封口高度：用于设置两端凸面顶盖的高度。
- 总体：用于测量几何体的全部高度。

- 中心：只测量柱体部分的高度，不包括顶盖高度。
- 混合：用于设置顶盖与柱体边界产生的圆角大小，圆滑顶盖的柱体边缘。
- 高度分段：设置圆锥顶盖的段数。

（a）油罐的参数面板　　（b）胶囊的参数面板　　（c）纺锤的参数面板

图 2-74

2.2.6　L-Ext 和 C-Ext

"L-Ext" 和 "C-Ext" 对象类型都主要用于建筑快速建模，结构比较相似。下面来介绍 L-Ext 和 C-Ext 的创建方法及其参数的设置和修改。

L-Ext 和 C-Ext 的创建方法基本相同，在此以 L-Ext 为例介绍创建方法，操作步骤如下。

（1）单击 " ➕（创建）> ⬤（几何体）> 扩展基本体 >L-Ext" 按钮。

（2）将鼠标指针移到视图中，按住鼠标左键不放并拖曳，视图中生成一个 L 形平面；在适当的位置上松开鼠标左键并上下移动鼠标指针，调整墙体的高度，单击鼠标左键，再次移动鼠标指针，可以调整墙体的厚度，单击鼠标左键完成 L-Ext 创建。使用相同的方法可以创建出 C-Ext，图 2-75 所示依次为 L-Ext 和 C-Ext。

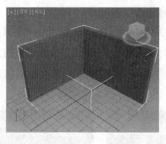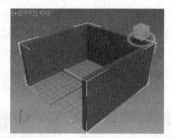

图 2-75

"L-Ext" 和 "C-Ext" 对象类型的参数比较相似，但 C-Ext 比 L-Ext 的参数多。单击 L-Ext 或 C-Ext 将其选中，然后单击 ⬜（修改）按钮，在修改命令面板中会显示 L-Ext 或 C-Ext 的参数面板，如图 2-76 所示。

下面对 C-Ext 的参数面板进行介绍。

- 背面长度、侧面长度、前面长度：设置 C-Ext 背面、侧面、前面边的长度，以确定底面的大小和形状。
- 背面宽度、侧面宽面、前面宽度：设置 C-Ext 背面、侧面、前面边的宽度。
- 高度：设置 C-Ext 的高度。

- 背面分段、侧面分段、前面分段：分别设置 C-Ext 背面、侧面和前面在长度方向上的段数。
- 宽度分段：设置 C-Ext 在宽度方向上的段数。
- 高度分段：设置 C-Ext 在高度方向上的段数。

　　　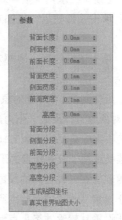

（a）L-Ext 的参数面板　　　（b）C-Ext 的参数面板

图 2-76

2.2.7 软管

"软管"是一个柔性几何体的对象类型，其两端可以连接到两个不同的对象上，并能反映出这些对象的移动。下面来介绍软管的创建方法及其参数的设置和修改。

软管的创建方法很简单，与方体的创建方法基本相同，创建软管的操作步骤如下。

（1）单击"➕（创建）> ◉（几何体）> 扩展基本体 > 软管"按钮。

（2）将鼠标指针移到视图中，按住鼠标左键不放并拖曳，视图中生成一个多边形平面；在适当的位置上再次单击鼠标左键并上下移动鼠标指针，调整软管的高度，单击鼠标左键完成软管创建，如图 2-77 所示。

单击软管将其选中，然后单击 ✐（修改）按钮，在修改命令面板中会显示软管的参数，如图 2-78 所示。软管的参数众多，主要分为端点方法、绑定对象、自由软管参数、公用软管参数和软管形状 5 个选项组。

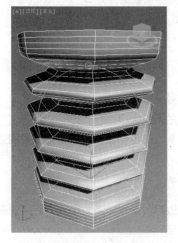　　　　　　

图 2-77　　　　　　　　　　　图 2-78

"端点方法"选项组参数用于选择是创建自由软管还是创建连接到两个对象上的软管。

- 自由软管：选择该单选按钮，则创建不绑定到任何其他对象上的软管，同时激活"自由软管参数"选项组。

- 绑定到对象轴：选择该单选按钮，则把软管绑定到两个对象上，同时激活"绑定对象"选项组。"绑定对象"选项组可用来拾取两个捆绑对象，拾取完成后，软管将自动连接两个对象。
- 拾取顶部对象：单击该按钮后，顶部对象呈黄色表示处于激活状态，此时可在场景中单击顶部对象进行拾取。
- 拾取底部对象：单击该按钮后，底部对象呈黄色表示处于激活状态，此时可在场景中单击底部对象进行拾取。
- 张力：用于确定延伸到顶（底）部对象的软管曲线在（顶）底部对象附近的张力大小。张力越小，弯曲部分离底（顶）部对象越近；反之，张力越大，弯曲部分离底（顶）部对象越远。其默认值为100。

"自由软管参数"选项组中高度用于调节软管的高度。

"公用软管参数"选项组用于设置软管的形状和光滑属性等常用参数。

- 分段：用于设置软管在长度上总的段数。当软管是曲线时，增加其值将光滑软管的外形。
- 起始位置：用于设置从软管的起始点到弯曲开始部位这一部分所占整个软管的百分比。
- 结束位置：用于设置从软管的终止点到弯曲结束部位这一部分所占整个软管的百分比。
- 周期数：用于设置柔体截面中的起伏数量。
- 直径：用于设置皱状部分的直径相对于整个软管直径的百分比大小。

"平滑"选项组：用于调整软管的光滑类型。

- ◆ 全部：平滑整个软管（系统默认设置）。
- ◆ 侧面：仅平滑软管长度方向上的侧面。
- ◆ 无：不进行平滑处理。
- ◆ 分段：仅平滑软管的内部分段。
- 可渲染：使用该复选框，设置是否渲染软管。默认为开启，渲染软管。

"软管形状"选项组参数用于设置软管的横截面形状。

- 圆形软管：用于设置圆形横截面。
  - ◆ 直径：用于设置圆形横截面的直径，以确定软管的大小。
  - ◆ 边数：用于设置软管的侧边数。其最小值为3，此时为三角形横截面。
- 长方形软管：可以指定不同的宽度和深度，设置长方形横截面。
  - ◆ 宽度：用于设置软管长方形横截面的宽度。
  - ◆ 深度：用于设置软管长方形横截面的深度。
  - ◆ 圆角：用于设置长方形横截面4个拐角处的圆角大小。
  - ◆ 圆角分段：用于设置每个长方形横截面拐角处的圆角分段数。
  - ◆ 旋转：用于设置长方形软管绕其自身高度方向上的轴旋转的角度大小。
- D截面软管：与长方形横截面软管相似，只是其横截面呈D形。圆形侧面：用于设置圆形侧边上的片段划分数。其值越大，D形截面越光滑。

2.2.8 球棱柱

"球棱柱"对象类型用于制作带有倒角的柱体，能直接在柱体的边缘上产生光滑的倒角，可以说是圆柱体的一种特殊形式。下面来介绍球棱柱的创建方法及其参数的设置和修改。

球棱柱可以直接在柱体的边缘产生光滑的倒角。创建球棱柱的操作步骤如下。

（1）单击"✛（创建）> ⬤（几何体）> 扩展基本体 > 球棱柱"按钮。

（2）将鼠标指针移到视图中，按住鼠标左键不放并拖曳，视图中生成一个五边形平面（系统默认设置为五边）；在适当的位置上松开鼠标左键并上下移动鼠标指针，调整球棱柱到合适的高度，单击鼠标左键，再次上下移动鼠标指针，调整球棱柱边缘的倒角，单击鼠标左键完成球棱柱创建，如图 2-79 所示。

单击球棱柱将其选中，然后单击 （修改）按钮，在修改命令面板中会显示球棱柱的参数，如图 2-80 所示。

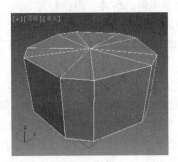

图 2-79   图 2-80

- 边数：用于设置球棱柱的侧边数。
- 半径：用于设置底面圆形的半径。
- 圆角：用于设置棱上圆角的大小。
- 高度：用于设置球棱柱的高度。
- 侧面分段：用于设置球棱柱圆周方向上的分段数。
- 高度分段：用于设置球棱柱高度上的分段数。
- 圆角分段：用于设置圆角的分段数。其值越大，角就越圆滑。

2.2.9 棱柱

"棱柱"对象类型用于制作等腰和不等边的三棱柱体。下面来介绍三棱柱的创建方法及其参数的设置和修改。

棱柱有两种创建方法：一种是二等边创建方法；另一种是基点 / 顶点创建方法，如图 2-81 所示。

图 2-81

- 二等边创建方法：用于创建等腰三棱柱。创建时，按住 Ctrl 键可以生成底面为等边三角形的三棱柱。
- 基点 / 顶点创建方法：用于创建底面为非等边三角形的三棱柱。

下面我们使用系统默认的基点 / 顶点方法创建三棱柱，操作步骤如下。

（1）单击" + （创建）> ● （几何体）> 扩展基本体 > 棱柱"按钮。

（2）将鼠标指针移到视图中，按住鼠标左键不放并拖曳，视图中生成棱柱的底面，这时移动鼠标指针可以调整底面的大小，松开鼠标左键后移动鼠标指针可以调整底面顶点的位置，生成不同形状的底面，然后单击鼠标左键并上下移动鼠标指针可以调整棱柱的高度，在适当的位置再次单击鼠标左键完成三棱柱创建，如图 2-82 所示。

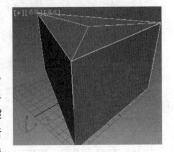

图 2-82

单击棱柱将其选中，然后单击 （修改）按钮，在修改命令面板中会显示棱柱的参数，如图 2-83 所示。

- 侧面 1 长度、侧面 2 长度、侧面 3 长度：用于分别设置棱柱底面三角形 3 边的长度，确定三角形的形状。
- 高度：用于设置三棱柱的高度。

- 侧面 1 分段、侧面 2 分段、侧面 3 分段：用于分别设置棱柱在底面三角形
3 边方向上的分段数。
- 高度分段：用于设置棱柱沿主轴方向上高度的片段划分数。

图 2-83

2.2.10 环形波

"环形波"对象类型用于制作一种类似于平面造型的几何体，用户利用 3dx
Max 2020 中的"环形波"功能可以创建出与环形结的某些三维效果相似的平面造型，多用于动画的制作。本小节将介绍环形波的创建方法及其参数的设置和修改。

创建环形波的操作步骤如下。

（1）单击" ➕ （创建）> ⬤ （几何体）> 扩展基本体 > 环形波"按钮。

（2）将鼠标指针移到视图中，按住鼠标左键不放并拖曳，视图中生成一个圆；在适当的位置上松开鼠标左键并上下移动鼠标指针，调整内圈的大小，然后单击鼠标左键，环形波创建完成，如图 2-84 所示。默认情况下，环形波是没有高度的。利用修改命令面板中的"高度"属性可以调整其高度。

单击环形波将其选中，然后单击 🗐 （修改）按钮，在修改命令面板中会显示环形波的参数，如图 2-85 所示。环形波的参数比较复杂，其主要可分为环形波大小、环形波计时、外边波折和内边波折，这些参数多用于制作动画。

"环形波大小"卷展栏参数用于控制场景中环形波的具体尺寸大小。

- 半径：用于设置环形波的外径大小。如果数值增加，其内、外径随之同步增加。
- 径向分段：用于设置环形波沿半径方向上的分段数。
- 环形宽度：用于设置环形波内、外径之间的距离。如果数值增加，则内径减少，外径不变。

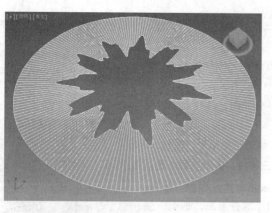

图 2-84

图 2-85

- 边数：用于设置环形波沿圆周方向上的片段划分数。
- 高度：用于设置环形波沿其主轴方向上的高度。
- 高度分段：用于设置环形波沿主轴方向上高度的分段数。

"环形波计时"卷展栏参数用于环形波尺寸大小的动画设置。

- 无增长：用于设置一个静态环形波。它在开始时间（Start Time）显示，在结束时间（End Time）消失。
- 增长并保持：用于设置单个增长周期。环形波在"开始时间"开始增长，并在"开始时间"及"增

长时间"处达到最大尺寸。

- 循环增长：环形波从"开始时间"到"开始时间"及"增长时间"重复增长。
- 开始时间：如果选择"增长并保持"单选按钮或"循环增长"单选按钮，则环形波出现帧数并开始增长。
- 增长时间：从"开始时间"后环形波达到其最大尺寸所需帧数。"增长时间"仅在选中"增长并保持"单选按钮或"循环增长"单选按钮时可用。
- 结束时间：环形波消失的帧数。

"外边波折"卷展栏参数用于设置环形波的外边缘。该区域未被激活时，环形波的外边缘是平滑的圆形；激活后，用户可以把环形波的外边缘同样设置成波动形状，并可以设置动画。

- 主周期数：用于设置环形波外边缘沿圆周方向上的主波数。
- 宽度光通量：用于设置主波的大小，以百分数表示。
- 爬行时间：用于设置每个主波沿环形波外边缘"蠕动"一周的时间。
- 次周期数：用于设置环形波外边缘沿圆周方向上的次波数。
- 宽度光通量：用于设置次波的大小，以百分数表示。
- 爬行时间：用于设置每个次波沿其各自主波外边缘"蠕动"一周的时间。

"内边波折"卷展栏参数用于设置环形波的内边缘。

2.3 创建建筑模型

3ds Max 2020 提供了几种常用的快速建筑模型，如楼梯、窗和门等，在一些简单场景中使用这些模型可以提高效率。

2.3.1 楼梯

单击"➕（创建）> ⬤（几何体）"按钮，在下拉列表框中选择"楼梯"选项，可以看到 3ds Max 2020 提供了4 种楼梯形式供选择，如图 2-86 所示。

图 2-87 所示的 4 种楼梯类型依次为 L 型楼梯、U 型楼梯、直线楼梯和螺旋楼梯。

图 2-86

（a）L 型楼梯 　　　　　　　　（b）U 型楼梯

图 2-87

（c）直线楼梯　　　　　　　　　（d）螺旋楼梯

图 2-87（续）

2.3.2　门和窗

3ds Max 2020 中还提供了门和窗的模型，单击"✛（创建）>⬤（几何体）"按钮，在下拉列表框中选择"门"或"窗"选项，如图 2-88 所示。门和窗都提供了几种类型的模型，如图 2-89 所示。

图 2-88　　　　　　　　　　　　　图 2-89

图 2-90 所示为门和窗的几种类型。

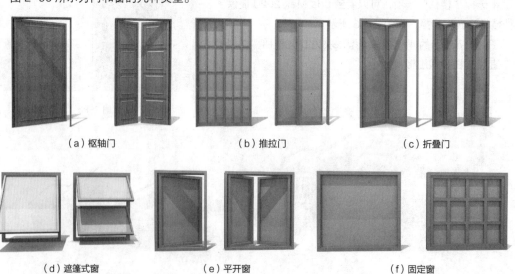

（a）枢轴门　　　　　　　（b）推拉门　　　　　　　（c）折叠门

（d）遮篷式窗　　　　　　（e）平开窗　　　　　　　（f）固定窗

图 2-90

（g）旋开窗　　　　　　　　（h）伸出式窗　　　　　　　　（i）推拉窗

图 2-90（续）

2.4 课堂练习——制作茶几

⊕ 练习知识要点

使用圆柱体、圆工具并结合使用一些常用的修改器制作茶几模型，效果如图 2-91 所示。

⊕ 场景所在位置

随书资源：场景 /cha02/ 茶几 .max。

制作茶几

图 2-91

2.5 课后习题——制作床尾凳

⊕ 练习知识要点

使用切角长方体和可渲染的样条线组合来完成床尾凳的制作，效果如图 2-92 所示。

⊕ 场景所在位置

随书资源：场景 /cha02/ 床尾凳 .max。

制作床尾凳

图 2-92

3ds Max

第3章
二维图形的创建

本章介绍二维图形的创建及编辑。通过对本章的学习，读者需要掌握几种常用二维图形的创建方法和技巧，并能根据实际需要绘制出精美的二维图形。

课堂学习目标

- 熟练掌握二维图形的创建

- 熟练掌握编辑样条线

3.1 创建二维线形

平面图形基本都是由直线和曲线组成的。通过创建二维线形来建模是 3ds Max 2020 中一种常用的建模方法，下面来介绍二维线形的创建。

3.1.1 线工具

"线"用于创建任意形状的开放型或封闭型的线和直线。创建完成后，还可以通过调整节点、线段和线来编辑形态。线的创建是学习创建其他二维图形的基础，创建线的操作步骤如下。

（1）单击"➕（创建）> 🔲（图形）> 线"按钮。

（2）在视图中单击鼠标左键，确定线的起始点，然后移动鼠标指针到适当的位置并单击鼠标左键确定节点，生成一条直线，如图 3-1 所示。

（3）继续移动鼠标指针到适当的位置，单击鼠标左键确定节点并按住鼠标左键不放拖曳，生成一条弧状的线，如图 3-2 所示。松开鼠标左键并移动鼠标指针到适当的位置，可以调整出新的曲线，单击鼠标左键确定节点，线的形态如图 3-3 所示。

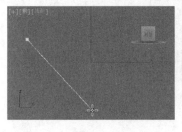  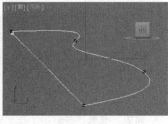

图 3-1　　　　　　　　　　　图 3-2　　　　　　　　　　　图 3-3

（4）如果需要创建封闭线，将鼠标指针移动到线的起始点上并单击鼠标左键，打开"样条线"对话框，如图 3-4 所示，提示用户"是否闭合样条线？"，单击"是"按钮即可闭合创建的线，如图 3-5 所示。单击"否"按钮，则可以继续创建线。

（5）如果需要创建开放的线，单击鼠标右键，即可结束线的创建。

（6）在创建线时，如果同时按住 Shift 键，可以创建出与坐标轴平行的直线。

 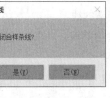

图 3-4　　　　　　　　　　　图 3-5

3.1.2 线的参数

单击"➕（创建）> 🔲（图形）> 线"按钮，在创建命令面板下方会显示线的创建参数，如图 3-6 所示。

"渲染"卷展栏参数用于设置线的渲染特性，如选择是否对线进行渲染，并设置线的厚度。

● 在渲染中启用：启用该复选框后，使用为渲染器设置的径向或矩形参数将图形渲染为 3D 网格。

- 在视口中启用：启用该复选框后，使用为渲染器设置的径向或矩形参数将图形作为 3D 网格显示在视图中。
- 厚度：用于设置视图或渲染中线的直径大小。
- 边：用于设置视图或渲染中线的侧边数。
- 角度：用于调整视图或渲染中线的横截面旋转的角度。

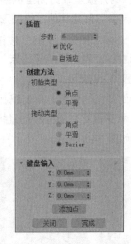

图 3-6

"插值"卷展栏参数用于控制线的光滑程度。

- 步数：用于设置程序在每个顶点之间使用划分的数量。
- 优化：启用此复选框后，可以从样条线的直线线段中删除不需要的步数。
- 自适应：系统自动根据线状调整分段数。

"创建方法"卷展栏参数用于确定所创建线的类型。

- 初始类型：用于设置单击鼠标左键绘制线时所创建的端点类型。
  - ◆ 角点：用于建立折线，端点之间以直线连接（系统默认设置）。
  - ◆ 平滑：用于建立线，端点之间以线连接，且线的曲率由端点之间的距离决定。
- 拖动类型：用于设置按压并拖曳鼠标绘制线时所创建的端点类型。
  - ◆ 角点：选择此方法，建立的线在端点之间为直线。
  - ◆ 平滑：选择此方法，建立的线在端点处将产生光滑的线。
  - ◆ Bezier：选择此方法，建立的线将在端点产生光滑的线。端点之间线的曲率及方向是通过在端点处拖曳鼠标控制的（系统默认设置）。

> 创建线时，应该选择好线的创建方式。完成线创建后，无法通过卷展栏创建方式调整线的类型。

3.1.3　线的形体修改

完成线创建后，设计者总需要对线的形体进行一定程度的修改，以达到满意的效果，这时就需要对节点进行调整。节点有 4 种类型，分别是 Bezier 角点、Bezier、角点和平滑（见图 3-12）。

下面来介绍线的形体修改，操作步骤如下。

（1）单击"╋（创建）> ◯（图形）> 线"按钮，在视图中创建一条闭合线，如图 3-7 所示。

（2）切换到 ◯（修改）命令面板，在修改器堆栈中单击"Line"前面的▶按钮，展开子层级，如图 3-8 所示。"顶点"开启后可以对节点进行修改操作；"线段"开启后可以对线段进行修改操作；"样条线"开启后可以对整条线进行修改操作。

图 3-7　　　　　　　　　　图 3-8

（3）将选择集定义为"顶点"，该选项变为蓝色表示被开启，这时视图中的线会显示出节点，如图 3-9 所示。

（4）单击要选择的节点将其选中，然后使用移动工具调整顶点的位置。

线的形体还可以通过调整节点的类型来修改，操作步骤如下。

（1）单击"╋（创建）> ◯（图形）> 线"按钮，在视图中创建一条曲线，如图 3-10 所示。

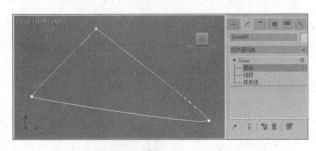 

图 3-9　　　　　　　　　　图 3-10

（2）在修改器堆栈中单击"▶ > 顶点"选项，在视图中单击曲线中间的节点将其选中，如图 3-11 所示。单击鼠标右键，在弹出的快捷菜单中显示了所选择节点的类型，如图 3-12 所示。在菜单中可以看出所选择的点为 Bezier，如果选择其他节点类型命令，节点的类型会随之改变。

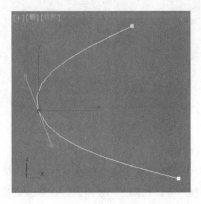 

图 3-11　　　　　　　　　　图 3-12

图 3-13 所示为 4 种节点类型，自左向右分别为 Bezier 角点、Bezier、角点和平滑。前两种类型的节点可以通过绿色的控制手柄进行调整，后两种类型的节点可以直接使用"移动"工具 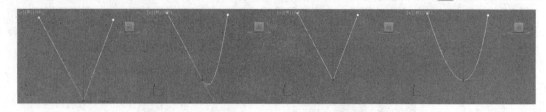 进行位置的调整。

图 3-13

3.1.4 线的修改参数

线创建完成后单击 （修改）按钮，在修改命令面板中会显示线的修改参数。线的修改参数分为 5 个部分，如图 3-14 所示。

"选择"卷展栏参数主要用于控制顶点、线段和样条线 3 个次对象级别的选择，如图 3-15 所示。

● （顶点）：单击该按钮，可进入顶点级子对象层次。顶点是样条线次对象的最低一级，因此，修改顶点是编辑样条对象最灵活的方法。

● （线段）：单击该按钮，可进入线段级子对象层次。线段是中间级别的样条次对象，对它的修改比较少。

● （样条线）：单击该按钮，可进入样条线级子对象层次。样条线是样条次对象的最高级别，对它的修改比较多。

以上 3 个进入子层级的按钮与修改器堆栈中的选项是对应的，在使用上有相同的效果。

"几何体"卷展栏（见图 3-16）中提供了大量关于样条线的几何参数，在建模中对线的修改主要是对该卷展栏的参数进行调整。

● 创建线：用于创建一条线并把它加入当前线，使新创建的线与当前线成为一个整体。

● 断开：用于断开节点和线段。

图 3-14   图 3-15   图 3-16

例如，单击"＋（创建）>（图形）> 线"按钮，在视图中创建一条闭合线，如图 3-17 所示。在修改器堆栈中单击"▶ > 顶点"选项，在视图中要断开的节点上单击将其选中，单击"断开"按钮，节点被断开，然后移动节点，可以看到节点已经被断开，如图 3-18 所示。在修改器堆栈中单击"线段"选项，然后单击"断开"按钮，并将鼠标指针移到线上，当鼠标指针变为 形状时，在线上单击鼠标左键，线被断开，如图 3-19 所示。

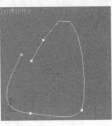

图 3-17　　　　　　　　　图 3-18　　　　　　　　　　　　图 3-19

● 附加：用于将场景中的二维图形与当前线结合，使它们变为一个整体。场景中存在两个以上的二维图形时，才能使用附加功能。使用方法：单击一条线将其选中，然后单击"附加"按钮，在视图中单击另一条线，两条线就会结合成一个整体，如图 3-20 所示。

● 附加多个：原理与"附加"相同，区别在于单击该按钮后，将打开"附加多个"对话框，该对话框中会显示出场景中线的名称，如图 3-21 所示，用户可以在该对话框中选择多条线，然后单击"附加"按钮，将选择的线与当前的线结合为一个整体。

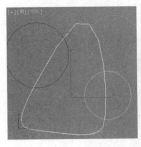

图 3-20　　　　　　　　　　　　　　　　　　　　　　图 3-21

● 优化：用于在不改变线的形态前提下，在线上插入节点。使用方法：单击"优化"按钮，在线上单击鼠标左键，插入新的节点，如图 3-22 所示。

● 圆角：用于在选择的节点处创建圆角。使用方法：在视图中单击要修改的节点将其选中，然后单击"圆角"按钮，将鼠标指针移到被选择的节点上，按住鼠标左键不放并拖曳，节点会形成圆角，如图 3-23 所示，也可以在数值框中输入数值或通过调节微调器 ╬ 来设置圆角。

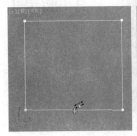

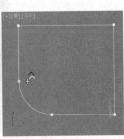

图 3-22　　　　　　　　　　　　　　　　图 3-23

● 切角：其功能和操作方法与"圆角"的相同，但创建的是切角，如图 3-24 所示。

● 轮廓：用于给选择的线设置轮廓，用法与"圆角"的用法相同，如图 3-25 所示。该命令仅在"样条线"层级有效。

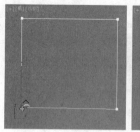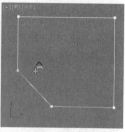

图 3-24

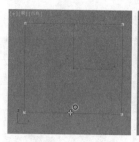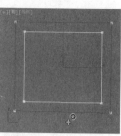

图 3-25

3.1.5　课堂案例——新中式屏风

+ **案例学习目标**

学习如何创建并编辑样条线。

+ **案例知识要点**

使用矩形、线工具，创建样条线并调整样条线的形状、设置样条线的可渲染，再结合使用其他的工具和修改器来完成屏风的制作，如图 3-26 所示。

+ **场景所在位置**

随书资源：场景 /cha03/ 屏风模型 .max。

+ **效果图场景所在位置**

随书资源：场景 /cha03/ 屏风 .max。

+ **贴图所在位置**

随书资源：贴图。

新中式屏风

图 3-26

（1）单击"➕（创建）> 🖹（图形）> 矩形"按钮，在"前"视图中创建矩形，在"参数"卷展栏中设置"长度"为 1800.0、"宽度"为 400.0，如图 3-27 所示。

（2）切换到 🗹（修改）命令面板，为矩形施加"编辑样条线"修改器，将选择集定义为"样条线"，在场景中选中样条线，在"几何体"卷展栏中设置"轮廓"为 20，如图 3-28 所示。

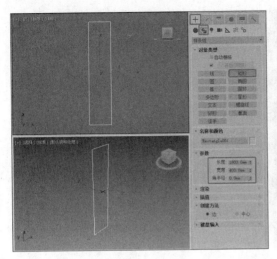

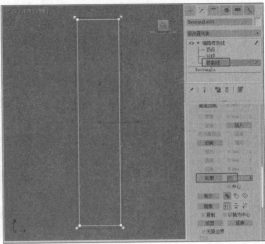

图 3-27   图 3-28

（3）关闭选择集，为图形施加"挤出"修改器，在"参数"卷展栏中设置"数量"为 20.0，如图 3-29 所示。

（4）单击"╋（创建）> 🔲（图形）> 线"按钮，在"前"视图中创建可渲染的样条线，在"渲染" 卷展栏中勾选"在渲染中启用"复选框和"在视口中启用"复选框，选中"矩形"单选按钮并设置"长度" 为 15.0、"宽度"为 15.0，如图 3-30 所示。

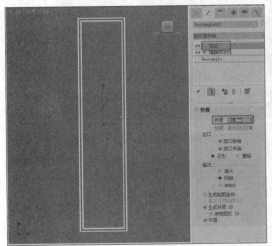

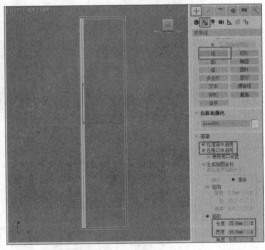

图 3-29   图 3-30

（5）使用 ╋（选择并移动）工具，按住 Shift 键的同时拖曳鼠标复制样条线，如图 3-31 所示。

（6）单击"╋（创建）> 🔲（图形）> 线"按钮，在"前"视图中创建图 3-32 所示的图形。

（7）为图形施加"挤出"修改器，在"参数"卷展栏中设置"数量"为 20.0，如图 3-33 所示。

（8）使用同样的方法在上方创建图形并设置挤出，如图 3-34 所示。

（9）使用同样的方法复制出上方图形的边框，并对单扇屏风模型进行复制，如图 3-35 所示。

（10）在场景中旋转单扇屏风，完成屏风模型制作，如图 3-36 所示。

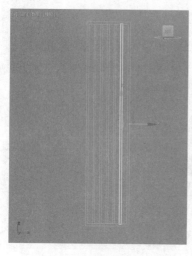

图 3-31

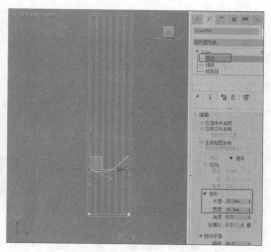

图 3-32

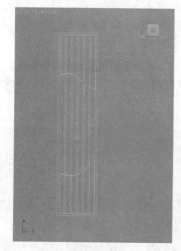

图 3-33

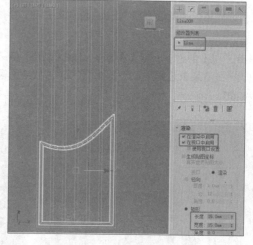

图 3-34

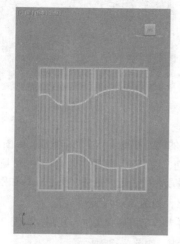

图 3-35

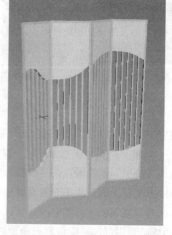

图 3-36

3.2 创建二维图形

二维图形是创建复合对象、表面建模和制作动画的重要组成部分，用二维图形能创建出 3ds Max 2020 内置几何体中没有的特殊形体。创建二维图形是最主要的一种建模方法。

3ds Max 2020 提供了一些具有固定形态的二维图形，这些图形的造型比较简单，但都各具特点。设计者通过对二维图形参数的设置，能制作出各种形状的新图形。二维图形也是建模中常用的几何图形。

3.2.1 矩形

"矩形"用于创建矩形和正方形。下面介绍矩形的创建及其参数的设置和修改。

矩形的创建比较简单，操作步骤如下。

（1）单击"➕（创建）> ⬛（图形）> 矩形"按钮。

（2）将鼠标指针移到视图中，按住鼠标左键不放并拖曳，视图中生成一个矩形；移动鼠标指针调整矩形大小，在适当的位置上松开鼠标左键，矩形创建完成，如图 3-37 所示。创建矩形时按住 Ctrl 键，可以创建出正方形。

单击矩形将其选中，然后单击 ⬛（修改）按钮，在修改命令面板中会显示矩形的参数，如图 3-38 所示。

图 3-37　　　　　　　　　图 3-38

- 长度：用于设置矩形的长度值。
- 宽度：用于设置矩形的宽度值。
- 角半径：用于设置矩形的四角是直角还是有弧度的圆角。若其值为 0，则矩形的 4 个角都为直角。

矩形的参数比较简单，在参数的数值框中直接设置数值，矩形的形状即会发生改变，修改效果如图 3-39 所示。

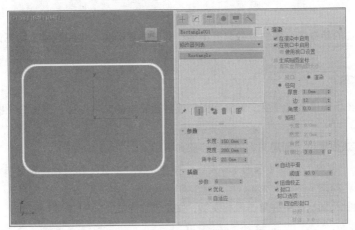

图 3-39

3.2.2　圆和椭圆

　　圆和椭圆的形态比较相似，创建方法基本相同。下面介绍圆和椭圆的创建方法及其参数的设置。

　　以圆形为例来介绍创建方法，操作步骤如下。

　　（1）单击"➕（创建）> 🔘（图形）> 圆"按钮。

　　（2）将鼠标指针移到视图中，按住鼠标左键不放并拖曳，视图中生成一个圆；移动鼠标指针调整圆的大小，在适当的位置上松开鼠标左键，圆创建完成。在视口中单击拖动鼠标即可创建椭圆。如图 3-40 所示，图 3-40（a）为圆、图 3-40（b）为椭圆。

　　单击圆或椭圆将其选中，然后单击 🖊（修改）按钮，在修改命令面板中会显示相应的参数，如图 3-41 所示。

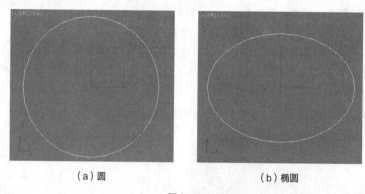

（a）圆　　　　　　　　　　　　　　（b）椭圆

图 3-40

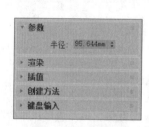

（a）圆的修改参数面板　　　　　　（b）椭圆的修改参数面板

图 3-41

　　"参数"卷展栏的参数中，圆的参数只有半径，椭圆的参数为长度和宽度，用于调整椭圆的长轴和短轴。

3.2.3　文本

　　"文本"用于在场景中直接产生二维文字图形或创建三维的文字图形。下面介绍文本的创建方法及其参数的设置。

　　文本的创建方法很简单，创建文本的操作步骤如下。

　　（1）单击"➕（创建）> 🔘（图形）> 文本"按钮，在"参数"卷展栏中设置参数，在文本区输入要创建的文本内容，如图 3-42 所示。

　　（2）将鼠标指针移到视图中并单击鼠标左键，文本创建完成，如图 3-43 所示。

图 3-42

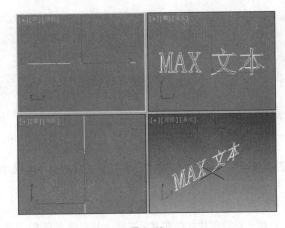

图 3-43

"参数"卷展栏（见图 3-42）的各选项功能介绍如下。

- 字体下拉列表框：用于选择文本的字体。
- I 按钮：用于设置斜体字体。
- U 按钮：用于设置下画线。
- 按钮：用于设置向左对齐。
- 按钮：用于居中对齐。
- 按钮：用于向右对齐。
- 按钮：用于两端对齐。
- 大小：用于设置文字的大小。
- 字间距：用于设置文字之间的间隔距离。
- 行间距：用于设置文字行与行之间的距离。
- 文本：用于输入文本内容，同时也可以进行改动。
- 更新：用于设置修改完文本内容后，视图是否立刻进行更新显示。当文本内容非常复杂时，系统可能很难完成自动更新，此时可选择"手动更新"方式。
- 手动更新：用于进行手动更新视图。当选择该复选框时，只有当单击"更新"按钮后，文本输入框中当前的内容才会被显示在视图中。

3.2.4 弧

"弧"可用于创建弧线和扇形。下面来介绍弧的创建方法及其参数的设置和修改。

弧有两种创建方法：一种是"端点 – 端点 – 中央"创建方法（系统默认设置）；另一种是"中间 – 端点 – 端点"创建方法，如图 3-44 所示。

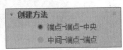

图 3-44

"端点 – 端点 – 中央"创建方法：创建弧时先引出一条直线，以直线的两端点作为弧的两个端点，然后移动鼠标指针确定弧的半径。

"中间 – 端点 – 端点"创建方法：创建弧时先引出一条直线作为弧的半径，再移动鼠标指针确定弧长。

创建弧的操作步骤如下。

（1）单击"+（创建）> （图形）> 弧"按钮。

（2）将鼠标指针移到视图中，按住鼠标左键不放并拖曳，视图中生成一条直线，如图 3-45 所示；松开鼠标左键并移动鼠标指针，调整弧的大小，如图 3-46 所示；在适当的位置单击鼠标左键，弧创建完成，如图 3-47 所示。图 3-47 中显示的是以"端点 – 端点 – 中央"方式创建的弧。

图 3-45

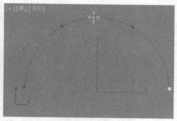
图 3-46

图 3-47

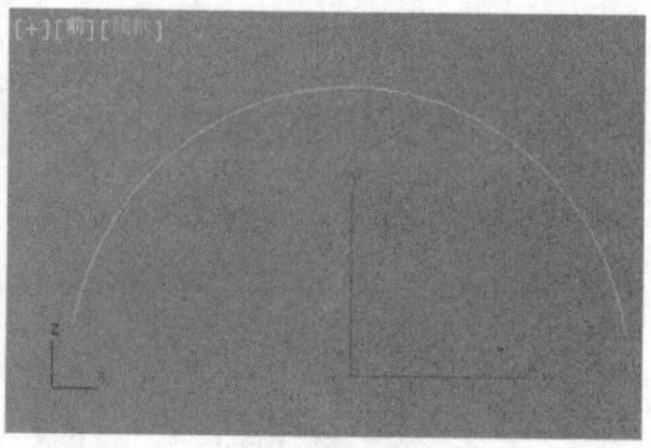

单击弧将其选中，单击 📝（修改）按钮，在修改命令面板中会显示弧的参数，如图 3-48 所示。

- 半径：用于设置弧的半径大小。
- 从：用于设置创建的弧在其所在圆上的起始点角度。
- 到：用于设置创建的弧在其所在圆上的结束点角度。
- 饼形切片：选择该复选框，可分别把弧中心和弧的两个端点连接起来

构成封闭的图形。

图 3-48

3.2.5 圆环

"圆环"用于制作由两个圆组成的圆环。下面介绍圆环的创建方法及其参数的设置。

圆环的创建方法比圆的创建方法多一个步骤，也比较简单，创建圆环的具体操作步骤如下。

（1）单击"➕（创建）> 🔗（图形）> 圆环"按钮。

（2）将鼠标指针移到视图中，按住鼠标左键不放并拖曳，视图中生成一个圆形，如图 3-49 所示；松开鼠标左键并移动鼠标指针，生成另一个圆，在适当的位置上单击鼠标左键，圆环创建完成，如图 3-50 所示。

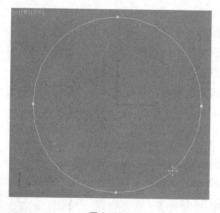
图 3-49

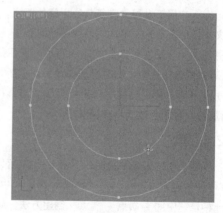
图 3-50

单击圆环将其选中，单击 📝（修改）按钮，在修改命令面板中会显示圆环的参数，如图 3-51 所示。

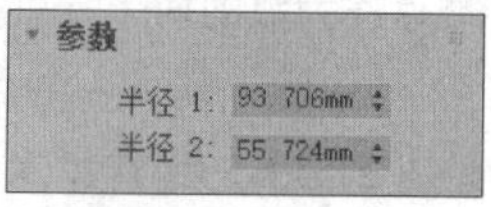

- 半径 1：用于设置第 1 个圆形的半径大小。
- 半径 2：用于设置第 2 个圆形的半径大小。

图 3-51

3.2.6 多边形

使用"多边形"可以创建任意边数的正多边形，也可以创建圆角多边形。下面来介绍多边形的创建方法及其参数的设置和修改。

多边形的创建方法与圆的创建方法相同，创建多边形的操作步骤如下。

（1）单击"➕（创建）> 📐（图形）> 多边形"按钮。

（2）将鼠标指针移到视图中，按住鼠标左键不放并拖曳，视图中生成一个多边形；移动鼠标指针调整多边形的大小，在适当的位置上松开鼠标左键，多边形创建完成，如图 3-52 所示。

单击多边形将其选中，单击📄（修改）按钮，在修改命令面板中会显示多边形的参数，如图 3-53 所示。

- 半径：用于设置正多边形的半径。
- 内接：使输入的半径为多边形的中心到其边界的距离。
- 外接：使输入的半径为多边形的中心到其顶点的距离。
- 边数：用于设置正多边形的边数，其范围为 3 ～ 100。
- 角半径：用于设置多边形在顶点处的圆角半径。
- 圆形：选择该复选框，设置正多边形为圆形。

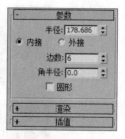

图 3-52

图 3-53

3.2.7　星形

使用"星形"可以创建多角星形，也可以创建齿轮图案。下面来介绍星形的创建方法及其参数的设置和修改。

星形的创建方法与同心圆的创建方法相同，创建星形的具体步骤如下。

（1）单击"➕（创建）> 📐（图形）> 星形"按钮。

（2）将鼠标指针移到视图中，按住鼠标左键不放并拖曳，视图中生成一个星形，如图 3-54 所示；松开鼠标左键并移动鼠标指针，调整星形的形态，在适当的位置上单击鼠标左键，星形创建完成，如图 3-55 所示。

单击星形将其选中，单击📄（修改）按钮，在修改命令面板中会显示星形的参数，如图 3-56 所示。

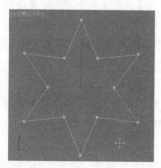

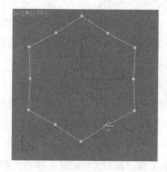

图 3-54

图 3-55

图 3-56

- 半径 1：用于设置星形的内顶点所在圆的半径大小。
- 半径 2：用于设置星形的外顶点所在圆的半径大小。
- 点：用于设置星形的顶点数。
- 扭曲：用于设置扭曲值，使星形的齿产生扭曲。
- 圆角半径 1：用于设置星形内顶点处圆滑角的半径。
- 圆角半径 2：用于设置星形外顶点处圆滑角的半径。

3.2.8 课堂案例——制作墙壁置物架

案例学习目标

学习创建多边形和线两个图形。

案例知识要点

使用可渲染的多边形和线工具，并结合使用矩形工具等来辅助完成墙壁置物架的制作，如图 3-57 所示。

制作墙壁置物架

图 3-57

场景所在位置

随书资源：场景 /cha03/ 墙壁置物架模型 .max。

效果图场景所在位置

随书资源：场景 /cha03/ 墙壁置物架效果图 .max。

贴图所在位置

随书资源：贴图。

（1）单击"➕（创建）> ◔（图形）> 多边形"按钮，在"前"视图中创建多边形，在"参数"卷展栏中设置"半径"为 600.0、"边数"为 6；在"渲染"卷展栏中勾选"在渲染中启用"复选框和"在视口中启用"复选框，选择渲染类型为"矩形"，设置"长度"为 35.0、"宽度"为 35.0，如图 3-58 所示。

（2）选中多边形，按 Ctrl+V 组合键，在打开的对话框中选择"实例"单选按钮，单击"确定"按钮，如图 3-59 所示。

（3）在场景中调整模型的位置，如图 3-60 所示。

（4）使用"线"工具，在场景中创建两个多边形之间的连接支架，在"渲染"卷展栏中勾选"在渲染中启用"复选框和"在视口中启用"复选框，选择渲染类型为"矩形"，设置"长度"为 25.0、"宽度"为 25.0，如图 3-61 所示。

（5）使用➕（选择并移动）工具，按住 Shift 键，移动复制线到每个拐角处，如图 3-62 所示。

（6）使用"线"工具，在"前"视图中创建可渲染的样条线，如图 3-63 所示。

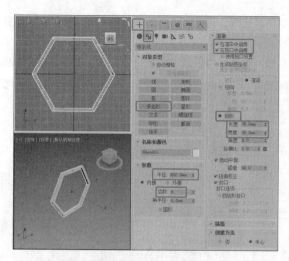

图 3-58　　　　　　　　　　　　　　图 3-59

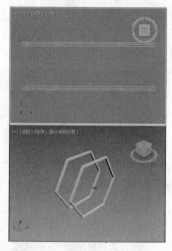

图 3-60

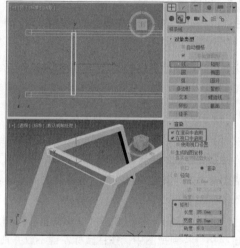

图 3-61

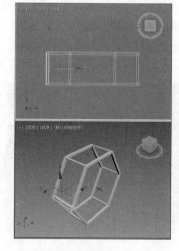

图 3-62

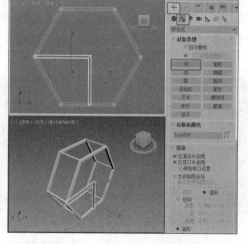

图 3-63

（7）使用"矩形"工具，在"顶"视图中创建矩形，调整大小合适后即可将其作为层板，如图 3-64 所示。

（8）为矩形施加"挤出"修改器，在"参数"卷展栏中设置"数量"为 15.0，如图 3-65 所示。

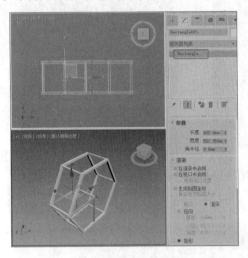
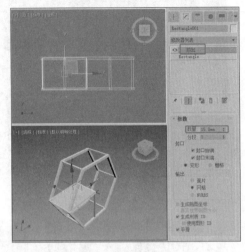

图 3-64   图 3-65

（9）在场景中继续创建层板和支架，完成墙壁置物架的制作，如图 3-66 所示。

3.2.9 螺旋线

"螺旋线"用于制作平面或空间的螺旋线。下面来介绍螺旋线的创建方法及其参数的设置和修改。

螺旋线的创建方法与其他二维图形的创建方法不同，创建螺旋线的操作步骤如下。

（1）单击"➕（创建）> ⬡（图形）> 多边形"按钮。

（2）将鼠标指针移到视图中，按住鼠标左键不放并拖曳，视图中生成一个圆形，如图 3-67 所示；松开鼠标左键并移动鼠标指针，调整螺旋线的高度，如图 3-68 所示；单击鼠标左键并移动鼠标指针，调整螺旋线顶半径的大小，再次单击鼠标左键，螺旋线创建完成，如图 3-69 所示。

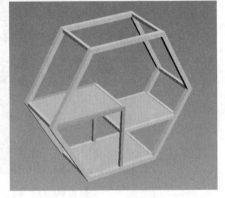

图 3-66

单击螺旋线将其选中，单击 🖊（修改）按钮，在修改命令面板中会显示螺旋线的参数，如图 3-70 所示。

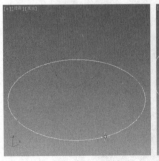

图 3-67   图 3-68   图 3-69

- 半径 1：用于设置螺旋线底圆的半径大小。
- 半径 2：用于设置螺旋线顶圆的半径大小。
- 高度：用于设置螺旋线的高度。
- 圈数：用于设置螺旋线旋转的圈数。
- 偏移：用于设置在螺旋高度上螺旋圈数的偏向强度，以表示螺旋线是靠近底圈还是靠近顶圈。
- 顺时针 / 逆时针：用于选择螺旋线旋转的方向。

图 3-70

3.3 课堂练习——制作回旋针

⊕ **练习知识要点**

熟悉线的创建，并配合修改器、移动工具、阵列工具进行位置的调整和复制，回旋针的效果如图 3-71 所示。

⊕ **场景所在位置**

随书资源：场景 /cha03/ 回旋针 .max。

图 3-71

制作回旋针

3.4 课后习题——制作花架

⊕ **练习知识要点**

创建可渲染的样条线，并对样条线进行编辑，再结合使用切角长方体工具来制作花架，效果如图 3-72 所示。

⊕ **场景所在位置**

随书资源：场景 /cha03/ 花架 .max。

图 3-72

制作花架

Chapter

4

3ds Max

第4章
三维模型的创建

本章介绍常用的将二维图形转换为三维模型的一些修改器、变形修改器和编辑样条线修改器等。读者通过使用这些修改器可以制作出各种各样需要的模型。

课堂学习目标

- 熟练掌握将二维图形转换为三维模型
- 熟练掌握变形修改器
- 熟练掌握编辑样条线修改器

4.1 修改命令面板功能简介

通过修改命令面板可以直接对几何体进行修改，还可以实现修改命令之间的切换。在前面章节中我们对几何体的修改过程已经有过接触，接下来介绍修改命令面板的一些基本功能和应用。

创建几何体后，切换到 ![修改] （修改）命令面板，面板中显示的是几何体的修改参数。当对几何体进行修改命令编辑后，修改器堆栈中就会显示修改命令的参数，如图 4-1 所示。

在修改器堆栈中，有些命令左侧有一个 ▶ 图标，表示该命令拥有子层级命令。单击此按钮，子层级就会打开，可以选择子层级命令，如图 4-2 所示。选择子层级命令后，该命令会变为蓝色，表示已被启用，如图 4-3 所示。

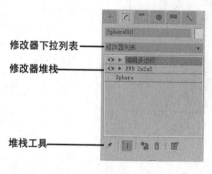

修改器下拉列表
修改器堆栈

堆栈工具

图 4-1

图 4-2

图 4-3

修改命令面板中的各种工具、命令功能介绍如下。

- 修改器堆栈：用于显示使用的修改命令。
- 修改器列表：用于选择修改命令。单击后会弹出下拉列表，在其中可以选择要使用的修改命令。
- ![图标] （修改命令开关）：用于开启和关闭修改命令。单击后会变为 ![图标] 图标，表示该命令被关闭，被关闭的命令不再对对象产生影响，再次单击此图标，命令会重新开启。
- ![图标] （从堆栈中移除修改器）：用于删除命令。在修改器堆栈中选择修改命令，单击该按钮，即可删除修改命令。修改命令对几何体进行过的编辑也会被撤销。
- ![图标] （配置修改器集）：用于对修改命令的布局进行重新设置，从而将常用的命令以列表或按钮的形式表现出来。

4.2 二维图形转换为三维模型的方法

在前面的章节中介绍了二维图形的创建，设计者通过对二维图形基本参数的修改可以创建出各种形状的图形。但如何把二维图形转换为立体的三维图形并应用到建模中呢？本节将介绍通过修改命令，使二维图形转换为三维模型的建模方法。

4.2.1 "车削"命令

"车削"命令是通过绕轴旋转一个图形或 NURBS 曲线，进而生成三维形体的命令。通过"旋转"命令，能得到表面圆滑的对象。下面介绍"车削"命令的使用。

对于所有修改命令来说，都必须在对象被选中时才能对命令进行选择。"车削"命令是用于对二维图形进行编辑的命令，所以只有选择二维形体后才能选择"车削"命令。

在视图中任意创建一个二维图形，首先单击 （修改）按钮，然后单击"修改器列表"右侧的按钮，从中选择"车削"命令，如图 4-4 所示。

选择"车削"命令后，在修改命令面板中会显示"车削"命令的参数，如图 4-5 所示。

图 4-4　　　　　　　　　图 4-5

- 度数：用于设置旋转的角度。
- 焊接内核：将旋转轴上重合的点进行焊接精简，以得到结构相对简单的造型。
- 翻转法线：选择该复选框，将会翻转造型表面的法线方向。

"封口"选项组中包括以下 4 个选项。

- 封口始端：选择该复选框，将对象顶端加面覆盖。
- 封口末端：选择该复选框，将对象底端加面覆盖。
- 变形：选中该单选按钮，将不进行面的精简计算，以便用于变形动画的制作。
- 栅格：选中该单选按钮，将进行面的精简计算，但不能用于变形动画的制作。

"方向"选项组用于设置旋转中心轴的方向。X、Y、Z 分别用于设置不同的轴向，系统默认以 Y 轴为旋转中心轴。

"对齐"选项组用于设置曲线与中心轴线的对齐方式。

- 最小：将曲线内边界与中心轴线对齐。
- 中心：将曲线中心与中心轴线对齐。
- 最大：将曲线外边界与中心轴线对齐。

4.2.2　课堂案例——制作玻璃花瓶

⊕　案例学习目标

学习使用"车削"修改器。

⊕　案例知识要点

使用线工具来创建花瓶的截面，调整截面图形的形状后为其施加"车削"修改器来完成花瓶的制作，如图 4-6 所示。

⊕　场景所在位置

随书资源：场景 /cha04/ 花瓶模型 .max。

制作玻璃花瓶

图 4-6

🔍 **效果图场景所在位置**

　　随书资源：场景 /cha04/ 花瓶 .max。

🔍 **贴图所在位置**

　　随书资源：贴图。

　　（1）单击"➕（创建）> 🔲（图形）>线"按钮，在"前"视图中单击创建花瓶的截面图形，调整图形的形状，如图 4-7 所示。

　　（2）切换到 🔲（修改）命令面板，为图形施加"车削"修改器，在"参数"卷展栏中设置"分段"为 50，选择"方向"为 Y，如图 4-8 所示。

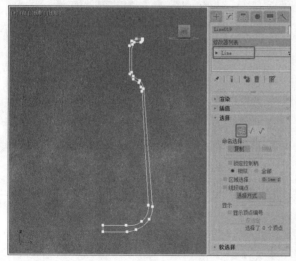

图 4-7

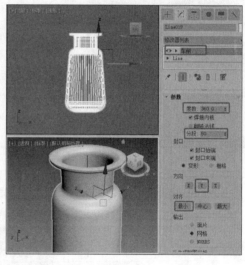

图 4-8

　　（3）在场景中选择车削的模型，按 Ctrl+V 组合键，在打开的对话框中选择"复制"单选按钮，单击"确定"按钮，如图 4-9 所示。

　　（4）在修改器堆栈中选择"线段"选择集，删除多余的线段，只留下图 4-10 所示的线段。

　　（5）将选择集定义为"样条线"，在场景中选择样条线，在"几何体"卷展栏中单击"轮廓"按钮，设置一个较小的轮廓参数即可，如图 4-11 所示。

　　（6）将选择集定义为"顶点"，在"几何体"卷展栏中单击"圆角"按钮，在场景中设置图形两端顶点的圆角，如图 4-12 所示。

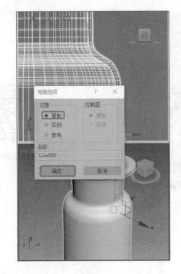

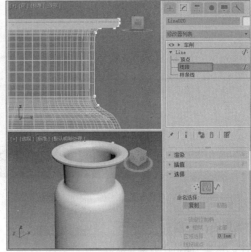

图 4-9   图 4-10

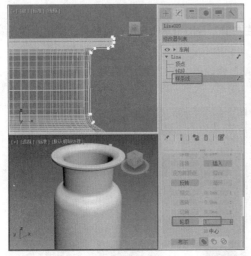

图 4-11   图 4-12

（7）关闭选择集，返回"车削"修改器，完成花瓶模型的制作，如图 4-13 所示。

图 4-13

4.2.3　"挤出"命令

"挤出"命令可以通过使二维图形增加厚度来将其转换成三维对象。下面介绍"挤出"命令的参数和使用方法。

单击"➕（创建）> 🔲（图形）> 多边形"按钮，在"透视"视图中创建一个星形，参数不用设置，如图 4-14 所示。

单击"修改器列表"右侧的按钮，从中选择"挤出"命令，可以看到星形已经受到"挤出"命令的影响变为一个多边形平面，如图 4-15 所示。

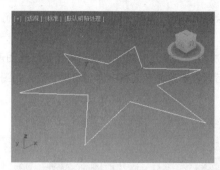

图 4-14　　　　　　　　　　　　　　　　　　图 4-15

在"参数"卷展栏的"数量"数值框中设置参数，多边形的高度会随之变化，如图 4-16 所示。

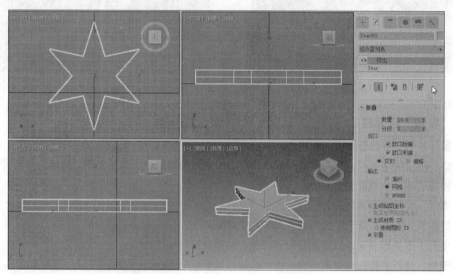

图 4-16

"挤出"命令的参数如下。

- 数量：用于设置挤出的高度。
- 分段：用于设置在挤出高度上的段数。

"封口"选项组中包括以下 4 个选项。

- 封口始端：选择该复选框，将挤出的对象顶端加面覆盖。
- 封口末端：选择该复选框，将挤出的对象底端加面覆盖。
- 变形：选中该单选按钮，将不进行面的精简计算，以便用于变形动画的制作。
- 栅格：选中该单选按钮，将进行面的精简计算，不能用于变形动画的制作。

"输出"选项组用于设置挤出对象的输出类型。

- 面片：选中该单选按钮，将挤出的对象输出为面片造型。
- 网格：选中该单选按钮，将挤出的对象输出为网格造型。
- NURBS：选中该单选按钮，将挤出的对象输出为 NURBS 曲面造型。

"挤出"命令的用法比较简单，一般情况下，大部分修改参数保持为默认设置，只对"数量"的数值进行设置就能满足一般建模的需要。

4.2.4 "倒角"命令

"倒角"命令只用于二维形体的编辑，它可以对二维形体进行挤出，还可以对形体边缘进行倒角，如图 4-17 所示。下面介绍"倒角"命令的参数和用法。

选择"倒角"命令的方法与选择"车削"命令的方法相同，操作时应先在视图中创建二维图形，选中二维图形后再选择"倒角"命令。选择"倒角"命令后，在修改命令面板中会显示其参数，如图 4-18 所示。"倒角"命令的参数主要分为以下两个部分。

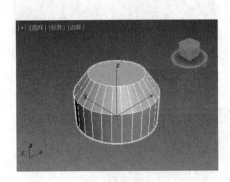

图 4-17

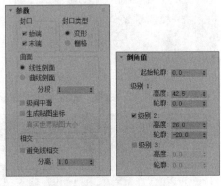

图 4-18

1. "参数"卷展栏

"参数"卷展栏中的各选项功能如下。

"封口"选项组用于对造型两端进行加盖控制。如果对两端都进行加盖处理，则成为封闭实体。

- 始端：将开始截面封顶加盖。
- 末端：将结束截面封底加盖。

"封口类型"选项组用于设置封口表面的构成类型。

- 变形：不处理表面，以便进行变形操作，制作变形动画。
- 栅格：进行表面网格处理，它产生的渲染效果要优于 Morph 方式。

"曲面"选项组用于控制侧面的曲率和光滑度，并指定贴图坐标。

- 线性侧面：用于设置倒角内部片段划分为直线方式。
- 曲线侧面：用于设置倒角内部片段划分为弧形方式。
- 分段：用于设置倒角内部的段数。其数值越大，倒角越圆滑。
- 级间平滑：选中该复选框，将对倒角进行光滑处理，但总是保持顶盖不被光滑处理。
- 生成贴图坐标：选中该复选框，将为造型指定贴图坐标。

"相交"选项组用于制作倒角时，改进因尖锐的折角而产生的凸出变形。

- 避免线相交：选中该复选框，可以防止尖锐折角产生的凸出变形。
- 分离：用于设置两个边界线之间保持的距离间隔，以防止越界交叉。

2. "倒角值"卷展栏

"倒角值"卷展栏用于设置不同倒角级别的高度和轮廓。

- 起始轮廓：用于设置原始图形的外轮廓大小。
- 级别 1/ 级别 2/ 级别 3：可分别设置 3 个级别的高度和轮廓大小。

4.2.5 课堂案例——制作壁画

⊕ 案例学习目标

学习使用"倒角"修改器。

⊕ 案例知识要点

使用墙矩形，并为墙矩形施加"挤出"和"倒角"修改器，最后创建球体和可渲染的样条线以作为装饰，效果如图 4-19 所示。

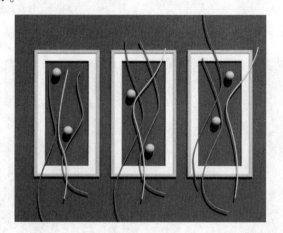

制作壁画

图 4-19

⊕ 场景所在位置

随书资源：场景 /cha04/ 壁画模型 .max。

⊕ 效果图场景所在位置

随书资源：场景 /cha04/ 壁画 .max。

⊕ 贴图所在位置

随书资源：贴图。

（1）单击" ➕（创建）> 🔲（图形）> 扩展样条线 > 墙矩形"按钮，在"前"视图中创建墙矩形，在"参数"卷展栏中设置"长度"为 800.0、"宽度"为 400.0、"厚度"为 50.0，如图 4-20 所示。

（2）切换到 🔧（修改）命令面板，在"修改器列表"中选择"挤出"修改器，在"参数"卷展栏中设置"数量"为 10.0，如图 4-21 所示。

（3）继续创建墙矩形，在"参数"卷展栏中设置"长度"为 850.0、"宽度"为 450.0、"厚度"为 25.0，如图 4-22 所示。

（4）为其施加"倒角"修改器，在"倒角值"卷展栏中设置"级别 1"的"高度"为 10.0，勾选"级别 2"复选框，并设置"高度"为 5.0、"轮廓"为 -5.0，如图 4-23 所示。

（5）制作出画框后，创建球体和可渲染的样条线以作为装饰，如图 4-24 所示。

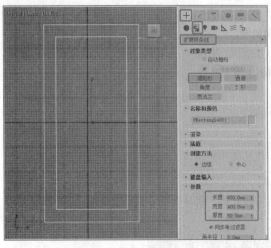

图 4-20

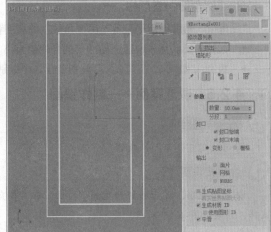

图 4-21

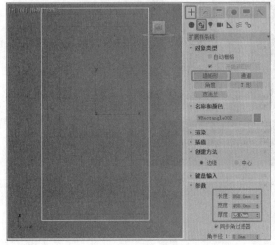

图 4-22

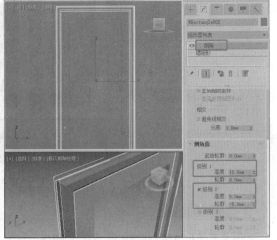

图 4-23

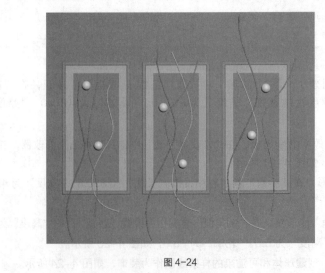

图 4-24

4.2.6 "倒角剖面"命令

"倒角剖面"修改器使用一个图形作为路径或倒角剖面来挤出另一个图形。

 提 示

如果删除原始倒角剖面，则倒角剖面失效。与提供图形的"放样"对象不同，"倒角剖面"只是一个简单的修改器。

为图形施加"倒角剖面"修改器后，在 [c] (修改) 命令面板中会显示出其修改参数，如图 4-25 所示。在该修改面板中有两种版本的倒角剖面参数：一种是"经典"；另一种是"改进"。

"剖面 Gizmo"子对象层级：在修改器堆栈中将选择集定义为"剖面 Gizmo"，可以调整剖面坐标的角度或位置。

在场景中选择需要施加"倒角剖面"修改器的图形，如图 4-26 所示。在"修改器列表"中选择"倒角剖面"修改器，如图 4-27 所示。单击"拾取剖面"按钮，拾取剖面图形，如图 4-28 所示。

图 4-25　　　　　　图 4-26　　　　　　　　图 4-27　　　　　　　　图 4-28

"参数"卷展栏中"经典"参数的功能介绍如下。

- 拾取剖面：选中一个图形或 NURBS 曲线来用于剖面路径。
- 生成贴图坐标：指定 UV 坐标。
- 真实世界贴图大小：控制应用于该对象的纹理贴图材质所使用的缩放方法。

"封口"选项组用来设置封口始端、末端的选项。

- 始端：对挤出图形的底部进行封口。
- 末端：对挤出图形的顶部进行封口。

"封口类型"选项组用来选择封口的类型。

- 变形：选中一个确定性的封口方法，它为对象间的变形提供相等数量的顶点。
- 栅格：创建更适合封口变形的栅格封口。

"相交"选项组用来设置相交曲线后的选项。

- 避免线相交：防止倒角曲面自相交。这需要更多的处理器计算，而且在复杂几何体处理过程中很消耗时间。
- 分离：用于设置侧面为防止相交而分开的距离。

4.2.7 "扫描"命令

"扫描"修改器用于沿着基本样条线或 NURBS 曲线路径挤出横截面。类似于"放样"复合对象，但它是一种更有效的方法。创建结构钢细节、建模细节或任何需要沿着样条线挤出截面的情况时，该修改器都非常有用。

在场景中选择需要施加"扫描"的图形，施加"扫描"修改器后可以显示出其相关的"参数"卷展栏，如图 4-29 所示。

首先我们来看一下"截面类型"卷展栏。

- 使用内置截面：选择该单选按钮可使用一个内置的备用截面。

"内置截面"选项组：从该选项组中可以看到内置截面列表，单击其右侧按钮使列表显示常用结构截面（见图 4-30）。

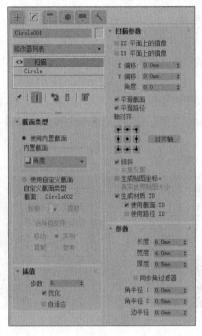

图 4-29   图 4-30

- ◆ 角度：沿着样条线扫描结构角度截面。默认的截面为"角度"。
- ◆ 条：沿着样条线扫描 2D 矩形截面。
- ◆ 通道：沿着样条线扫描结构通道截面。
- ◆ 圆柱体：沿着样条线扫描实心 2D 圆截面。
- ◆ 半圆：沿着样条线扫描该截面生成一个半圆挤出。
- ◆ 管道：沿着样条线扫描圆形空心管道截面。
- ◆ 1/4 圆：沿着样条线扫描该截面生成一个四分之一圆形挤出。
- ◆ 三通：沿着样条线扫描结构 T 形截面。
- ◆ 管状体：根据方形，沿着样条线扫描空心管道截面。与管道截面类似。
- ◆ 宽法兰：沿着样条线扫描结构宽法兰截面。

- 使用自定义截面：如果已经创建了自己的截面，或者当前场景中含有另一个形状，或者想要使用另一个 MAX 文件作为截面，那么可以选择该选项。
- 截面：显示所选自定义图形的名称。该区域为空白，直到选择了自定义图形。
- 拾取：如果想要使用的自定义图形在视口中可见，那么可以单击"拾取"按钮，然后直接从场景中拾取图形。

- 拾取图形：单击可按名称选择自定义图形，在打开的对话框中仅显示当前位于场景中的有效图形。
- 提取：在场景中创建一个新图形，这个新图形可以是副本、实例或当前自定义截面的参考。单击该按钮，将打开"提取图形"对话框。
- 合并自文件：选择存储在另一个 MAX 文件中的截面。单击该按钮，将打开"合并文件"对话框。
- 移动：沿着指定的样条线扫描自定义截面。与"实例""副本""参考"开关不同，选中的截面会向样条线移动。在视口中编辑原始图形不影响"扫描"网格。
- 复制：沿着指定样条线扫描选中截面的副本。
- 实例：沿着指定样条线扫描选定截面的实例。
- 参考：沿着指定样条线扫描选中截面的参考。

"扫描"修改器的"插值"卷展栏中控件的工作方式，与它们对任何其他样条线所执行的操作完全一样。但是，控件只影响选中的内置截面，而不影响截面扫描所沿的样条线。

- 步数：设置 3ds Max 在每个内置的截面顶点间所使用的分割数（或步数）。带有急剧曲线的样条线需要许多步数才能显得平滑，而平缓曲线则需要较少的步数。
- 优化：启用该复选框后，可以从样条线的直线线段中删除不需要的步数。默认设置为启用。
- 自适应：启用该复选框后，可以自动设置每个样条线的步长数，以生成平滑曲线。

"参数"卷展栏是上下文相关的，并且会根据所选择的沿着样条线扫描的内置截面显示不同的设置。例如，较复杂的截面如"角度"截面有 7 个可以更改的设置，而"1/4 圆"截面则只有一个设置。

"扫描参数"卷展栏用于设置扫描的截面参数。

- XZ 平面上的镜像：启用该复选框后，截面相对于应用"扫描"修改器的样条线垂直翻转。默认设置为禁用状态。
- XY 平面上的镜像：启用该复选框后，截面相对于应用"扫描"修改器的样条线水平翻转。默认设置为禁用状态。
- X 偏移：相对于基本样条线移动截面的水平位置。
- Y 偏移：相对于基本样条线移动截面的垂直位置。
- 角度：相对于基本样条线所在的平面旋转截面。
- 平滑截面：提供平滑曲面，该曲面环绕着沿基本样条线扫描的截面的周界。默认设置为启用。
- 平滑路径：沿着基本样条线的长度提供平滑曲面，对曲线路径这类平滑十分有用。默认设置为禁用状态。
- 轴对齐：提供帮助用户将截面与基本样条线路径对齐的 2D 栅格。选择九个按钮之一来围绕样条线路径移动截面的轴。
- 对齐轴：启用该按钮后，"轴对齐"栅格在视口中以 3D 外观显示，只能看到 3×3 的对齐栅格、截面和基本样条线路径。实现满意的对齐后，就可以关闭"对齐轴"按钮或右键单击以查看扫描。
- 倾斜：启用该复选框后，只要路径弯曲并改变其局部 z 轴的高度，截面便围绕样条线路径旋转。
- 并集交集：如果使用多个交叉样条线，如栅格，那么启用该开关可以生成清晰且更真实的交叉点。
- 使用截面 ID：使用指定给截面分段的材质 ID 值，该截面是沿着基本样条线或 NURBS 曲线扫描的。默认设置为启用。
- 使用路径 ID：使用指定给基本曲线中基本样条线或曲线子对象分段的材质 ID 值。

4.2.8　课堂案例——制作欧式圆桌

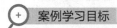

案例学习目标

学习使用"扫描"修改器。

＋ 案例知识要点

创建桌面图形并创建桌面扫描的截面图形，使用"扫描"修改器制作出桌面；创建圆桌腿截面，并使用"车削"修改器制作出圆桌腿，如图 4-31 所示。

制作欧式圆桌

图 4-31

＋ 场景所在位置

随书资源：场景 /cha04/ 欧式圆桌模型 .max。

＋ 效果图场景所在位置

随书资源：场景 /cha04/ 欧式圆桌 .max。

＋ 贴图所在位置

随书资源：贴图。

（1）单击"＋（创建）> （图形）>圆"按钮，在"顶"视图中创建圆，在"参数"卷展栏中设置"半径"为 200.0，在"插值"卷展栏中设置"步数"为 15，使创建的圆可以更加平滑，如图 4-32（a）所示。

（2）使用"线"工具，在"前"视图中创建样条线，切换到 （修改）命令面板中，结合使用"圆角"工具调整样条线的形状如图 4-32（b）所示。

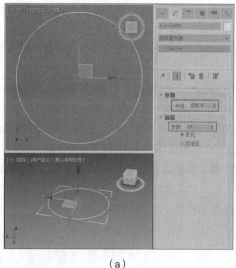

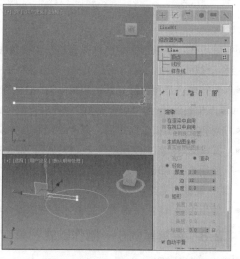

（a） （b）

图 4-32

（3）调整样条线后，关闭选择集。在场景中选择"圆"图形，在"修改器列表"中选择"扫描"修改器，在"截面类型"卷展栏中选中"使用自定义截面"单选按钮，单击"拾取"按钮，在场景中选择创建并调整后的样条线，如图 4-33 所示。

注意：设计者可以通过调整作为截面图形的形状来改变扫描模型，这里就不详细介绍了。

（4）继续使用"线"工具，在"前"视图中创建图 4-34 所示的样条线，通过调整"顶点"并结合使用"圆角"工具，制作出样条线的效果。

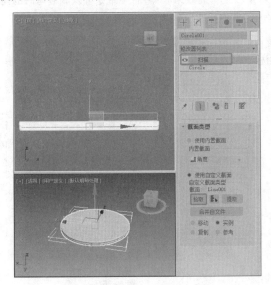

图 4-33

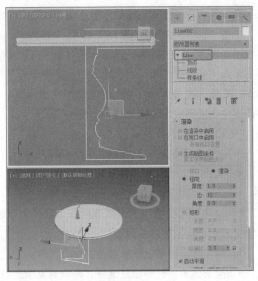

图 4-34

（5）调整样条线的形状后，关闭选择集。在"修改器列表"中选择"车削"修改器，在"参数"卷展栏中设置"分段"为 32，在"方向"选项组中单击 Y 按钮，在"对齐"选项组中单击"最小"按钮，如图 4-35 所示。

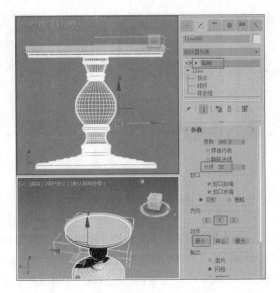

图 4-35

4.3 变形修改器

接下来，我们介绍可将网格模型变形的修改器。

4.3.1 "弯曲"命令

"弯曲"命令是一个比较简单的命令，它可以使对象产生弯曲效果。"弯曲"命令可以调节弯曲的角度和方向及弯曲所依据的坐标轴向，还可以将弯曲修改限制在一定区域内。

单击"➕（创建）>⚫（几何体）>长方体"按钮，在视图中创建一个长方体；切换到 🔧（修改）命令面板，然后单击"修改器列表"右侧的按钮，从中选择"弯曲"命令，在修改命令面板中会显示弯曲命令的参数，长方体周围会出现弯曲命令的套框，如图 4-36 所示。

"弯曲"命令的参数如下。

"弯曲"选项组用于设置弯曲的角度和方向。

- 角度：用于设置沿垂直面弯曲的角度大小。
- 方向：用于设置弯曲相对于水平面的方向。

"弯曲轴"选项组用于设置弯曲所依据的坐标轴向。X、Y、Z 用于指定被弯曲的轴。

"限制"选项组用于控制弯曲的影响范围。

- 限制效果：选中该复选框，将对对象指定限制影响的范围，其影响区域由下面的上限、下限的值确定。

图 4-36

- 上限：用于设置弯曲的上限，在此限度以上的区域将不会受到弯曲的影响。
- 下限：用于设置弯曲的下限，在此限度与上限之间的区域都将受到弯曲的影响。

在修改命令面板中对"角度"的值进行调整，长方体会随之发生弯曲，如图 4-37 所示。

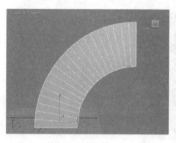
（a）角度数值为 90°

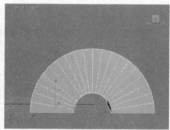
（b）角度数值为 180°

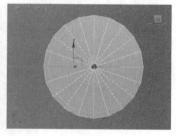
（c）角度数值为 360°

图 4-37

将弯曲角度设置为 90°，依次选择"弯曲轴"选项组中的 3 个轴向，长方体的弯曲方向会随之发生变化，如图 4-38 所示。

几何体的分段数与弯曲效果也有很大关系。几何体的分段数越多，弯曲表面就越光滑。对于同一几何体，弯曲命令的参数不变。如果改变几何体的分段数，形体也会发生很大变化。

在修改器堆栈中单击"弯曲"（Bend）命令前面的 ▶ 按钮，会弹出两个选项，如图 4-39 所示，然后单击"Gizmo"选项，视图中出现黄色的套框，如图 4-40 所示；使用 ➕（选择并移动）工具在视图中移动套框，形体的弯曲形态会随之发生变化。

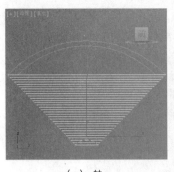

（a）x 轴

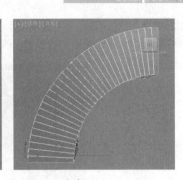

（b）y 轴　　　　　　　　　（c）z 轴

图 4-38

图 4-39

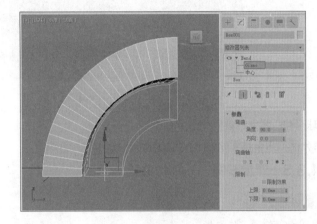

图 4-40

单击"中心"选项，视图中弯曲中心点的颜色会变为黄色，如图 4-41 所示；使用 ✛（选择并移动）工具改变弯曲中心的位置，形体的弯曲形态会随之发生变化。

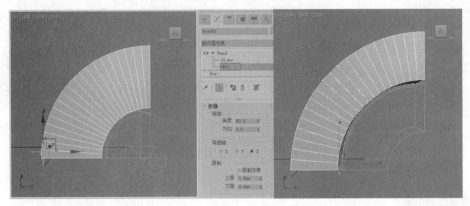

图 4-41

4.3.2 "球形化"命令

"球形化"修改器将对象扭曲为球形。此修改器只有一个参数（一个"百分比"微调器），用以将对象尽可能地变形为球形。

单击"✛（创建）> ●（几何体）> 长方体"按钮，在视图中创建一个长方体，设置合适的参数，

然后切换到 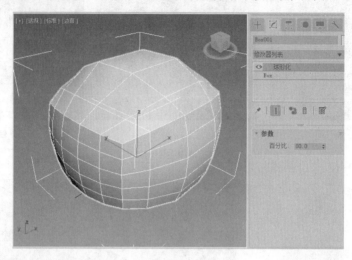（修改）命令面板，单击"修改器列表"右侧的按钮，从中选择"球形化"命令，修改命令面板中会显示球形化的参数，长方体即可根据球形化的参数改变形状，如图 4-42 所示。

图 4-42

"球形化"命令的参数如下。

百分比：用来设置应用于对象的球形化扭曲的百分比。

4.3.3 课堂案例——制作鼓凳

⊕ **案例学习目标**

学习如何使用"球形化"修改器。

⊕ **案例知识要点**

使用圆柱体、球体、阵列工具和"球形化"修改器来完成鼓凳的制作，效果如图 4-43 所示。

制作鼓凳

图 4-43

⊕ **场景所在位置**

随书资源：场景 /cha04/ 鼓凳模型 .max。

⊕ **效果图场景所在位置**

随书资源：场景 /cha04/ 鼓凳 .max。

⊕ **贴图所在位置**

随书资源：贴图。

（1）单击"➕（创建）> ⬤（几何体）> 圆柱体"按钮，在"顶"视图中创建圆柱体，在"参数"卷展栏中设置"半径"为150.0、"高度"为300.0、"高度分段"为8、"边数"为30，如图4-44所示。

（2）切换到 ✎（修改）命令面板，为圆柱体施加"球形化"修改器，在"参数"卷展栏中设置"百分比"为50.0，如图4-45所示。

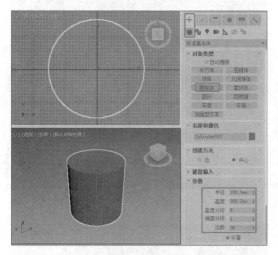

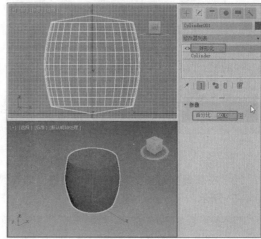

图 4-44   图 4-45

（3）为模型施加"编辑多边形"修改器，如图4-46所示。

（4）将选择集定义为 ◢（边），在场景中选择集为顶、底的一圈边，如图4-47所示。

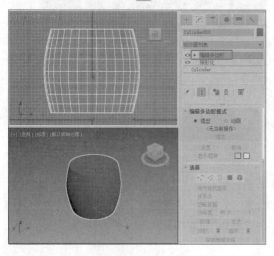

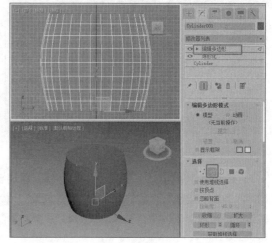

图 4-46   图 4-47

（5）在"编辑边"卷展栏中单击"切角"后的 ▢（设置）按钮，在弹出的助手小盒中设置切角的"数量"为8.0、"边数"为3，单击 ✓（确定）按钮，如图4-48所示。

（6）选择模型，在修改器堆栈中选择"球形化"修改器，从中修改它的"百分比"，并缩放模型到合适的效果，如图4-49所示。

（7）单击"➕（创建）> ⬤（几何体）> 球体"按钮，在"前"视图中创建球体，在"参数"卷展栏中设置合适的"半径"，并设置"半球"为0.5，如图4-50所示。

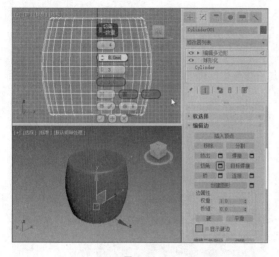

| 图 4-48 | 图 4-49 |

（8）在场景中调整模型到合适的位置，切换到 ▤（层次）命令面板，单击"仅影响轴"按钮，如图 4-51 所示。

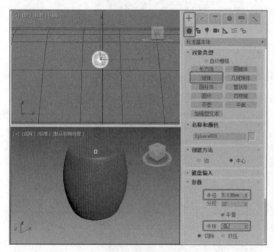

| 图 4-50 | 图 4-51 |

（9）在工具栏中单击 ▤（对齐）按钮，在场景中拾取圆柱体，在打开的"对齐当前选择"对话框中选择"对齐位置"为 X 位置、Y 位置、Z 位置，并选择"当前对象"为"轴点"、选择"目标对象"为"轴点"，如图 4-52 所示。

（10）对齐轴的位置后，关闭"仅影响轴"按钮。确定半球处于选择状态，在菜单栏中选择"工具 > 阵列"命令，在打开的对话框中设置"旋转 > 总计 >Z"为 360.0，设置"阵列维度"的"1D"为 40，如图 4-53 所示。

（11）阵列复制模型后，对阵列后的模型进行复制，如图 4-54 所示。

最后，可以使用编辑多边形为模型设置一个凳面的分解边，这里就不详细介绍了。

图 4-52

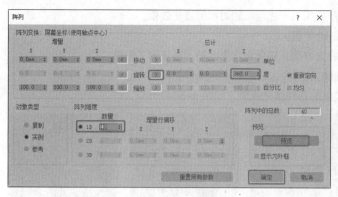

图 4-53

图 4-54

4.3.4 "锥化"命令

"锥化"命令主要用于对对象进行锥化处理。用户可以通过缩放对象的两端而生成锥形轮廓，同时可以加入光滑的曲线轮廓；通过调节锥化的倾斜度和曲线轮廓的曲度还能生成局部锥化效果。

单击"➕（创建）> ⬤（几何体）> 圆柱体"按钮，在"透视"视图中创建一个圆柱体，然后切换到 ⬭（修改）命令面板，单击"修改器列表"右侧的按钮，从中选择"锥化"（Taper）命令，修改命令面板中会显示锥化的参数，圆柱体周围会出现锥化的套框，如图 4-55 所示。

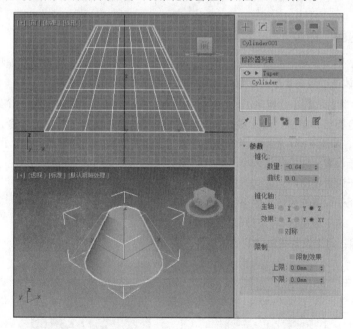

图 4-55

"锥化"选项组中包括以下两个选项。

- 数量：用于设置锥化倾斜的程度。
- 曲线：用于设置锥化曲线的曲率。

"锥化轴"选项组用于设置锥化所依据的坐标轴向。

- 主轴：用于设置基本的锥化依据轴向。
- 效果：用于设置锥化所影响的轴向。

- 对称：选中该复选框，将会产生相对于主坐标轴对称的锥化效果。

"限制"选项组用于控制锥化的影响范围。

- 限制效果：选中该复选框，将允许用户限制锥化影响的上限值和下限值。
- 上限 / 下限：分别用于设置锥化限制的区域。

通过更改上述参数可以设置出模型的各种锥化效果，如图 4-56 所示。

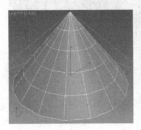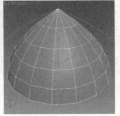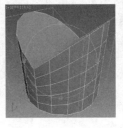

图 4-56

 提 示

几何体的分段数和锥化的效果有很大关系，段数越多，锥化后对象表面就越平滑。读者可以继续以圆柱体为例，通过改变段数来观察锥化效果的变化。

4.3.5 "扭曲"命令

"扭曲"命令主要用于对对象进行扭曲处理。用户可以通过调整扭曲的角度和偏移值而得到各种扭曲效果，同时还可以通过限制参数的设置，使扭曲效果限定在固定的区域内。

单击"➕（创建）> ⬤（几何体）> 四棱锥"按钮，在"透视"视图中创建一个四棱锥，然后切换到 ◁（修改）命令面板，单击"修改器列表"右侧的按钮，从中选择"扭曲"命令，修改命令面板中会显示扭曲的参数，如图 4-57 所示。长方体周围会出现扭曲的套框，如图 4-58 所示。

- 角度：用于设置扭曲的角度大小。
- 偏移：用于设置扭曲向上或向下的偏向度。
- 扭曲轴：用于设置扭曲依据的坐标轴向。
- 限制效果：选中该复选框，打开限制影响。
- 上限 / 下限：用于设置扭曲限制的区域。

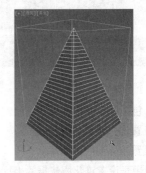

图 4-57   图 4-58

通过更改扭曲的参数可以设置出模型的各种扭曲效果，如图 4-59 所示。

图 4-59

4.3.6 FFD

FFD 代表"自由形式变形",它的效果可用于类似舞蹈汽车或坦克的计算机动画中,也可用于构建类似椅子和雕塑的图形。

FFD 修改器使用晶格框包围选中的几何体。用户通过调整晶格的控制点,可以改变封闭几何体的形状。FFD 提供了三种晶格解决方案和两种形体解决方案。控制点相对原始晶格源体积的偏移位置会引起受影响对象的扭曲,如图 4-60 所示。

① 三种晶格解决方案包括 FFD 2×2×2、FFD 3×3×3 和 FFD 4×4×4,它们提供具有相应数量控制点的晶格以便对几何体进行形状变形。

② 两种形体解决方案包括 FFD(长方体)和 FFD(圆柱体)。使用 FFD(长方体/圆柱体)修改器可以在晶格上设置任意数量的点,使它们比基本修改器的功能更强大。FFD(圆柱体)是自由变形修改器中比较常用的修改器,用户可以通过自由地设置控制点对几何体进行变形。

在视图中创建一个几何体,切换到 ![修改] (修改)命令面板,在修改器列表中选择"FFD 4×4×4"命令,可看到几何体上出现了 FFD 控制点,如图 4-61 所示。在修改器堆栈上单击右侧按钮▶,显示出子层级选项,如图 4-62 所示。

● 控制点:选择该项后,用户可以选择并操控晶格的控制点,也可以一次处理一个或以组为单位处理多个几何体。操控控制点将影响基本对象的形状。

● 晶格:选择该项后,用户可从几何体中单独摆放、旋转或缩放晶格框。当首次应用 FFD 时,默认晶格是一个包围几何体的边界框。移动或缩放晶格时,仅位于体积内的顶点子集合可应用局部变形。

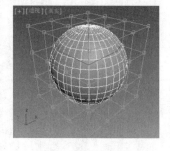

图 4-60   图 4-61   图 4-62

● 设置体积:选择该项后,晶格控制点变为绿色,用户选择并操控控制点不会影响修改对象,这样晶格能够更精确地贴合不规则形状对象。当自由变形时,利用该选项可以获得更好的控制效果。

在对几何体进行 FFD 自由变形编辑时,必须考虑到几何体的分段数。如果几何体的分段数很低,自由变形的效果也不会明显,如图 4-63 所示。当增加几何体的分段数后,形体变化的几何体变得更圆润、平滑,如图 4-64 所示。

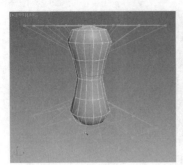 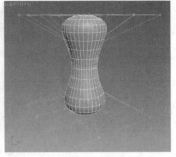

图 4-63 　　　　　　　　　　图 4-64

4.4 "编辑样条线"命令

"编辑样条线"修改器是为选定图形的不同部分（如顶点、分段或者样条线）提供显示的编辑工具。"编辑样条线"修改器匹配基础"可编辑样条线"对象的所有功能。"编辑样条线"命令是专门用于编辑二维图形的修改命令，在建模中的使用率非常高。编辑样条线命令的修改参数与线的修改参数相同，但该命令可以用于所有二维图形的编辑、修改。

在视图中任意创建一个二维图形，切换到 ▣（修改）命令面板，然后单击"修改器列表"右侧的按钮，从中选择"编辑样条线"命令，修改命令面板中会显示相应参数，如图 4-65 所示。

"几何体"卷展栏中提供了关于样条曲线的大量几何参数，其参数很繁杂，其中包含了大量的命令按钮和参数选项。打开"几何体"卷展栏，依次激活"编辑样条线"命令的子层级命令，观察"几何体"卷展栏下的各参数。下面对各子层级命令中的参数进行介绍，个别参数可参见第 3 章中的相关内容。

1. 顶点参数

"顶点"层级的参数使用率比较高，且是主要的命令参数。在修改器堆栈中单击"顶点"选项，相应的参数被激活，如图 4-66 所示。

图 4-65 　　　　　　　　　　图 4-66

- 自动焊接：选中该复选框，阈值距离范围内线的两个端点自动焊接。该选项在所有次对象级都可用。

- 阈值距离：用于设置实行自动焊接节点之间的距离。
- 焊接：用于将两个或多个节点合并为一个节点。焊接只能在一条线的节点间进行焊接操作，且只能在相邻的节点间进行焊接，不能越过节点进行焊接。单击"╋（创建）> ◙（图形）> 圆"按钮，在"前"视图中创建圆，然后切换到 ◢（修改）命令面板，单击"修改器列表"右侧的按钮，从中选择"编辑样条线"命令，在修改器堆栈中单击"▶ > 顶点"选项，在视图中框选两个节点（见图 4-67），并在修改命令面板中设置"焊接"数值，单击"焊接"按钮，选择的点即被焊接，如图 4-68 所示。"焊接"数值表示节点间的焊接范围，也就是说，在其范围内的节点才能被焊接。

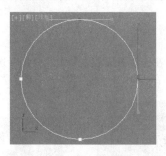
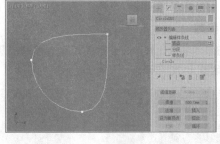

图 4-67   图 4-68

- 连接：用于连接两个断开的点。单击"连接"按钮，将鼠标指针移到线的一个端点上，当鼠标指针变为 ✛ 形状时，按住鼠标左键不放并拖曳鼠标指针到另一个端点上，如图 4-69 所示，松开鼠标左键，两个端点会连接在一起，如图 4-70 所示。

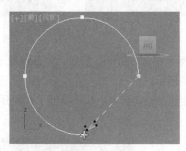
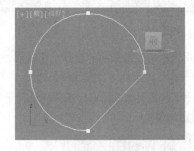

图 4-69   图 4-70

- 插入：用于在二维图形上插入节点。单击"插入"按钮后，将鼠标指针移到要插入节点的位置，鼠标指针变为 ✛ 形状，如图 4-71 所示；单击鼠标左键，节点即被插入，插入的节点会跟随鼠标指针移动，如图 4-72 所示；不断单击鼠标左键则可以插入更多节点，如图 4-73 所示，单击鼠标右键结束操作。

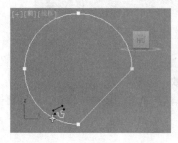
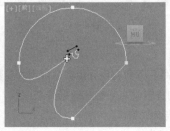
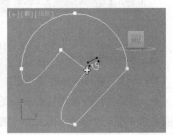

图 4-71   图 4-72   图 4-73

- 设为首顶点：用于将线上的一个节点指定为曲线起点。

- 熔合：用于将所选中的多个节点移动到它们的平均中心位置。选择图 4-74 所示的多个节点后，单击"熔合"按钮，所选择的节点都会移到同一个位置，如图 4-75 所示。被熔合的节点是相互独立的，它们可以单独被选择、编辑。
- 循环：用于循环选择节点。选择一个节点，然后单击此按钮，可以按节点的创建顺序循环更换选择目标。
- 圆角：用于在选定的节点处创建一个圆角。
- 切角：用于在选定的节点处创建一个切角。
- 删除：用于删除所选择的对象。

2. 分段参数

"分段"层级的参数比较少，参数使用率也相对较低。在修改器堆栈中单击"分段"选项，相应的参数被激活，如图 4-76 所示。

图 4-74

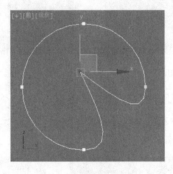
图 4-75

图 4-76

- 拆分：用于平均分割线段。选择一个线段，然后单击"拆分"按钮，可在线段上插入指定数量的节点，从而将一条线段分割为多条线段，如图 4-77 所示。
- 分离：用于将选中的线段或样条曲线从样条曲线中分离出来。系统提供了 3 种分离方式供选择，即同一图形、重定向和复制。

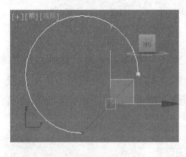

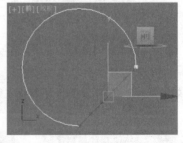
图 4-77

3. 样条线参数

"样条线"层级的参数使用率较高。下面着重介绍其中常用的参数，如图 4-78 所示。

- 反转：用于颠倒样条曲线的首末端点。选择一条样条曲线，然后单击"反转"按钮，可以将该样条曲线的第一个端点和最后一个端点颠倒。
- 轮廓：用于给选定的线设置轮廓。
- 布尔：用于将两个二维图形按指定的方式合并到一起，其有 3 种运算方式，即 （并集）、（差集）和 （交集）。在"前"视图中创建一个矩形和一个星形，如图 4-79 所示；单击矩形将其选中，

切换到 （修改）命令面板，单击"修改器列表"右侧的按钮，从中选择"编辑样条线"命令，并在修改命令面板中单击"附加"按钮，然后单击星形，如图 4-80 所示，将它们结合为一个对象。在修改器堆栈中单击"▶ > 样条线"选项，将矩形选中，选择运算方式后单击"布尔"按钮，在视图中单击星形，完成运算，如图 4-81 所示。

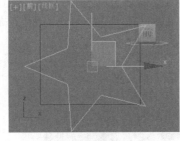
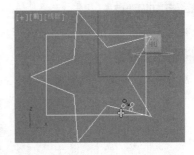

图 4-78　　　　　　　图 4-79　　　　　　　图 4-80

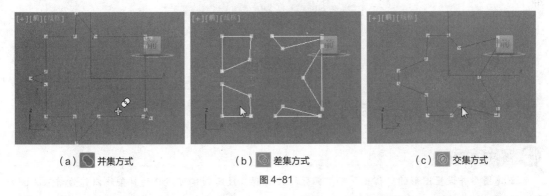

（a）　并集方式　　　（b）　差集方式　　　（c）　交集方式

图 4-81

- 镜像：用于对所选择的曲线进行镜像处理。系统提供了 3 种镜像方式，即 （水平镜像）、 （垂直镜像）和 （双向镜像）。镜像命令下方有两个复选框。复制：选中该复选框可以将样条曲线复制并镜像产生一个镜像复制品。以轴为中心：用于决定镜向的中心位置，若选中该复选框，将以样条曲线自身的轴心点为中心镜像曲线；未选中时，则以样条曲线的几何中心为中心来镜像曲线。"镜像"命令的使用方法与前面"布尔"命令的相同。

提示

进行布尔运算必须是同一个二维图形的样条线对象。如果是单独的几个二维图形，应先使用"附加"工具将图形附加为一个二维图形，才能对其进行布尔运算。进行布尔运算的线必须是封闭的，样条曲线本身不能自相交，要进行布尔运算的线之间不能有重叠部分。

- 修剪：用于删除交叉的样条曲线。
- 延伸：用于将开放样条曲线最接近拾取点的端点扩展到曲线的交叉点。一般在应用"修剪"命令后使用此命令。

以上介绍了"编辑样条线"命令中比较重要的参数，它们都是在实际建模中经常使用到的参数。该命令的参数比较多，读者要想熟练掌握还需要进行实际操作。下面将会通过几个典型实例来帮助读者熟练运用它们。

4.5 课堂练习——制作晶格摆件

🔍 **练习知识要点**

使用长方体、球体和切角长方体工具并结合使用"晶格"修改器制作晶格摆件，如图 4-82 所示。

🔍 **场景所在位置**

随书资源：场景 /cha04/ 晶格摆件 .max。

制作晶格摆件

图 4-82

4.6 课后习题——制作蜡烛

🔍 **练习知识要点**

创建图形并设置图形的"挤出"和"锥化"修改器，最后创建可渲染的样条线以作为蜡烛芯，如图 4-83 所示。

🔍 **场景所在位置**

随书资源：场景 /cha04/ 蜡烛 .max。

制作蜡烛

图 4-83

Chapter

5

第5章
高级建模

在前面各章中讲解了在3ds Max 2020中的基础建模，以及借助常用的修改器对基本模型进行修改而生成新的模型。然而，这些建模方式只能够制作一些简单或者很粗糙的基本模型。要想表现和制作一些更加精细的、真实且复杂的模型，用户就需要使用高级建模的技巧才能实现。通过对本章的学习，读者应掌握常用的"多边形建模""网格建模""NURBS建模""面片建模"4种高级建模方法。

课堂学习目标

- 熟练掌握多边形建模的方法
- 熟练掌握网格建模的方法
- 熟练掌握NURBS建模的方法
- 熟练掌握面片建模的方法

5.1 多边形建模

多边形建模是使用"可编辑多边形"和"编辑多边形"修改器来制作、完成的模型。"编辑多边形"对象也是一种网格对象，它在功能和使用上几乎与"编辑网格"是一致的。不同的是，"编辑网格"是由三角形面构成的框架结构，而"编辑多边形"对象既可以是三角网格模型，也可以是四边或更多边的，其功能也比"编辑网格"强大。

5.1.1 "编辑多边形"修改器

创建一个三维模型后，确认该模型处于被选状态，切换到 （修改）命令面板，在"修改器列表"中选择"编辑多边形"修改器即可。或者也可以在创建模型后，用鼠标右键单击模型，在弹出的快捷菜单中选择"转换为 > 转换为可编辑多边形"命令，将模型转换为"可编辑多边形"模型。

"编辑多边形"修改器与"可编辑多边形"大部分功能相同，但卷展栏功能有不同之处，如图 5-1 所示。"编辑多边形"修改器与"可编辑多边形"的区别如下。

图 5-1

- "编辑多边形"是一个修改器，具有修改器状态所说明的所有属性。其中包括在堆栈中将"编辑多边形"放到基础对象和其他修改器上方，在堆栈中将修改器移动到不同位置及对同一对象应用多个"编辑多边形"修改器（每个修改器包含不同的建模或动画操作）的功能。

- "编辑多边形"有两个不同的操作模式："模型"和"动画"。
- "编辑多边形"中不再包括始终启用的"完全交互"开关功能。
- "编辑多边形"提供了两种从堆栈下部获取现有选择的新方法：使用堆栈选择和获取堆栈选择。
- "编辑多边形"中缺少"可编辑多边形"的"细分曲面"和"细分置换"卷展栏。

5.1.2 "编辑多边形"修改器的参数

1. 子对象层级

"编辑多边形"修改器的子对象层级（见图 5-2）详解如下。

- 顶点：位于相应位置的点。它们定义构成多边形对象的其他子对象的结构。当移动或编辑顶点时，它们形成的几何体也会受影响。顶点也可以独立存在；这些孤立顶点可以用来构建其他几何体，但在渲染时，它们是不可见的。当定义为"顶点"时可以选择单个或多个顶点，并且使用标准方法移动它们。

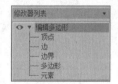

图 5-2

- 边：连接两个顶点的直线，它可以形成多边形的边。边不能由两个以上多边形共享；另外，两个多边形的法线应相邻。如果不相邻，应卷起共享顶点的两条边。当定义为"边"选择集时，用户可选择一条和多条边，然后使用标准方法变换它们。

- 边界：网格的线性部分，通常可以描述为孔洞的边缘。它通常是多边形仅位于一面时的边序列。例如，长方体没有边界，但茶壶对象有若干边界：壶盖、壶身和壶嘴上有边界，还有两个在壶把上。如果创建圆柱体，然后删除末端多边形，相邻的一行边会形成边界。当将选择集定义为"边界"时，用户可选择一个和多个边界，然后使用标准方法变换它们。

- 多边形：通过曲面连接的 3 条或多条边的封闭序列。多边形提供"编辑多边形"对象的可渲染曲面。当将选择集定义为"多边形"时,用户可选择单个或多个多边形,然后使用标准方法变换它们。

- 元素:两个或两个以上可组合为一个更大对象的单个网格对象。

2. "编辑多边形模式"卷展栏

"编辑多边形模式"卷展栏是"编辑多边形"修改器中的公共参数卷展栏,无论当前处于何种选择集,都有该卷展栏,如图 5-3 所示。

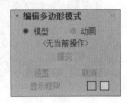

- 模型:用于使用"编辑多边形"功能建模。在"模型"模式下,不能设置操作的动画。

- 动画:用于使用"编辑多边形"功能设置动画。除选择"动画"外,必须启用"自动关键点"或使用"设置关键点"才能设置子对象变换和参数更改的动画。

图 5-3

- < 无当前操作 > 标签:显示当前存在的任何命令;否则,它显示 < 无当前操作 >。

- 提交:在"模型"模式下,使用小盒接收任何更改并关闭小盒[与小盒上的 (确定)按钮相同]。在"动画"模式下,冻结已设置动画的选择在当前帧的状态,然后关闭对话框,会丢失所有现有关键帧。

- 设置:切换当前命令的小盒。

- 取消:取消最近使用的命令。

- 显示框架:在修改或细分之前,切换显示编辑多边形对象的两种颜色线框的显示。框架颜色显示为复选框右侧的色样,第一种颜色表示未选定的子对象,第二种颜色表示选定的子对象。用户通过单击其色样,可以实现更改颜色。"显示框架"切换只能在子对象层级使用。

3. "选择"卷展栏

"选择"卷展栏是"编辑多边形"修改器中的公共参数卷展栏,无论当前处于何种选择集,都有该卷展栏。该卷展栏是比较实用的,如图 5-4 所示。

- （顶点）:访问"顶点"子对象层级,可从中选择鼠标指针下的顶点;区域选择将选择区域中的顶点。

- （边）:访问"边"子对象层级,可从中选择鼠标指针下多边形的边,也可框选区域中的多条边。

- （边界）:访问"边界"子对象层级,可从中选择构成网格中孔洞边框的一系列边。

- （多边形）:访问"多边形"子对象层级,可选择鼠标指针下的多边形;区域选择将选中区域中的多个多边形。

图 5-4

- （元素）:访问"元素"子对象层级,通过它可以选择对象中所有相邻的多边形;区域选择用于选择多个元素。

- 使用堆栈选择:启用时,编辑多边形自动使用在堆栈中向上传递的任何现有子对象选择,并禁止用户手动更改选择。

- 按顶点:启用时,只有通过选择所用的顶点,才能选择子对象。单击顶点时,将选择使用该选定顶点的所有子对象。该功能在"顶点"子对象层级上不可用。

- 忽略背面:启用后,选择子对象将只影响朝向用户的那些对象。

- 按角度:启用时,选择一个多边形会基于复选框右侧的角度(该值可以确定要选择的邻近多边形之间的最大角度)设置同时选择相邻多边形。该功能仅在多边形子对象层级可用。

- 收缩:通过取消最外部的子对象缩小子对象的选择区域。如果不再减少选择区域的大小,则用户可以取消其余的子对象,如图 5-5 所示。

- 扩大：朝所有可用方向外侧扩展选择区域，如图 5-6 所示。

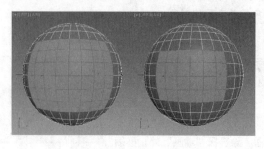 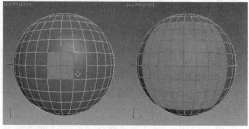

图 5-5 图 5-6

- 环形："环形"按钮旁边的微调器允许用户在任意方向将选择移动到相同环上的其他边，即相邻的平行边，如图 5-7 所示。如果选择了循环，则可以使用该功能选择相邻的循环。循环只适用于边和边界子对象层级。
- 循环：在与所选边对齐的同时，尽可能远地扩展边选定范围。循环选择仅通过四向连接进行传播，如图 5-8 所示。

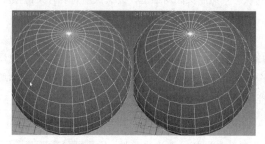

图 5-7 图 5-8

- 获取堆栈选择：使用在堆栈中向上传递的子对象选择替换当前选择。然后，用户可以使用标准方法修改此选择。

"预览选择"选项组：提交到子对象选择之前，该选项组允许组预览它。根据鼠标指针的位置，用户可以在当前子对象层级预览，或者自动切换子对象层级。

- 关闭：预览不可用。
- 子对象：仅在当前子对象层级启用预览，如图 5-9 所示。
- 多个：像子对象一样起作用，但根据鼠标指针的位置，也可在顶点、边和多边形子对象层级之间自动变换。
- 选定了 0 个顶点：在卷展栏底部以一个文本形式显示，提供有关当前选择的信息。如果没有子对象选中，或者选中了多个子对象，那么该文本给出选择的数量和类型。

4. "软选择"卷展栏

"软选择"卷展栏是"编辑多边形"修改器中的公共参数卷展栏，无论当前处于何种选择集，都有该卷展栏，如图 5-10 所示。

- 使用软选择：启用该复选框后，3ds Max 2020 会将样条线曲线变形应用到所变换选择周围未选定子对象。要产生效果，必须在变换或修改选择之前启用该复选框。
- 边距离：启用该复选框后，将软选择限制到指定的面数，该选择在进行选择的区域和软选择的最大范围之间。
- 影响背面：启用该复选框后，那些法线方向与选定子对象平均法线方向相反的、取消的面就会受到软选择的影响。

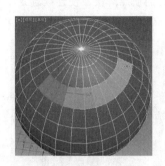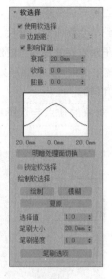

图 5-9　　　　　　　　图 5-10

● 衰减：用以定义影响区域的距离，它是用当前单位表示的从中心到球体边的距离。使用越高的衰减设置，就可以实现更平缓的斜坡，具体情况取决于几何体比例。

● 收缩：用于沿着垂直轴提高并降低曲线的顶点，设置区域的相对"突出度"。该值设置为负数时，将生成凹陷，而不是点；该值设置为 0.0 时，收缩将跨越该轴生成平滑变换。

● 膨胀：用于沿着垂直轴展开和收缩曲线。

● 明暗处理面切换：显示颜色渐变，它与软选择权重相适应。

● 锁定软选择：启用该复选框将禁用标准软选择选项，用户通过锁定标准软选择的一些调节数值选项，可以避免选择时被更改。

"绘制软选择"选项组：用户可以通过鼠标在视图上指定软选择，还可以通过绘制不同权重的不规则形状来表达想要的选择效果。与标准软选择相比而言，绘制软选择可以更灵活地控制软选择图形的范围，让用户不再受固定衰减曲线的限制。

● 绘制：单击该按钮后，在视图中拖动鼠标，可在当前对象上绘制软选择。

● 模糊：单击该按钮后，绘制以软化现有绘制的软选择的轮廓。

● 复原：单击该按钮后，在视图中拖动鼠标，可复原当前的软选择。

● 选择值：用于设置绘制或复原软选择的最大权重，最大值为 1.0。

● 笔刷大小：用于设置绘制软选择的笔刷大小。

● 笔刷强度：用于设置绘制软选择的笔刷强度。强度越高，达到完全值的速度越快。

● 笔刷选项：可打开"绘制笔刷"对话框来自定义笔刷的形状、镜像、压力设置等相关属性。

5. "编辑几何体"卷展栏

"编辑几何体"卷展栏是"编辑多边形"修改器中的公共参数卷展栏，无论当前处于何种选择集，都有该卷展栏，如图 5-11 所示。该卷展栏在调整模型时是使用最多的。

● 重复上一个：重复最近使用的命令。

"约束"选项组：可以使用现有的几何体约束子对象的变换。

● 无：没有约束。这是默认选项。

图 5-11

- 边：约束子对象到边界的变换。
- 面：约束子对象到单个面曲面的变换。
- 法线：约束每个子对象到其法线（或法线平均）的变换。
- 保持 UV：勾选该复选框可以编辑子对象，而不影响对象的 UV 贴图。
- 创建：创建新的几何体。
- 塌陷：通过将子对象的顶点与选择中心的顶点焊接，使连续选定子对象的组产生塌陷，如图 5-12 所示。

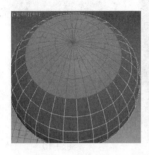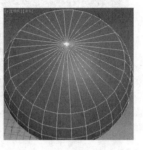

图 5-12

- 附加：用于将场景中的其他对象附加到选定的多边形对象。单击▣（附加列表）按钮，在打开的对话框中可以选择一个或多个对象进行附加。
- 分离：将选定的子对象和附加到子对象的多边形作为单独的对象或元素进行分离。单击▣（设置）按钮，打开"分离"对话框，使用该对话框可设置多个选项。
- 切片平面：为切片平面创建 Gizmo，可以定位和旋转它来指定切片位置。启用该按钮后，会同时启用"切片"按钮和"重置平面"按钮，单击切片可在平面与几何体相交的位置创建新边。
- 分割：启用时，通过快速切片和分割操作，用户可以在划分边处的点上创建两个顶点集。
- 切片：在切片平面位置上执行切片操作。只有启用"切片平面"时，才能使用该按钮。
- 重置平面：将切片平面恢复到其默认位置和方向。只有启用"切片平面"时，才能使用该按钮。
- 快速切片：可以将对象快速切片，而不操纵 Gizmo。方法：对待快速切片对象进行选择，并单击"快速切片"按钮，然后在切片的起点处单击一次，在其终点处再单击一次。激活命令时，可以继续对选定对象执行切片操作。要停止切片操作，只需在视口中单击鼠标右键，或者重新单击"快速切片"按钮将其关闭。
- 切割：用于创建一个多边形到另一个多边形的边或在多边形内创建边。方法：单击起点，并移动鼠标指针，然后进行移动和单击，以便创建新的连接边。右键单击一次退出当前切割操作，然后可以开始新的切割，或者再次右键单击退出切割模式。
- 网格平滑：使用当前设置平滑对象。
- 细化：根据细化设置细分对象中的所有多边形。单击▣（设置）按钮，以便指定平滑的应用方式。
- 平面化：强制所有选定的子对象成为共面。该平面的法线是选择的平均曲面法线。
- X、Y、Z：平面化选定的所有子对象，并使该平面与对象的局部坐标系中的相应平面对齐。例如，使用的平面是与按钮轴相垂直的平面，因此，单击"X"按钮时，可以使该对象与局部 YZ 轴的平面对齐。
- 视图对齐：使对象中的所有顶点与活动视口所在的平面对齐。在子对象层级，此功能只会影响选定顶点或属于选定子对象的那些顶点。
- 栅格对齐：使选定对象中的所有顶点与活动视口所在的平面对齐。在子对象层级，只会对齐选定的子对象。

- 松弛：使用当前的松弛设置将松弛功能应用于当前选择。松弛可以规格化网格空间，方法是朝着邻近对象的平均位置移动每个顶点。单击 ▣（设置）按钮，以便指定松弛功能的应用方式。
- 隐藏选定对象：隐藏选定的子对象。
- 全部取消隐藏：将隐藏的子对象恢复为可见。
- 隐藏未选定对象：隐藏未选定的子对象。
- 命令选择：用于复制和粘贴对象之间的子对象的命名选择集。
- 复制：单击该按钮，打开一个对话框，用户使用该对话框可以指定要放置在复制缓冲区中的命名选择集。
- 粘贴：单击该按钮，从复制缓冲区中粘贴命名选择。
- 删除孤立顶点：启用时，在删除连续子对象的选择时删除孤立顶点；禁用时，删除子对象会保留所有顶点。默认设置为启用。

6．"绘制变形"卷展栏

"绘制变形"卷展栏是"编辑多边形"修改器中的公共参数卷展栏，无论当前处于何种选择集，都有该卷展栏，如图 5-13 所示。

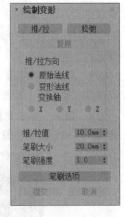

图 5-13

- 推 / 拉：将顶点移入对象曲面内（推）或移出曲面外（拉）。推拉的方向和范围由推 / 拉值设置所确定。
- 松弛：将每个顶点移到由它的邻近顶点平均位置所计算出来的位置上，以规格化顶点之间的距离。松弛使用与"松弛"修改器相同的方法。
- 复原：通过绘制可以逐渐擦除反转推 / 拉或松弛的效果。它仅影响从最近的提交操作开始变形的顶点，如果没有顶点可以复原，"复原"按钮就不可用。

"推 / 拉方向"选项组：用以指定对顶点的推或拉是根据原始法线、变形法线进行，还是沿着指定轴进行。

- 原始法线：选择此项后，对顶点的推或拉会使顶点以它变形之前的法线方向进行移动。重复应用绘制变形总是将每个顶点以它最初移动时的相同方向进行移动。
- 变形法线：选择此项后，对顶点的推或拉会使顶点以它现在的法线（即变形后的法线）方向进行移动。
- 变换轴 X、Y、Z：选择此项后，对顶点的推或拉会使顶点沿着指定的轴进行移动。
- 推 / 拉值：用于确定单个推 / 拉操作应用的方向和最大范围。正值将顶点拉出对象曲面，而负值将顶点推入曲面。
- 笔刷大小：用于设置圆形笔刷的半径。
- 笔刷强度：用于设置笔刷应用推 / 拉值的速率。低的强度值应用效果的速率要比高的强度值来得慢。
- 笔刷选项：单击此按钮以打开"绘制选项"对话框，用户在该对话框中可以设置与各种笔刷相关的参数。
- 提交：使变形的更改永久化，将它们烘焙到对象几何体中。在使用"提交"后，就不可以将复原应用到更改上。
- 取消：取消自最初应用绘制变形以来的所有更改或取消最近的提交操作。

7．"编辑顶点"卷展栏

只有将选择集定义为"顶点"时，才会显示"编辑顶点"卷展栏，如图 5-14 所示。

- 移除：删除选中的顶点，并接合起来使用这些顶点的多边形，如图 5-15 所示。

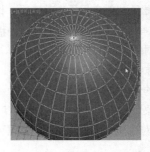
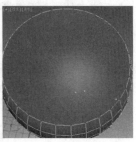

图 5-14   图 5-15

- 断开：在与选定顶点相连的每个多边形上都创建一个新顶点，这样可以使多边形的转角相互分开，使它们不再相连于原来的顶点上。如果顶点是孤立的或者只有一个多边形使用，则顶点将不受影响。

- 挤出：可以手动挤出顶点，方法是在视口中直接操作。单击此按钮，然后将顶点垂直拖动到任意顶点上，就可以挤出此顶点。挤出顶点时，顶点会沿法线方向移动，并且创建新的多边形，形成挤出的面，将顶点与对象相连。挤出对象的面的数量与原来使用挤出顶点的多边形数量一样。单击 ■（设置）按钮打开挤出顶点助手，以便通过交互式操纵执行挤出。

- 焊接：对焊接助手中指定的公差范围内选定的连续顶点进行合并，所有边都会与产生的单个顶点连接。单击 ■（设置）按钮打开焊接顶点助手，以便设定焊接阈值。

- 切角：单击此按钮，然后在活动对象中拖动顶点。如果想准确地设置切角，先单击 ■（设置）按钮，然后设置切角量值，如图 5-16 所示。如果选定多个顶点，那么它们都会被施加同样的切角。

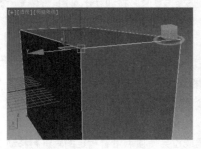
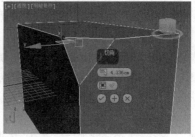

图 5-16

- 目标焊接：可以选择一个顶点，并将它焊接到相邻目标顶点，如图 5-17 所示。目标焊接只焊接成对的连续顶点，也就是说，顶点有一个边相连。

- 连接：在选中的顶点对之间创建新的边，如图 5-18 所示。

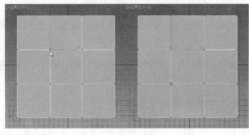

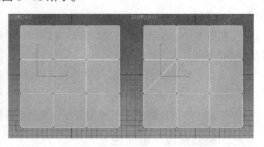

图 5-17   图 5-18

- 移除孤立顶点：将不属于任何多边形的所有顶点删除。
- 移除未使用的贴图顶点：某些建模操作会留下未使用的孤立贴图顶点，它们会显示在展开的 UVW 编辑器中，但是不能用于贴图。用户可以启用这一按钮，由系统自动删除这些贴图顶点。
- 权重：设置选定顶点的权重，以供 NURMS 细分选项和"网格平滑"修改器使用。增加顶点权重，效果是将平滑时的结果向顶点拉。
- 折缝：设置选定顶点的折缝值，由 OpenSubdiv 和 CreaseSet 修改器使用。增加顶点折缝，将平滑结果拉向顶点并锐化点。

8. "编辑边"卷展栏

只有将选择集定义为"边"时，才会显示"编辑边"卷展栏，如图 5-19 所示。

- 插入顶点：用于手动细分可视的边。启用"插入顶点"按钮后，单击某边即可在该位置上添加顶点。
- 移除：删除选定边并组合使用这些边的多边形。
- 分割：沿着选定边分割网格。对网格中心的单条边应用时，不会起任何作用。影响边末端的顶点必须是单独的，以便能使用该功能。例如，因为边界顶点可以一分为二，所以用户可以在与现有的边界相交的单条边上使用该功能。另外，因为共享顶点可以进行分割，所以用户可以在栅格或球体的中心处分割两个相邻的边。
- 桥：使用多边形的桥连接对象的边。桥只连接边界边，也就是只在一侧有多边形的边。创建边循环或剖面时，该功能特别有用。单击 ▣（设置）按钮打开跨越边助手，以便通过交互式操纵在边对之间添加多边形，如图 5-20 所示。
- 创建图形：选择一条或多条边创建新的曲线。
- 编辑三角剖分：用于修改绘制内边或对角线时多边形细分为三角形的方式。
- 旋转：用于通过单击对角线修改多边形细分为三角形的方式。激活旋转时，对角线可以在线框和边面视图中显示为虚线。在旋转模式下，单击对角线可更改其位置。要退出旋转模式，只需在视口中单击鼠标右键或再次单击"旋转"按钮。

图 5-19

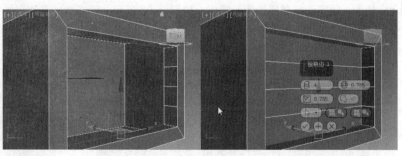

图 5-20

9. "编辑边界"卷展栏

只有将选择集定义为"边界"时，才会显示"编辑边界"卷展栏，如图 5-21 所示。

- 封口：使用单个多边形封住整个边界环，如图 5-22 所示。
- 创建图形：选择边界创建新的曲线。
- 编辑三角剖分：用于修改绘制内边或对角线时多边形细分为三角形的方式。
- 旋转：用于通过单击对角线修改多边形细分为三角形的方式。

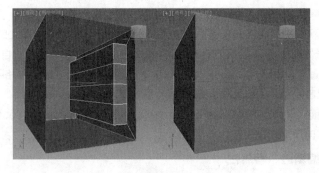

图 5-21   图 5-22

10."编辑多边形"卷展栏

只有将选择集定义为"多边形"时，才会显示"编辑多边形"卷展栏，如图 5-23 所示。

● 轮廓：用于增大或减小每组连续的选定多边形的外边，单击 ▣（设置）按钮打开多边形加轮廓助手，以便通过数值设置施加轮廓操作，如图 5-24 所示。

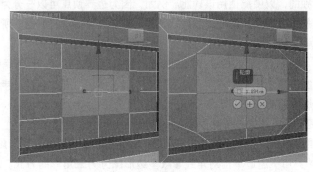

图 5-23   图 5-24

● 倒角：通过直接在视口中操纵执行手动倒角操作。单击 ▣（设置）按钮打开倒角助手，以便通过交互式操纵执行倒角处理，如图 5-25 所示。

● 插入：执行没有高度的倒角操作，如图 5-26 所示，即在选定多边形的平面内执行该操作。单击"插入"按钮，然后垂直拖动任何多边形，以便将其插入。单击 ▣（设置）按钮打开插入助手，以便通过交互式操纵插入多边形。

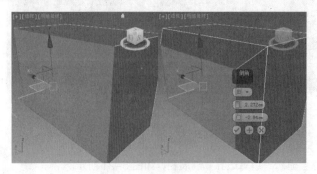
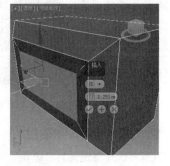

图 5-25   图 5-26

● 翻转：反转选定多边形的法线方向。

● 从边旋转：通过在视口中直接操纵执行手动旋转操作。单击 ▣（设置）按钮打开从边旋转助手，以便通过交互式操纵旋转多边形。

● 沿样条线挤出：沿样条线挤出当前的选定内容。单击█（设置）按钮打开沿样条线挤出助手，以便通过交互式操纵沿样条线挤出。

● 编辑三角剖分：单击该按钮，允许用户通过绘制内边来修改多边形细分为三角形的方式，如图 5-27 所示。

● 重复三角算法：单击该按钮，允许 3ds Max 对多边形或当前选定的多边形自动执行最佳的三角剖分操作。

● 旋转：用于通过单击对角线来修改多边形细分为三角形的方式时。

11."多边形：材质 ID"卷展栏和"多边形：平滑组"卷展栏

只有将选择集定义为"多边形"时，才会显示这两个卷展栏，如图 5-28 所示。

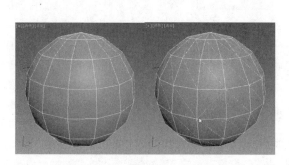

图 5-27　　　　　　　　　　　　　　　　　图 5-28

● 设置 ID：用于向选定的面片分配特殊的材质 ID 编号，以供多维/子对象材质和其他应用场景使用。

● 选择 ID：选择与相邻 ID 字段中指定的材质 ID 对应的子对象。方法：输入或使用该微调器指定 ID，然后单击"选择 ID"按钮。

● 清除选择：启用时，选择新 ID 或材质名称会取消以前选定的所有子对象。

● 按平滑组选择：显示说明当前平滑组的对话框。

● 清除全部：从选定片中删除所有的平滑组分配多边形。

● 自动平滑：基于多边形之间的角度设置平滑组。如果任何两个相邻多边形的法线之间的角度小于阈值角度（由该按钮右侧的微调器设置），它们会被包含在同一平滑组中。

提 示

"元素"选择集的卷展栏中的相关命令与"多边形"选择集的功能相同，这里就不重复介绍了，具体命令参考"多边形"选择集即可。

5.1.3　课堂案例——制作螺丝刀

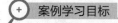
案例学习目标

学习使用"编辑多边形"修改器。

案例知识要点

创建长方体并为其设置"编辑多边形"修改器，通过使用"编辑多边形"的各种命令来制作出螺丝刀的效果，如图 5-29 所示。

制作鱼尾凳

图 5-29

🔍 **场景所在位置**

随书资源：场景 /cha05/ 螺丝刀 .max。

🔍 **效果图场景所在位置**

随书资源：场景 /cha05/ 螺丝刀 ok.max。

🔍 **贴图所在位置**

随书资源：贴图。

（1）单击"➕（创建）> ⬤（几何体）> 长方体"按钮，在"顶"视图中创建长方体，在"参数"卷展栏中设置"长度"为200.0、"宽度"为200.0、"高度"为100.0、"长度分段"为2、"宽度分段"为2、"高度分段"为1，如图5-30所示。

（2）切换到 ✐（修改）命令面板，为长方体施加"编辑多边形"修改器，将选择集定义为"顶点"，在"顶"视图中调整顶点，如图5-31所示。

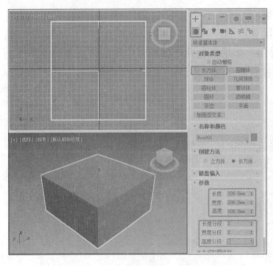

图 5-30

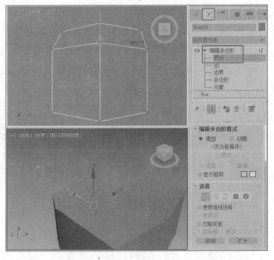

图 5-31

（3）将选择集定义为"多边形"，在"顶"视图中选择多边形，在"编辑多边形"卷展栏中单击"挤出"后的 ▢（设置）按钮，在弹出的小盒中设置挤出数量为60.0，单击 ⊕（应用并继续）按钮，如图5-32所示。

（4）继续单击 ⊕（应用并继续）按钮，直到设置多个挤出分段，单击 ☑（确定）按钮，如图 5-33 所示。

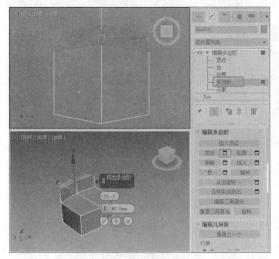
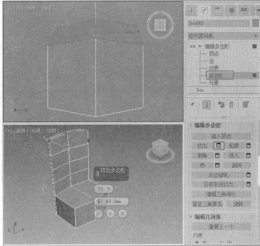

图 5-32   图 5-33

（5）将选择集定义为"顶点"，在场景中调整挤出的顶点，如图 5-34 所示。

（6）将选择集定义为"边"，在场景中选择模型底部的一圈边，如图 5-35 所示。

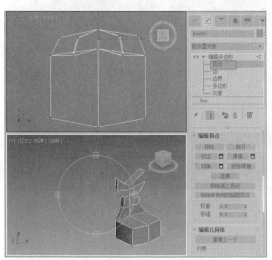
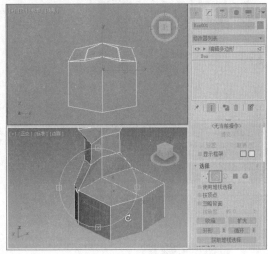

图 5-34   图 5-35

（7）在"编辑边"卷展栏中单击"切角"后的 ▣ 按钮，在弹出的小盒中设置合适的切角量和分段，单击 ☑（确定）按钮，如图 5-36 所示。

（8）关闭选择集，在"修改器列表"中选择"涡轮平滑"修改器，在"参数"卷展栏中设置"迭代次数"为 2，如图 5-37 所示。

（9）如果对当前模型不满意，用户可以将"涡轮平滑"修改器隐藏，返回到"编辑多边形"修改器，将选择集定义为"顶点"，在场景中调整顶点，如图 5-38 所示。

（10）调整好模型后，在修改器堆栈中显示"涡轮平滑"修改器来观察模型的效果，如图 5-39 所示。

如果对模型还不满意，用户还可以继续对其进行调整，这里就不详细介绍了。

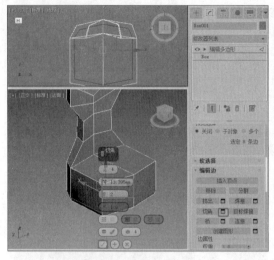

图 5-36   图 5-37

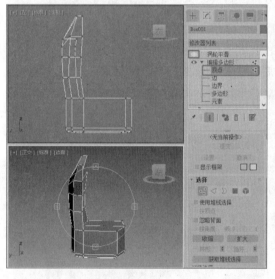

图 5-38   图 5-39

5.2 网格建模

　　"编辑网格"修改器与"编辑多边形"修改器中各项命令和参数基本相同，重复的命令和工具可参考"编辑多边形"中各命令和工具的应用。

5.2.1 子对象层级

　　为模型施加"编辑网格"修改器后，在修改器堆栈中可以查看该修改器的子对象层级，如图 5-40 所示。

　　"编辑网格"子对象层级的具体介绍请参考"编辑多边形"修改器子对象层级，这里就不重复介绍了。

图 5-40

5.2.2 公共参数卷展栏

"选择"卷展栏（见图 5-41）中的各选项功能介绍如下。

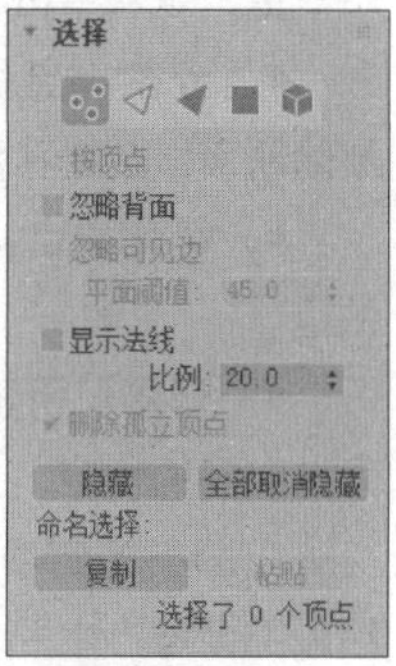

图 5-41

● 忽略可见边：当定义了"多边形"选择集时，该复选框将启用。当"忽略可见边"处于禁用状态（默认情况）时，单击一个面，无论"平面阈值"微调器的设置如何，选择不会超出可见边；当该功能处于启用状态时，面选择将忽略可见边，使用"平面阈值"设置作为指导。

● 平面阈值：用于指定阈值的值，该值决定对于"多边形"选择集来说哪些面是共面。

● 显示法线：启用该复选框时，3ds Max 2020 会在视口中显示法线，法线显示为蓝线。在"边"模式中显示法线不可用。

● 比例："显示法线"复选框处于启用状态时，用于指定视口中显示的法线大小。

● 删除孤立顶点：在启用状态下，删除连续选择的子对象时，3ds Max 2020 将消除任何孤立顶点；在禁用状态下，删除选择会完好不动地保留所有的顶点。该功能在"顶点"子对象层级上不可用，默认设置为启用。

● 隐藏：隐藏任何选定的子对象。边不能隐藏。

● 全部取消隐藏：还原任何隐藏对象，使之可见。只有在处于"顶点"子对象层级时才能将隐藏的顶点取消隐藏。

● 命名选择：用于在不同对象之间传递命令选择信息。要求这些对象必须是同一类型，而且在相同子对象级别。例如，两个可编辑网格对象，在其中一个顶点子对象级别先进行选择，然后在工具栏中为这个选择集命名，接着单击"复制"按钮，从弹出的选择框中选择刚创建的名称，进入另一个网格对象的顶点子对象级别，单击"粘贴"按钮，刚才复制的选择会粘贴到当前的顶点子对象级别。

"编辑几何体"卷展栏（见图 5-42）中的各选项功能介绍如下。

● 创建：可以在对象上创建顶点、面、多边形、元素。

● 删除：删除选择的对象。

● 附加：从名称列表中选择需要合并的对象进行合并，一次可以合并多个对象。

● 断开：为每一个附加到选定顶点的面创建新的顶点，可以移动面，使之互相远离它们曾经在原始顶点连接起来的地方。如果顶点是孤立的或者只有一个面使用，则顶点将不受影响。

● 改向：将对角面中间的边转向，改为另一种对角方式，从而使三角面的划分方式改变，通常用于处理不正常的扭曲裂痕效果。

● 挤出：将当前选择集的子对象施加一个厚度，使它凸出或凹入表面，厚度值由后面的数量值决定。

● 切角：对选择面进行挤出成形。

● 法线：选择"组"单选按钮时，选择的面片将沿着面片组平均法线方向挤出。选择"局部"单选按钮时，面片将沿着自身法线方向挤出。

● 切片平面：一个方形化的平面可通过移动或旋转来改变将要剪切对象的位置。单击该按钮后，"切片"选项为关闭状态。

● 切片：单击该按钮后，将切片平面处剪切选择的子对象。

图 5-42

- 切割：通过在边上添加点来细分子对象。单击该按钮后，在需要细分的边上单击，移动鼠标到下一边，依次单击，完成细分。
- 分割：启用时，通过"切片"和"剪切"操作，可以在划分边的位置上创建两个顶点集。这使删除新面、创建孔洞变得很简单或将新面作为独立元素设置动画。
- 优化端点：选择该复选框时，在相邻的面之间进行平滑过渡。反之，则在相邻面之间产生生硬的边。
- 焊接：用于顶点之间的焊接操作。这种空间焊接技术比较复杂，要求在三维空间内移动和确定顶点之间的位置，主要有以下两种焊接方法。

    ♦ 选定项：焊接在焊接阈值微调器（位于按钮的右侧）中指定的公差范围内的选定顶点。所有线段都会与产生的单个顶点连接。

    ♦ 目标：在视图中将选择的点（或点集）拖动到焊接的顶点上（尽量接近），这样会自动进行焊接。

- 细化：单击此按钮，会根据其下的细分方式对选择表面进行分裂复制处理，以产生更多的表面，让表面更平滑。
- 边：以选择面的边为依据进行分裂复制。
- 面中心：以选择面的中心为依据进行分裂复制。
- 炸开：单击此按钮，可以将当前选择面爆炸分离（不是产生爆炸效果，只是各自独立），依据两种选项而获得不同的结果。
- 对象：将所有面爆炸为各自独立的新对象。
- 元素：将所有面爆炸为各自独立的新元素，但仍属于对象本身，这是进行元素差分的一个途径。
- 移除孤立顶点：单击此按钮后，将删除所有孤立的点，不管是否选择该点。
- 选择开放边：将选择对象的边缘线。
- 由边创建图形：在选择一个或更多的边后，单击此按钮将以选择的边界为模板创建新的曲线，也就是把选择的边变成曲线独立使用。
- 视图对齐：单击此按钮后，选择的子对象被放置在同一平面，且这一平面平行于选择视图。
- 栅格对齐：单击此按钮后，选择的子对象被放置在同一平面，且这一平面平行于视图的栅格平面。
- 平面化：将所有的选择面强制压成一个平面（不是合成，只是同处于一个平面上）。
- 塌陷：将选择的子对象删除，留下一个顶点或四周的面连接，产生新的表面。这种方法不同于删除面，它是将多余的表面"吸收"掉。

5.2.3 子对象层级卷展栏

下面介绍"编辑网格"修改器中一些子对象层级的相关卷展栏。

将选择集定义为"顶点"，会出现"曲面属性"卷展栏。"曲面属性"卷展栏（见图 5-43）中的各选项功能介绍如下。

- 权重：用于显示并可以更改 NURBS 操作的顶点权重。

"编辑顶点颜色"选项组可以分配颜色、照明颜色（着色）和选定顶点的"透明"值。

- 颜色：单击色样可以更改选定顶点的颜色。
- 照明：单击色样可以更改选定顶点的照明颜色。该选项可以更改顶点的照明而不用更改顶点的颜色。
- Alpha：用于向选定的顶点分配 Alpha（透明）值。其微调器值是百分比值；

图 5-43

0.0 表示完全透明，100.0 表示完全不透明。

"顶点选择方式"选项组中的各选项功能介绍如下。

● 颜色、照明：这两个单选按钮用于选择一种方式——按照顶点颜色值选择还是按照顶点照明值选择。

● 范围：指定颜色匹配的范围。顶点颜色或者照明颜色中 3 个 RGB 值必须匹配"顶点选择方式"选项组中"颜色"指定的颜色，或者在一个范围之内，这个范围由显示颜色加上或减去"范围"值决定。默认设置为 10。

● 选择：选择的所有顶点应该满足条件，这些顶点的颜色值或者照明值要么匹配色样，要么在 RGB 微调器指定的范围内。要满足哪个条件取决于选择哪个单选按钮。

将选择集定义为"边"，会出现"曲面属性"卷展栏。"曲面属性"卷展栏（见图 5-44）中的各选项功能介绍如下。

图 5-44

● 可见：使选择的边可见。

● 不可见：使选中的边不可见。

● 自动边：根据共享边的面之间的夹角来确定边的可见性，面之间的角度由该选项右边的阈值微调器设置。

● 设置和清除边可见性：根据阈值设定更改所有选定边的可见性。

● 设置：当边超过了阈值设定时，使原先可见的边变为不可见，但不清除任何边。

● 清除：当边小于阈值设定时，使原先不可见的边可见，不让其他任何边可见。

将选择集定义为"面""多边形"或"元素"时，会出现"曲面属性"卷展栏。"曲面属性"卷展栏（见图 5-45）中的各选项功能介绍如下。

● 翻转：反转选定面片的曲面法线方向。

● 统一：翻转对象的法线，使其指向相同的方向，通常是向外。

● 翻转法线模式：翻转单击的任何面的法线。要退出，可再次单击此按钮，或者用鼠标右键单击 3ds Max 2020 界面中的任意位置。

图 5-45

5.3 NURBS 建模

NURBS 是一种先进的建模方式。通过 NURBS 工具制作的物体模型具有光滑、复杂的表面，如汽车、动物、人物及其他流线型的物体。在 Maya 和 Rhino 等各种三维软件中都使用了 NURBS 建模技术，它们的基本原理非常相似。

5.3.1 NURBS 曲面

NURBS 的造型系统也包括点、曲线和曲面 3 种元素，其中曲线和曲面又分为标准型和 CV（可控）型两种。

NURBS 曲面包括点曲面和 CV 曲面两种，如图 5-46 所示。

● 点曲面：显示为绿色点阵列组成的曲面。这些点都依附在曲面上，对控制点进行移动，曲面会随之改变形态。

● CV曲面：具有控制能力的点组成的曲面。这些点不依附在曲面上，对控制点进行移动，控制点会离开曲面，同时影响曲面的形态。

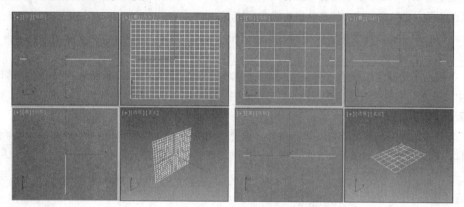

图 5-46

单击"➕（创建）> ⬤（几何体）"按钮，展开 标准基本体 下拉列表框，从中选择 "NURBS 曲面"选项（见图 5-47），即可进入 NURBS 曲面的创建命令面板，如图 5-48 所示。

图 5-47

图 5-48

NURBS 曲面的创建方法与标准几何体中平面的创建方法相同。

单击"点曲面"按钮，在"顶"视图中创建一个点曲面，然后单击 ✎（修改）按钮，将选择集定义为"点"，如图 5-49 所示；选择曲面上的一个控制点，使用 ➕（选择并移动）工具移动节点位置，曲面会改变形态，但这个节点始终依附在曲面上，如图 5-50 所示。

图 5-49

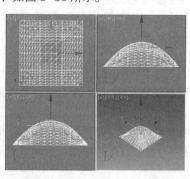

图 5-50

单击"CV 曲面"按钮,在"顶"视图中创建一个可控点曲面,然后单击 （修改）按钮,将选择集定义为"曲面",如图 5-51 所示;选择曲面上的一个控制点,使用 ✛（选择并移动）工具移动节点位置,曲面会改变形态,但节点不依附在曲面上,如图 5-52 所示。

 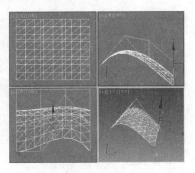

| 图 5-51 | 图 5-52 |

5.3.2 NURBS 曲线

NURBS 曲线包括"点曲线"和"CV 曲线"两种,如图 5-53 所示。

 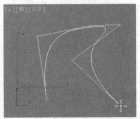

图 5-53

- 点曲线:显示为绿色点弯曲构成的曲线。
- CV 曲线:由可控制点弯曲构成的曲线。

这两种类型的曲线上控制点的性质与前面介绍的 NURBS 曲面上控制点的性质相同。点曲线的控制点都依附在曲线上,CV 曲线的控制点不依附在曲线上,但控制着曲线的形状。

首先单击"✛（创建）> （图形）"按钮,然后展开 样条线 ▼ 下拉列表框,从中选择"NURBS 曲线"选项（见图 5-54）,即可进入 NURBS 曲线的创建命令面板,如图 5-55 所示。

| 图 5-54 | 图 5-55 |

NURBS 曲线的创建方法与二维线形的创建方法相同,但 NURBS 曲线可以直接生成圆滑的曲线。两种类型 NURBS 曲线上的点对曲线形状的影响方式也是不同的。

首先单击"点曲线"按钮，在"顶"视图中创建一条点曲线，然后切换到 ![修改图标]（修改）命令面板，将选择集定义为"点"，如图 5-56 所示；选择曲线上的一个控制点，使用 ![移动图标]（选择并移动）工具移动控制点位置，曲线会改变形态，被选择的控制点始终依附在曲线上，如图 5-57 所示。

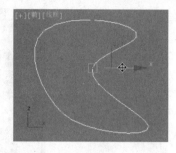

图 5-56   图 5-57

首先单击"CV 曲线"按钮，在"顶"视图创建一条控制点曲线，然后切换到 ![修改图标]（修改）命令面板，将选择集定义为"曲面 CV"，如图 5-58 所示；选择曲线上的一个控制点，使用 ![移动图标]（选择并移动）工具移动控制点位置，曲线会改变形态，选择的控制点不会依附在曲线上，如图 5-59 所示。

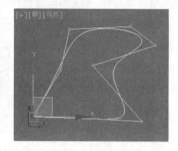

图 5-58   图 5-59

5.3.3 NURBS 工具面板

NURBS 系统具有自己独立的参数命令。在视图中创建 NURBS 曲线对象和曲面对象，参数面板中会显示 NURBS 对象的创建参数，用来设置创建的 NURBS 对象的基本参数。创建完成后单击 ![修改图标]（修改）按钮，在修改命令面板中会显示 NURBS 对象的修改参数，如图 5-60 所示。

"常规"卷展栏用来控制曲面在场景中的整体性。下面对该卷展栏的参数进行介绍。

- 附加：单击该按钮，在视图中单击 NURBS 允许接纳的对象，可以将它结合到当前的 NURBS 造型中，使之成为当前造型的一个次级对象。
- 附加多个：单击该按钮，将弹出一个名称选择对话框，可以通过名称一次选择多个对象，单击"附加"按钮，将所选择的对象合并到 NURBS 造型中。
- 重新定向：选中该复选框，合并或导入对象的中心将会重新定位到 NURBS 造型的中心。
- 导入：单击该按钮，在视图中单击 NURBS 允许接纳的对象，可以将它转换为 NURBS 造型，并且作为一个导入造型合并到当前 NURBS 造型中。
- 导入多个：单击该按钮，会弹出一个名称选择对话框，其操作方式与"附加多个"按钮的操作方式相似。

"显示"选项组用来控制 NURBS 造型在视图中的显示情况。

- 晶格：选中该复选框，将以黄色的线条显示出控制线。
- 曲线：选中该复选框，将显示出曲线。

- 曲面：选中该复选框，将显示出曲面。
- 从属对象：选中该复选框，将显示出从属的子对象。
- 曲面修剪：选中该复选框，将显示出被修剪的表面；若未选中，即使表面已被修剪，仍将在视图中显示出整个表面，而不会显示出剪切的结果。
- 变换降级：选中该复选框，NURBS 曲面会降级显示，在视图里显示为黄色的虚线，以提高显示速度；当未选中时，曲面不降级显示，始终以实体方式显示。

"曲面显示"选项组中的参数只用于显示，不影响建模效果，一般保持系统默认设置即可。

"常规"卷展栏中还包括一个 NURBS 工具面板，工具面板中包含所有 NURBS 操作命令，即 NURBS 其他卷展栏的命令在该工具面板中都可以找到。单击"常规"卷展栏右侧的 ⊞（NURBS 创建工具箱），弹出工具面板，如图 5-61 所示。

NURBS 工具面板包括 3 组命令参数："点"工具命令、"曲线"工具命令和"曲面"工具命令。进行 NURBS 建模主要使用该工具面板中的命令完成。下面对工具面板中常用的命令进行介绍。

图 5-60

图 5-61

1. NURBS "点"工具

"点"工具中包括 6 种点命令，用于创建各种不同性质的点，如图 5-62 所示。

- ⚠（创建点）：单击该按钮，可以在视图中创建一个独立的曲线点。
- ⚙（创建偏移点）：单击该按钮，可以在视图中的任意位置上创建点对象的一个偏移点。
- ⚙（创建曲线点）：单击该按钮，可以在视图中的任意位置上创建曲线对象的一个附属点。
- ⚙（创建曲线 – 曲线点）：单击该按钮，可以在两条相交曲线的交点处创建一个点。
- ⊞（创建曲面点）：单击该按钮，可以在曲面上创建一个点。
- ⊡（创建曲面 – 曲线点）：单击该按钮，可以在曲线平面和曲线的交点位置上创建一个点。

2. NURBS "曲线"工具

"曲线"工具中共有 18 种曲线命令，用来对 NURBS 曲线进行修改编辑，如图 5-63 所示。

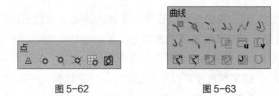

图 5-62   图 5-63

- ⤴（创建 CV 曲线）：单击该按钮后，鼠标指针变为 ⌖ 形状，此时用户可以在视图中创建可控制点曲线。

- ✎（创建点曲线）：单击该按钮后，鼠标指针变为 ⤹ 形状，此时用户可以在视图中创建点曲线。
- ✎（创建拟合曲线）：单击该按钮后，鼠标指针变为 ⊕⤹ 形状，此时用户可以在视图中选择已有的节点来创建一条曲线，如图 5-64 所示。

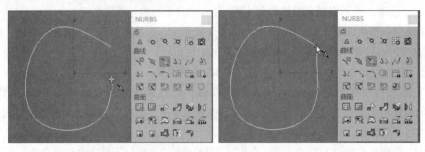

图 5-64

- ⌇⌇（创建变换曲线）：单击该按钮后，将鼠标指针移动到已有的曲线上，鼠标指针变为 ⊕⌇⌇ 形状，此时按住鼠标左键不放并拖曳，会生成一条相同的曲线，如图 5-65 所示。创建多条曲线后，单击鼠标右键结束创建。可以看到，生成的曲线和已有的曲线是一个整体。

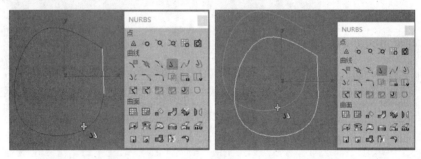

图 5-65

- ∿（创建混合曲线）：该工具命令可以将两条曲线首尾相连，连接的部分会延续原来曲线的曲率。操作时应先利用 ⤹（创建 CV 曲线）或 ✎（创建点曲线）在视图中创建曲线，单击 ∿（创建混合曲线）按钮，在视图中依次单击创建的曲线即可完成连接，如图 5-66 所示。

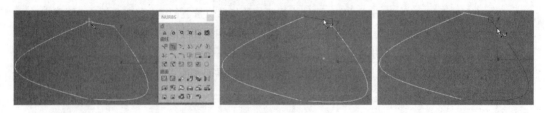

图 5-66

- ⤵（创建偏离曲线）：该工具命令可以在原来曲线的基础上创建出曲率不同的新曲线。单击 ⤵（创建偏离曲线）按钮，将鼠标指针移到已有的曲线上，鼠标指针变为 ⊕⤵ 形状，按住鼠标左键不放并拖曳，即可生成另一条放大或缩小的新曲线，但曲率会有所变化，如图 5-67 所示。
- ⤴（创建镜像曲线）：该工具命令可以创建出与原曲线呈镜像关系的新曲线。该工具命令类似于工具栏中的镜像复制命令。单击 ⤴（创建镜像曲线）按钮，将鼠标指针移到已有的曲线上，鼠标指针变为 ⊕⤴ 形状，按住左键不放并上下拖曳鼠标指针，即会产生镜像偏移；在右侧的卷展栏中选择镜像轴，确定镜像的方向，也可以手动调整偏移参数，如图 5-68 所示。

图 5-67

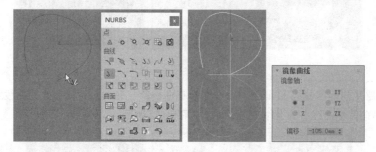

图 5-68

- ◣（创建切角曲线）：该工具命令可以在两条曲线之间连接一条带直角角度的曲线线段。单击 ◣（创建切角曲线）按钮，将鼠标指针移到曲线上，鼠标指针变为⊕◣形状，依次单击这两条曲线，会生成一条带直角角度的曲线线段，如图 5-69 所示。

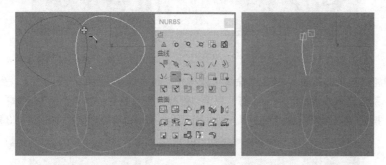

图 5-69

- ◣（创建圆角曲线）：该工具命令可以在两条曲线之间连接一条带圆角的曲线线段。
- ▣（创建曲面 – 曲面相交曲线）：该工具命令可以在两个曲面相交的部分创建出一条曲线。在视图中创建两个相交的曲面，利用"附加"工具将两个曲面结合为一个整体；单击▣（创建曲面 – 曲面相交曲线）按钮，在视图中依次单击两个曲面，曲面相交的部分会生成一条曲线，如图 5-70 所示，在右侧会显示相应的卷展栏，在其中可设置修剪参数。

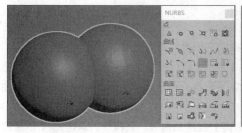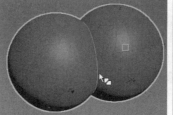

图 5-70

- （创建 U 向等参曲线）：该工具命令可以在曲面的 U 轴向创建等参数的曲线线段。单击 （创建 U 向等参曲线）按钮，在视图中的曲面上单击鼠标左键，即可创建出一条 U 轴向的曲线线段，如图 5-71 所示。

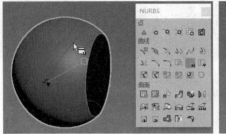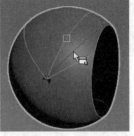

图 5-71

- （创建 V 向等参曲线）：该工具命令可以在曲面的 V 轴向创建等参数的曲线线段。其操作方法与 （创建 U 向等参曲线）的操作方法相同，如图 5-72 所示。

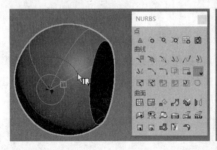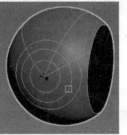

图 5-72

- （创建法向投影曲面）：该工具命令可以将一条曲线垂直映射到一个曲面上，生成一条新的曲线。在视图中分别创建一条曲线和一个曲面，利用"附加"工具将它们结合为一个整体；单击 （创建法向投影曲面）按钮，依次单击曲线和曲面，在曲面上会生成一条新的曲线，如图 5-73 所示。

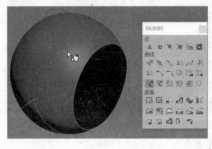

图 5-73

- （创建向量投影曲线）：该命令可以将一条曲线投影到一个曲面上生成一条新的曲线，投影方向随视角的变化而改变。其操作方法与 （创建法向投影曲面）的操作方法相同。
- （创建曲面上的 CV 曲线）：该工具命令可以在曲面上创建可控点曲线。单击 （创建曲面上的 CV 曲线）按钮，将鼠标指针移到曲面上，鼠标指针变为 形状，则可以在曲面上创建一条可控点曲线，如图 5-74 所示。
- （创建曲面上的点曲线）：该工具命令可以在曲面上创建点曲线。其操作方法与 （创建曲面上的 CV 曲线）的操作方法相同，如图 5-75 所示。

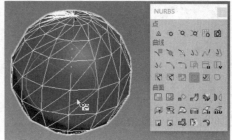

图 5-74   图 5-75

- 　（创建曲面偏移曲线）：该工具命令可以将曲面上的一条曲线偏移复制，复制出一条参数相同的新曲线。单击　（创建曲面偏移曲线）按钮，将鼠标指针移动到曲线上，鼠标指针变为 ⁺□形状，按住鼠标左键不放并拖曳鼠标指针，会偏移复制出一条新的曲线，如图 5-76 所示。

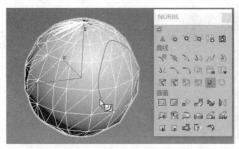

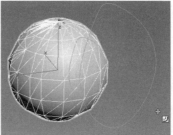

图 5-76

- 　（创建曲面边曲线）：该工具命令能以 NURBS 对象的边缘创建出一条曲线。单击　（创建曲面边曲线）按钮，将鼠标指针移动到 NURBS 对象上，鼠标指针变为 ⁺ᒼ形状，单击鼠标左键，NURBS 对象边缘即会生成一条新的曲线，如图 5-77 所示。

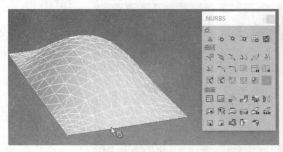

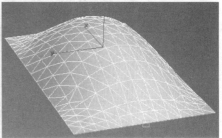

图 5-77

3. NURBS 曲面工具

NURBS 曲面工具是 NURBS 建模中经常用到的工具命令，对曲线、曲面的编辑能力非常强大，它共有 17 种工具命令，如图 5-78 所示。

图 5-78

- 　（创建 CV 曲面）：单击该按钮，鼠标指针变为 ⌐ᵢₘ形状，可在视图中创建可控点曲面，如图 5-79 所示。
- 　（创建点曲面）：单击该按钮，鼠标指针变为 ⌐ᵢₘ形状，可在视图中创建点曲面，如图 5-80 所示。

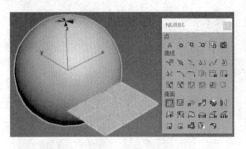

图 5-79

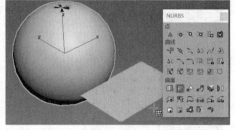

图 5-80

- （创建变换曲面）：该工具命令可以将指定的曲面在同一水平面上复制出一个新的曲面，得到的曲面与原曲面的参数相同。单击 （创建变换曲面）按钮，将鼠标指针移到已有的曲面上，鼠标指针变为 形状，按住鼠标左键不放并拖曳鼠标指针，在合适的位置松开鼠标左键，即可创建出一个新的曲面，如图 5-81 所示。

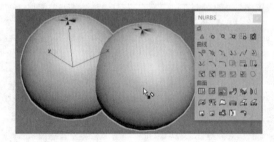

图 5-81

- （创建混合曲面）：该工具命令可以使两个曲面混合为一个曲面，连接部分延续原来曲面的曲率。创建两个曲面，单击 （创建混合曲面）按钮，鼠标指针变为 形状，依次单击曲面，即可混合为一个曲面，如图 5-82 所示。操作时，鼠标指针应该靠近要连接的边，边会变成蓝色。

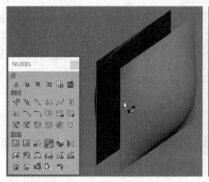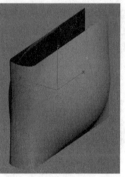

图 5-82

- （创建偏移曲面）：该工具命令可以在原来曲面的基础上创建出曲率不同的新曲面。单击 （创建偏移曲面）按钮，将鼠标指针移到曲面上，鼠标指针变为 形状，按住鼠标左键不放并拖曳鼠标指针即会生成新的曲面，松开鼠标左键完成操作，如图 5-83 所示。
- （创建镜像曲面）：该工具命令可以创建出与原曲面呈镜像关系的新曲面，该工具与前面介绍的 （创建镜像曲线）工具相似。单击 （创建镜像曲面）按钮，将鼠标指针移到已有的曲面上，鼠标指针变为 形状，按住鼠标左键不放并上下拖曳鼠标指针，可以选择镜像的方向，松开鼠标左键结束创建，如图 5-84 所示，在右侧的卷展栏中设置合适的参数。

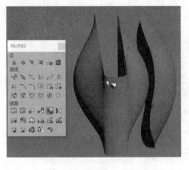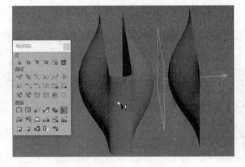

图 5-83 　　　　　　　　　　　　　　　　图 5-84

- 　 （创建挤出曲面）：该工具命令可以将曲线挤压成曲面。单击 （创建挤出曲面）按钮，将鼠标指针移到曲线上，鼠标指针变为 形状，按住鼠标左键不放并上下拖曳鼠标指针，曲线被挤压出高度，松开鼠标左键完成操作，如图 5-85 所示。

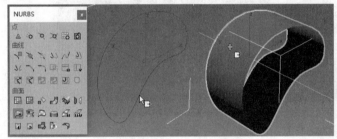

图 5-85

- 　 （创建车削曲面）：该工具命令可以将曲线沿轴心旋转成一个完整的曲面。单击 （创建车削曲面）按钮，将鼠标指针移到曲线上，鼠标指针变为 形状，单击鼠标左键，曲线发生旋转，如图 5-86 所示。

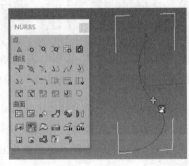

图 5-86

- 　 （创建规则曲面）：该工具命令可以在两条曲线之间，根据曲线的形状创建一个曲面。创建两条曲线，单击 （创建规则曲面）按钮，鼠标指针变为 形状，依次单击曲线，在两条曲线之间生成一个曲面，如图 5-87 所示。
- 　 （创建封口曲面）：该工具命令可以将一个未封顶的曲面对象加盖封顶。单击 （创建封口曲面）按钮，将鼠标指针移到曲面对象上，鼠标指针变为 形状，单击曲面对象即可，如图 5-88 所示。
- 　 （创建 U 向放样曲面）：该工具命令可以将一组曲线作为放样截面，生成一个新的曲面。创建一组曲线，单击 （创建 U 向放样曲面）按钮，将鼠标指针移到起始曲线上，鼠标指针变为 形状，依次单击这组曲线，即可生成一个曲面，如图 5-89 所示。

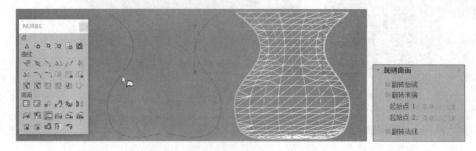

图 5-87

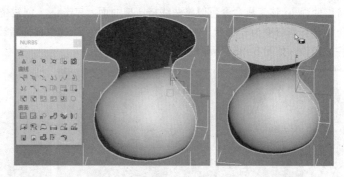

图 5-88

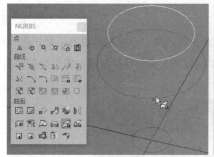

图 5-89

- ⛭（创建 UV 放样曲面）：该工具命令可以将两个方向上的曲线作为放样截面，生成一个新的曲面。创建几条不同方向上的曲线，单击 ⛭（创建 UV 放样曲面）按钮，将鼠标指针移到竖向的第一条曲线上，鼠标指针变为⛭形状，连续单击同方向的曲线，单击鼠标右键，再连续单击横向的曲线，最后单击鼠标右键结束，生成一个新的曲面，如图 5-90 所示。
- ▣（创建单轨扫描）：该工具命令与放样命令相同，创建两条曲线分别作为路径和截面，从而生成一个曲面。创建两条曲线，单击 ▣（创建单轨扫描）按钮，将鼠标指针移到一条曲线上，鼠标指针变为⁺▫形状，依次单击两条曲线，即可生成一个曲面，如图 5-91 所示。
- ▣（创建双轨扫描）：其原理与 ▣（创建单轨扫描）的原理相似，但需要 3 条曲线，一条作为截面，另两条作为曲面两侧的路径，从而生成一个曲面。创建 3 条曲线，单击 ▣（创建双轨扫描）按钮，将鼠标指针移到右侧的路径上，鼠标指针变为⁺▫形状，在路径的第一个路径（右侧的图形）上单击，再单击第二个路径（左侧的图形），然后单击作为截面（中间下方的图形）的曲线，单击右键结束创建，即可生成曲面，如图 5-92 所示。

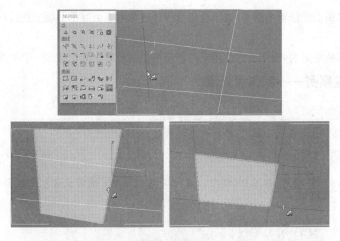

图 5-90

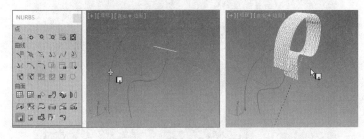

图 5-91

图 5-92

- 　（创建多边混合曲面）：该工具命令用来在 3 个以上的曲面间建立平滑的混合曲面。先创建 3 个曲面，使用　（创建混合曲面）工具命令将 3 个曲面连接，会发现 3 个曲面间有一个空洞；单击　（创建多边混合曲面）按钮，将鼠标指针移到连接的曲面上，鼠标指针变为　形状，依次单击 3 个连接曲面，即可生成多重混合曲面，如图 5-93 所示。

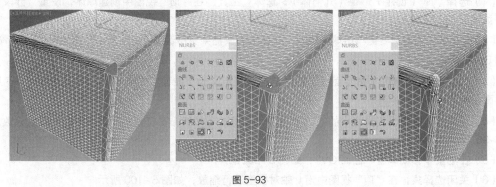

图 5-93

- （创建多重曲线修剪曲面）：该工具命令可以在依附有曲线的曲面上进行剪切，从而生成新的曲面。

- （创建圆角曲面）：该工具命令用于在两个相交的曲面之间创建出一个平滑的曲面。

5.3.4 课堂案例——制作金元宝

案例学习目标

学习将模型转换为 NURBS 模型，并对其进行调整。

案例知识要点

创建球体，将球体转换为 NURBS 模型，通过调整曲面 CV 制作出金元宝模型的效果，如图 5-94 所示。

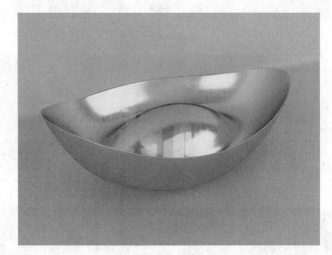

制作金元宝

图 5-94

场景所在位置

随书资源：场景 /cha05/ 金元宝模型 .max。

效果图场景所在位置

随书资源：场景 /cha05/ 金元宝 .max。

贴图所在位置

随书资源：贴图。

（1）选择"➕（创建）> ⬤（几何体）> 球体"工具，在"顶"视图中创建球体，设置"分段"为50，如图 5-95 所示。

（2）在场景中用鼠标右键单击球体模型，在弹出的快捷菜单中选择"转换为 > 转换为 NURBS"命令，如图 5-96 所示。

（3）切换到 （修改）命令面板，将当前选择集定义为"曲面 CV"，在场景中选择图 5-97 所示的曲面 CV。

（4）用鼠标右键单击工具栏中的 （选择并均匀缩放）按钮，在打开的对话框中设置缩放参数，如图 5-98 所示。

（5）在场景中移动调整"曲面 CV"，如图 5-99 所示。

（6）关闭选择集，在"顶"视图中沿 y 轴对模型进行缩放，如图 5-100 所示。

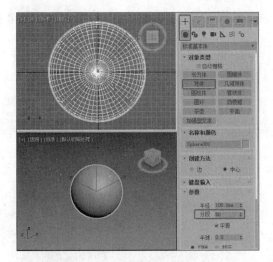

图 5-95

图 5-96

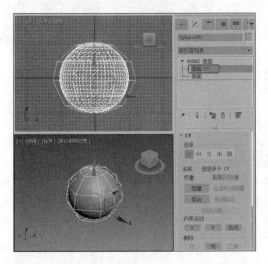

图 5-97

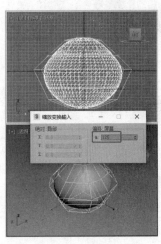

图 5-98

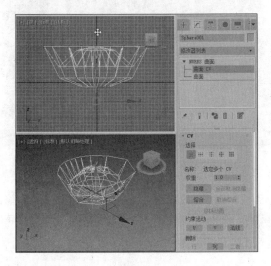

图 5-99

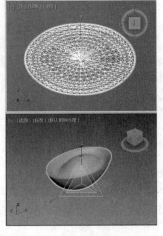

图 5-100

（7）将选择集定义为"曲面 CV"，在场景中继续调整模型的形状，如图 5-101 和图 5-102 所示。

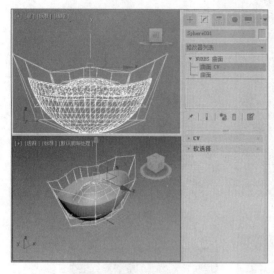

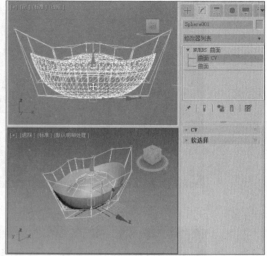

图 5-101   图 5-102

5.4 面片建模

面片建模是一种表面建模方式，即通过面片栅格制作表面并对其进行任意修改而完成模型的创建工作。在 3ds Max 2020 中可创建面片的种类有两种：四边形面片和三角形面片。这两种面片的不同之处是它们的组成单元不同，前者为四边形，后者为三角形。

在创建命令面板下"面片栅格"子面板中的"对象类型"卷展栏中选择面片的类型，如图 5-103 所示。选择面片类型后，在场景中创建面片，如图 5-104 所示。

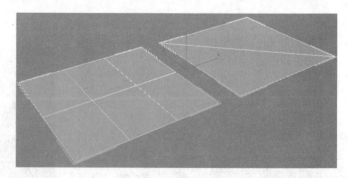

图 5-103   图 5-104

创建面片后，切换到 ![修改] （修改）命令面板，在"修改器列表"中选择"编辑面片"修改器，如图 5-105 所示，对面片进行修改；或使用鼠标右键单击面片，在弹出的快捷菜单中选择"转换为 > 转换为可编辑面片"命令，如图 5-106 所示。

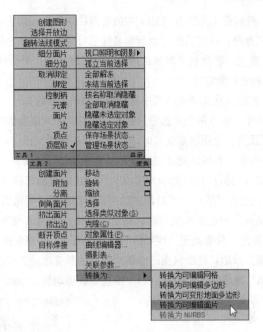

图 5-105　　　　　　　　　　　　　图 5-106

5.4.1　子对象层级

"编辑面片"提供了各种控件，不仅可以将对象作为面片对象进行操作，而且可以在"顶点""边""面片""元素""控制柄"5 个子对象层级进行操作，如图 5-107 所示。

● 顶点：用于选择面片对象中的顶点控制点及其向量控制柄。向量控制柄显示为围绕选定顶点的小型绿色方框，如图 5-108 所示。

● 边：用于选择面片对象的边界边。

● 面片：用于选择整个面片。

● 元素：选择和编辑整个元素。元素的面是连续的。

● 控制柄：用于选择与每个顶点关联的向量控制柄。位于该层级时，可以对控制柄进行操作，而无须对顶点进行处理，如图 5-109 所示。

 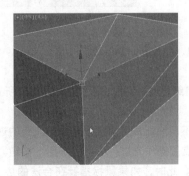 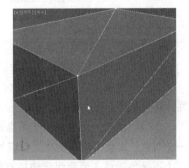

图 5-107　　　　　　　图 5-108　　　　　　　图 5-109

5.4.2　公共参数卷展栏

下面介绍公共参数卷展栏中各种命令和工具的功能。

"选择"卷展栏（见图5-110）中的各选项功能介绍如下。

● 命名选择：这些功能可以与命名的子对象选择集结合使用。

◆ 复制：将命名子对象选择置于复制缓冲区。单击该按钮，从打开的"复制命名选择"对话框中选择命名的子对象选择。

◆ 粘贴：从复制缓冲区中粘贴命名的子对象选择。

● 过滤器：以下两个复选框只能在"顶点"子对象层级使用。

◆ 顶点：启用该复选框时，可以选择和移动顶点。

◆ 向量：启用该复选框时，可以选择和移动向量。

● 锁定控制柄：只能影响角顶点。将切线向量锁定在一起，以便在移动一个向量时，其他向量会随之移动。只有在"顶点"子对象层级时，才能使用该复选框。

● 按顶点：单击某个顶点时，将会选择使用该顶点的所有控制柄、边或面片，具体情况视当前的子对象层级而定。只有处于"控制柄""边""面片"子对象层级时，才能使用该复选框。

● 选择开放边：选择只由一个面片使用的所有边。其只在"边"子对象层级下才可以使用。

"几何体"卷展栏（见图5-111）中的各选项功能介绍如下。

图5-110   图5-111

● "细分"选项组仅限于顶点、边、面片和元素层级。

◆ 细分：细分所选子对象。

◆ 传播：启用该复选框时，将细分伸展到相邻面片。如果沿着所有连续的面片传播细分，连接面片时可以防止面片断裂。

◆ 绑定：用来在两个顶点数不同的面片之间创建无缝无间距的连接。这两个面片必须属于同一个对象，因此，不需要先选择该顶点。操作方法：单击"绑定"按钮，然后拖动一条从基于边的顶点（不是角顶点）到要绑定边的直线。此时，如果鼠标指针在合法的边上，将会转变成白色的"十"字形状。

◆ 取消绑定：断开通过"绑定"连接到面片的顶点。操作方法：选择该顶点，然后单击"取消绑定"按钮。

● "拓扑"选项组中包括以下几个选项。

◆ 添加三角形、添加四边形：用户可以为某个对象的任何开放边添加三角形和四边形，仅限于"边"层级。如在球体那样的闭合对象上，可以删除一个或者多个现有面片以创建开放边，然后添加新面片，如图 5-112 所示。

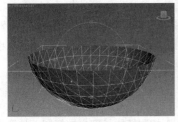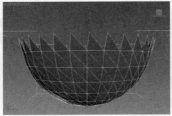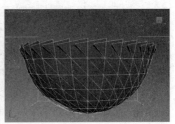

图 5-112

◆ 创建：在现有的几何体或自由空间中创建三边或四边面片。该功能仅限于"顶点""面片"和"元素"子对象层级可用。

◆ 分离：用于选择当前对象内的一个或多个面片，然后使其分离（或复制面片）形成单独的面片对象。

◆ 重定向：启用该复选框时，分离的面片或元素复制原对象创建局部坐标系的位置和方向（当创建原对象时）。

◆ 复制：启用该复选框时，分离的面片将会复制到新的面片对象，从而使原来的面片保持完好。

◆ 附加：用于将对象附加到当前选定的面片对象。

◆ 重定向：启用该复选框时，重定向附加元素，使每个面片的创建局部坐标系与选定面片的创建局部坐标系对齐。

◆ 删除：删除所选子对象。删除顶点和边时要谨慎，因为删除顶点和边的同时也删除了共享顶点和边的面片。例如，如果删除球体面片顶部的单个顶点，还会删除顶部的 4 个面片。

◆ 断开：对于顶点来说，利用该按钮可以将一个顶点分裂成多个顶点。

◆ 隐藏：隐藏所选子对象。

◆ 全部取消隐藏：还原任何隐藏子对象，使之可见。

● "焊接"选项组仅限于"顶点"和"边"层级。

◆ 选定：焊接"焊接"微调器指定的公差范围内的选定顶点。操作方法：选择要在两个不同面片之间焊接的顶点，然后将该微调器设置有足够的距离，并单击"选定"按钮。

◆ 目标：单击该按钮后，从一个顶点拖动到另外一个顶点，以便将这些顶点焊接在一起。

● "挤出和倒角"选项组可以对边、面片或元素执行挤出和倒角操作。

◆ 挤出：单击此按钮，然后拖动任何边、面片或元素，以便对其进行交互式挤出操作。执行"挤出"操作时按住 Shift 键，以便创建新的元素。

◆ 倒角：单击该按钮，然后拖动任意一个面片或元素，对其进行交互式挤出操作，再单击并释放按钮，然后重新拖动，对挤出元素进行倒角操作。

◆ "挤出"微调器：使用该微调器，可以向内或向外设置挤出。

◆ "轮廓"微调器：使用该微调器，可以放大或缩小选定的面片 / 元素。

◆ 法线：如果"法线"设置为"局部"，沿选定元素中的边、面片或单独面片的各个法线执行挤出。如果"法线"设置为"组"，则沿着选定连续组的平均法线执行挤出。

● "倒角平滑"选项组可以在通过倒角创建的曲面和邻近面片之间设置相交的形状，这些形状是由相交时顶点的控制柄配置决定的。"开始"是指边和倒角面片周围的面片的相交；"结束"是指边和倒角面片或面片的相交。

- ◆ 平滑：对顶点控制柄进行设置，使新面片和邻近面片之间的角度相对小一些。
- ◆ 线性：对顶点控制柄进行设置，以便创建线性变换。
- ◆ 无：不修改顶点控制柄。
- "切线"选项组可以在同一个对象的控制柄之间，或者在应用相同"编辑面片"修改器的不同对象上复制方向、有选择地复制长度。该工具不支持将一个面片对象的控制柄复制到另一个面片对象，也不支持在样条线和面片对象之间进行复制。
  - ◆ 复制：将面片控制柄的变换设置复制到复制缓冲区。
  - ◆ 粘贴：将方向信息从复制缓冲区粘贴到顶点控制柄。
  - ◆ 粘贴长度：如果启用该复选框，并且使用"复制"功能，则控制柄的长度也被复制。如果启用该复选框，并且使用"粘贴"功能，则将复制最初复制控制柄的长度及其方向。
- "样条线曲面"选项组应用"编辑面片"修改器的对象由样条线组成时，该组变为可用。
  - ◆ 生成曲面：现有样条线创建面片曲面可以定义面片边。默认设置为启用。
  - ◆ 阈值：确定用于焊接样条线对象顶点的总距离。
  - ◆ 翻转法线：反转面片曲面的朝向。默认设置为禁用状态。
  - ◆ 移除内部面片：移除通常看不见的对象的内部面片。
  - ◆ 仅使用选定分段：通过"编辑面片"修改器，仅使用在"编辑样条线"修改器或者可编辑样条线对象中选定的分段创建面片。默认设置为禁用状态。
- "曲面"选项组中包括以下几个选项。
  - ◆ 视图步数：控制面片模型曲面的栅格分辨率，如视口中所述。
  - ◆ 渲染步数：渲染时控制面片模型曲面的栅格分辨率。
  - ◆ 显示内部边：使面片对象的内部边可以在线框视图内显示。
  - ◆ 使用真面片法线：决定 3ds Max 平滑面片之间边的形式。默认设置为禁用状态。
- "杂项"选项组中包括以下几个选项。
  - ◆ 创建图形：创建基于选定边的样条线。该功能仅限于"边"层级。
  - ◆ 面片平滑：在子对象层级，调整所选子对象顶点的切线控制柄，以便对面片对象的曲面执行平滑操作。

"曲面属性"卷展栏（见图 5-113）中的各选项功能介绍如下。

松弛网格选项组用于设置松弛参数，其与"松弛"修改器相类似。

- ◆ 松弛：选择该复选框，启用"松弛"。
- ◆ 松弛视口：启用该复选框，可以在视口中显示松弛效果。
- ◆ 松弛值：控制移动每个迭代次数的顶点程度。
- ◆ 迭代次数：用于设置重复此过程的次数。对每次迭代来说，需要重新

图 5-113

计算平均位置，重新将"松弛值"应用到每一个顶点。

- ◆ 保持边界点固定：控制是否移动打开网格边上的顶点。默认设置为启用。
- ◆ 保留外部角：将顶点的原始位置保持为距对象中心的最远距离。选择子对象层级后，相应的面板和命令按钮被激活，这些命令按钮和面板与前面介绍的相同，这里就不重复介绍了。

5.4.3 "编辑面片"修改器

"编辑面片"修改器基于样条线网格的轮廓生成面片曲面，会在三面体或四面体的交织样条线分段的任意位置创建面片，如图 5-114 所示。

图 5-114

使用"编辑面片"工具进行建模所做的大量工作主要是在"可编辑样条线"修改器或"编辑样条线"修改器中创建和编辑样条线。使用样条线和"编辑面片"修改器来建模的一个好处就是易于编辑模型。

5.4.4 课堂案例——制作礼盒

⊕ **案例学习目标**

学习编辑样条线和"编辑面片"修改器。

⊕ **案例知识要点**

创建"切角长方体"作为礼盒主体,创建四边形面片来制作礼盒的绑带和拉花,如图 5-115 所示。

制作礼盒

图 5-115

⊕ **场景所在位置**

随书资源:场景 /cha05/ 礼盒 .max。

⊕ **效果图场景所在位置**

随书资源:场景 /cha05/ 礼盒 ok.max。

⊕ **贴图所在位置**

随书资源:贴图。

（1）单击"╋（创建）> ◉（几何体）> 扩展基本体 > 切角长方体"按钮,在"顶"视图中创建切角长方体,在"参数"卷展栏中设置"长度"为 200.0、"宽度"为 200.0、"高度"为 200.0、"圆角"为 2.0、"高度分段"为 2、"圆角分段"为 3,如图 5-116 所示。

（2）切换到 ☑（修改）命令面板中,为模型施加"编辑多边形"修改器,将选择集定义为"顶点",在场景中调整顶点,如图 5-117 所示。

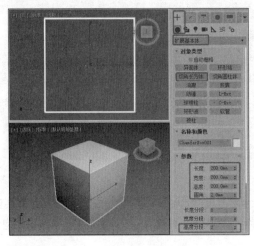

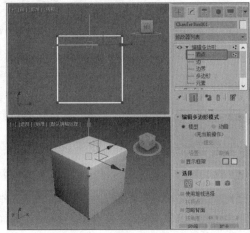

图 5-116 图 5-117

（3）将选择集定义为"边"，在场景中选择调整顶点后的一圈边，在"编辑边"卷展栏中单击"挤出"
后的 ■（设置）按钮，在弹出的助手小盒中设置基础的高度为 -4.0、宽度为 1.0，如图 5-118 所示，单
击 ✓（确定）按钮。

（4）单击 "＋（创建）> ●（几何体）> 面片栅格 > 四边形面片"按钮，在"前"视图中创建四
边形面片，在"参数"卷展栏中设置"长度"为 200.0、"宽度"为 20.0、"长度分段"为 1、"宽度分段"
为 1，如图 5-119 所示。

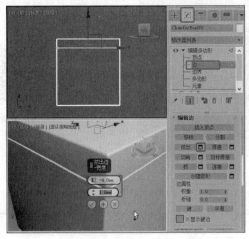

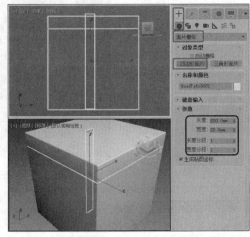

图 5-118 图 5-119

（5）为四边形面片施加"编辑面片"修改器，将选择集定义为"边"，在场景中选择顶部的横边，
按住 Shift 键移动复制边，复制一圈至另一端的起点，如图 5-120 所示。

（6）框选需要焊接的顶点，在"几何体"卷展栏中设置"焊接"的"选定"参数为 5.0，并单击"选
定"按钮，分别将两组顶点焊接，如图 5-121 所示。

（7）在场景中对顶点进行调整，并对模型进行旋转复制，复制后选择面片模型，为其施加"壳"修
改器，在"参数"卷展栏中设置"外部量"为 1.0，如图 5-122 所示。

（8）在场景中创建"四边形面片"，为四边形面片施加"编辑面片"，将选择集定义为"顶点"，在
场景中调整模型，如图 5-123 所示。

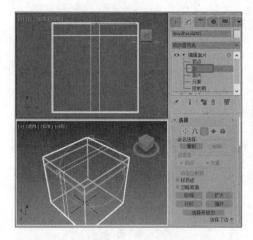
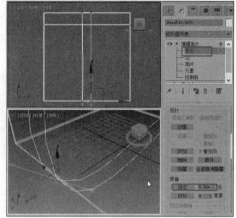

图 5-120　　　　　　　　　　　图 5-121

注意：为了方便模型的制作，可以将之前制作的模型隐藏起来。

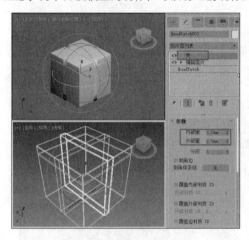

图 5-122　　　　　　　　　　　图 5-123

（9）将选择集定义为"边"，选择并移动复制边，如图 5-124 所示。

（10）使用同样的方法创建并调整四边形面片，如图 5-125 所示。

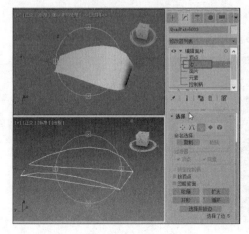
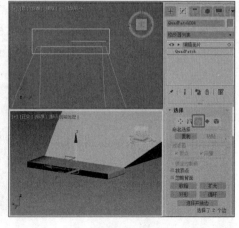

图 5-124　　　　　　　　　　　图 5-125

（11）复制模型，并通过调整顶点来调整模型，如图 5-126 所示。

（12）复制模型，并为模型施加"壳"修改器，设置"内部量"为 0.2，如图 5-127 所示。

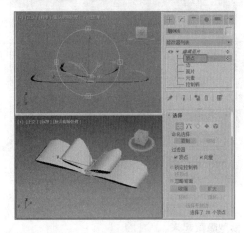 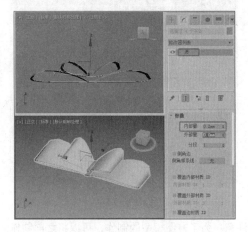

图 5-126   图 5-127

（13）调整蝴蝶结中间的绑带，如图 5-128 所示。

（14）继续创建"四边形面片"，并为其施加"编辑面片"修改器，将选择集定义为"顶点"，在场景中调整顶点，如图 5-129 所示。调整模型的形状后，关闭选择集为其施加"壳"修改器。

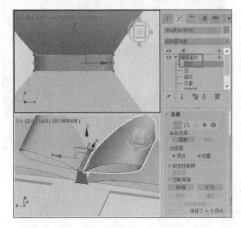 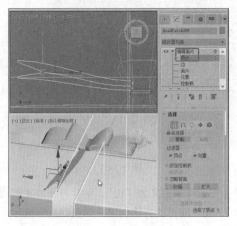

图 5-128   图 5-129

调整并复制模型，完成礼盒模型的制作，如图 5-130 所示。

图 5-130

5.5 课堂练习——制作床头柜

练习知识要点

创建长方体，将其转换为可编辑多边形，调整多边形的挤出、倒角及线的切角等完成床头柜模型的制作，如图 5-131 所示。

场景所在位置

随书资源：场景 /cha05/ 床头柜 .max。

制作床头柜

图 5-131

5.6 课后习题——制作足球

练习知识要点

创建异面体，为其施加"编辑网格"修改器，将多边形炸开，并设置炸开多边形后的球形化和多边形挤出，最后为其设置"网格平滑"修改器完成足球模型的制作，如图 5-132 所示。

场景所在位置

随书资源：场景 /cha05/ 足球 .max。

制作足球

图 5-132

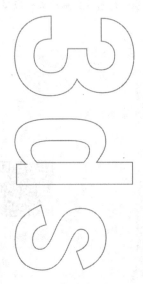

Chapter

6

第6章
复合对象的创建

　　本章将介绍复合对象的创建方法，并将主要介绍布尔运算和放样变形命令的使用。读者通过学习本章内容，要了解并掌握使用两种复合对象创建工具制作模型的方法和技巧。此外，通过对本章的学习，希望读者可以融会贯通，掌握复合对象的创建技巧，制作出具有想象力的图像效果。

课堂学习目标

- 熟练掌握布尔运算建模
- 熟练掌握放样命令建模

6.1 复合对象创建工具简介

复合对象就是将两个及两个以上的对象组合而成的一个新对象。本章学习使用复合对象的创建工具，如变形、散布、一致、连接、水滴网格、布尔、图形合并、地形、放样、网格化、ProBoolean、ProCutter。

3ds Max 2020 的基本内置模型是创建复合对象的基础，用户可以将多个内置模型组合在一起，从而产生出千变万化的模型。布尔运算工具和放样工具曾经是 3ds Max 的主要建模手段。虽然这两个建模工具已渐渐退出主要地位，但仍然是快速创建一些相对复杂对象模型的好方法。

在创建命令面板中单击 标准基本体 ▼ 下拉列表框，从中选择"复合对象"选项，如图 6-1 所示，进入复合对象的创建面板。3ds Max 2020 提供了 12 种复合对象的创建工具，如图 6-2 所示。

图 6-1

图 6-2

● 变形：一种与 2D 动画中的中间动画类似的动画技术。"变形"对象可以合并两个或多个对象，方法是插补第一个对象的顶点，使其与另一个对象的顶点位置相符。如果随时执行这项插补操作，将会生成变形动画。

● 散布：复合对象的一种形式，将所选的原对象散布为阵列或散布到分布对象的表面。通过它可以制作头发、胡须和草地等物体。

● 一致：一种复合对象，可通过将"包裹器"的顶点投影至另一个对象"包裹器对象"的表面而创建，如制作公路。

● 连接：使用连接复合对象，可通过对象表面的"洞"连接两个或多个对象。执行此操作，要删除每个对象的面，在其表面创建一个或多个洞，并确定洞的位置，以使洞与洞之间面对面，然后应用"连接"。

● 水滴网格："水滴网格"复合对象可以通过几何体或粒子创建一组球体，还可以将球体连接起来，就好像这些球体是由柔软的液态物质构成的一样。如果球体在离另外一个球体的一定范围内移动，它们就会连接在一起。如果这些球体相互移开，将会重新显示球体的形状。

● 布尔："布尔"对象通过对两个对象执行布尔运算将它们组合起来。在 3ds Max 2020 中，布尔型对象是由两个重叠对象生成的。原始的两个对象是操作对象（A 和 B），而布尔型对象自身是运算的结果。

● 图形合并：使用"图形合并"可以创建包含网格对象和一个或多个图形的复合对象。这些图形嵌入在网格中（将更改边与面的模式），或从网格中消失。

● 地形：要创建地形，可以选择表示海拔轮廓的可编辑样条线，然后对样条线施加"地形"工具，用于建立地形对象。

● 放样：放样对象是沿着第三个轴挤出的二维图形。从两个或多个现有样条线对象中创建放样对象，这些样条线之一会作为路径，其余的样条线会作为放样对象的横截面或图形。

● 网格化："网格化"复合对象以每帧为基准将程序对象转换为网格对象，这样可以应用修改器，如弯曲或 UVW 贴图。它可用于任意类型的对象，但主要为使用粒子系统而设计。

● ProBoolean：ProBoolean 复合对象在执行布尔运算之前，它采用了 3ds Max 网格并增加了额外的智能。首先它组合了拓扑，然后确定共面三角形并移除附带的边，接着不是在这些三角形上而是在 N 多边形上执行布尔运算。完成布尔运算之后，对结果执行重复三角算法，最后在共面的边隐藏的情况下将结果发送回 3ds Max 中。这样额外工作的结果有双重意义：布尔对象的可靠性非常高；因为有更少的小边和三角形，所以结果输出更清晰。

● ProCutter：ProCutter 复合对象能够使用户执行特殊的布尔运算，主要目的是分裂或细分体积。ProCutter 运算的结果尤其适合在动态模拟中使用。在动态模拟中，它可以使对象炸开，或者由于外力 / 另一个对象使对象破碎。

6.2 布尔运算建模

6.2.1 布尔工具

3ds Max 2020 提供了 3 种布尔运算方式：并集、交集和差集。其中，差集包括 $A-B$ 和 $B-A$ 两种方式。下面举例介绍布尔运算的基本用法，操作步骤如下。

（1）场景中必须创建有原始对象和操作对象，如图 6-3 所示。

（2）选择长方体模型，单击" ➕ （创建）> ⬤ （几何体）> 复合对象 > 布尔"按钮，在"拾取布尔"卷展栏中单击"拾取操作对象 B"按钮，在场景中拾取球体后的效果如图 6-4 所示。

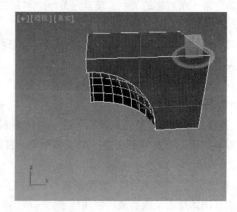

图 6-3   图 6-4

"布尔参数"卷展栏（见图 6-5）中的各选项功能介绍如下。

● 添加运算对象：单击此按钮，可以选择完成布尔操作的第二个对象。

- 运算对象：显示当前的操作对象。
- "移除运算对象"：在"运算对象"列表框中选中要移除的对象，并单击"移除运算对象"按钮，即可将选中的运算对象移除出该列表框。
- "打开布尔操作资源管理器"：单击该按钮，可以打开"布尔操作资源管理器"对话框。使用布尔操作资源管理器可在装配复杂的复合对象时跟踪操作对象。当用户在"布尔参数"卷展栏中添加操作对象时，操作对象将自动显示在"布尔操作资源管理器"中。用户也可以将对象从"场景资源管理器"拖至"布尔操作资源管理器"，以将其添加为新操作对象。在"布尔参数"卷展栏中对操作对象及其操作顺序的所有更改会在"布尔操作资源管理器"中自动更新。

"运算对象参数"卷展栏（见图 6-6）中的各选项功能介绍如下。

图 6-5   图 6-6

- 并集：布尔对象包含两个原始对象的体积，但将移除几何体的相交部分或重叠部分。
- 交集：使两个原始对象共同的重叠体积相交，剩余几何体会被丢弃。应用了"相交"的操作对象在视口中显示时会以黄色标出其轮廓。
- 差集：从基础（最初选定）对象移除相交的体积。应用了"差集"的操作对象在视口中显示时会以蓝色标出其轮廓。
- 合并：使两个网格相交并组合，而不移除任何原始多边形。在相交对象的位置上创建新边。对于需要有选择地移除网格中某些部分的情况，这可能很有用。应用了"合并"的操作对象在视口中显示时会以紫色标出其轮廓。
- 附加：将多个对象合并成一个对象，而不影响各对象的拓扑；各对象实质上是复合对象中的独立元素。应用了"附加"的操作对象在视口中显示时会以橙色标出其轮廓。
- 插入：从操作对象 A（当前结果）减去操作对象 B（新添加的操作对象）的边界图形，操作对象 B 的图形不受此操作的影响。应用了"插入"的操作对象在视口中显示时会以红色标出其轮廓。实际上，"插入"操作会将第一个操作对象视为液体体积，因此，如果插入的操作对象存在孔洞或存在使"液体"进入其体积的某些其他途径，则的确会将其视为液体体积。
- 盖印：启用此复选框可在操作对象与原始网格之间插入（盖印）相交边，而不移除或添加面。"盖印"只分割面，并将新边添加到基础（最初选定）对象的网格中。
- 切面：启用此复选框可执行指定的布尔操作，但不会将操作对象的面添加到原始网格中。用户可以使用该复选框在网格中剪切一个洞或获取网格在另一对象内部的部分。
- "材质"选项组用于设置布尔运算结果的材质属性。
  - 应用运算对象材质：将已添加操作对象的材质应用于整个复合对象。
  - 保留原始材质：保留应用到复合对象的现有材质。

- "显示"选项组用于设置显示结果。
  - ◆ 结果：显示布尔操作的最终结果。
  - ◆ 运算对象：显示没有执行布尔操作的操作对象。操作对象的轮廓会以一种显示当前所执行布尔操作的颜色标出。
  - ◆ 选定的运算对象：显示选定的操作对象。操作对象的轮廓会以一种显示当前所执行布尔操作的颜色标出。
  - ◆ 显示为已明暗处理：如果启用此复选框，则在视口中会显示已明暗处理的操作对象。
- "结果"选项组用于选择是否要保留非平面的面，启用与否视情况而定。

通过改变不同的运算类型，可以生成不同的形体，如图 6-7 所示。

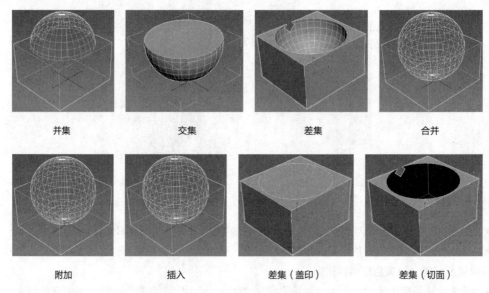

并集　　　　　交集　　　　　差集　　　　　合并

附加　　　　　插入　　　　　差集（盖印）　　　　差集（切面）

图 6-7

6.2.2 ProBoolean

ProBoolean 是高级布尔工具，它制作的模型比普通的"布尔"工具制作的模型更加细腻一些。其操作方法与"布尔"工具的操作方法相同。这里主要介绍"高级选项"卷展栏，其他参数可以参考"布尔"工具中的介绍。

"高级选项"卷展栏（见图 6-8）中的各选项功能介绍如下。

- "更新"选项组用于确定在进行更改后，何时在布尔对象上执行更新。
  - ◆ 始终：只要用户更改了布尔对象，就会进行更新。
  - ◆ 手动：仅在单击"更新"按钮后进行更新。
  - ◆ 仅限选定时：不论何时，只要选定了布尔对象，就会进行更新。
  - ◆ 仅限渲染时：仅在渲染或单击"更新"按钮时才将更新应用于布尔对象。
  - ◆ 更新：对布尔对象应用更改。
  - ◆ 消减 %：从布尔对象中的多边形上移除边，从而减少多边形数量的边百分比。

图 6-8

- "四边形镶嵌"选项组用于启用布尔对象的四边形镶嵌。
  - ◆ 设为四边形：启用该复选框时，会将布尔对象的镶嵌从三角形改为四边形。

提示

当启用"设为四边形"复选框后，对"消减 %"设置没有影响。"设为四边形"可以使用四边形网格算法重设平面曲面的网格。将该功能与"网格平滑""涡轮平滑""可编辑多边形"修改器中的细分曲面工具结合使用可以产生动态效果。

- ◆ 四边形大小 %：用于确定四边形的大小作为总体布尔对象长度的百分比。
- "移除平面上的边"选项组用于确定如何处理平面上的多边形。
  - ◆ 全部移除：启用此项，移除一个面上的所有其他共面的边，这样该面本身将定义多边形。
  - ◆ 只移除不可见：启用此项，移除每个面上的不可见边。
  - ◆ 不移除边：启用此项，不移除边。

6.2.3 课堂案例——制作烛台

案例学习目标

学习使用 ProBoolean 工具。

案例知识要点

创建正方体作为烛台主体模型，创建文本并为文本施加"挤出"修改器，然后将烛台主体模型作为布尔对象，通过为该模型施加"编辑多边形"修改器等来删除多余的多边形，最后为其施加"壳"修改器制作出模型的厚度，效果如图 6-9 所示。

制作烛台

图 6-9

场景所在位置

随书资源：场景 /cha05/ 烛台场景 .max。

效果图场景所在位置

随书资源：场景 /cha05/ 烛台 .max。

贴图所在位置

随书资源：贴图。

（1）单击"➕（创建）> ⬤（几何体）> 长方体"按钮，在"顶"视图中创建正方体，在"参数"

卷展栏中设置"长度"为150.0、"宽度"为150.0、"高度"为150.0，如图6-10所示。

（2）单击"+（创建）> ⚙（图形）>文本"按钮，在"前"视图中创建文本，在"参数"卷展栏中设置"大小"为180.0，选择合适的字体，在"文本"输入框中输入L，如图6-11所示。

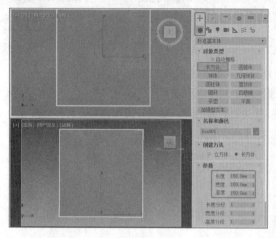
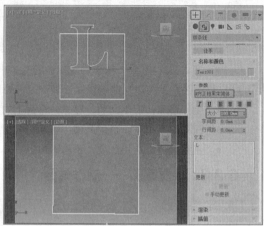

图6-10   图6-11

（3）选择文本，切换到 ✎（修改）命令面板，在"修改器列表"中选择"挤出"修改器，在"参数"卷展栏中设置"数量"为200.0，如图6-12所示。

（4）在场景中选择正方体和文本模型，使用移动工具并按住Shift键拖曳鼠标以在"前"视图中沿 x 轴移动复制模型，然后将复制模型的文本分别修改为O、V、E，如图6-13所示。

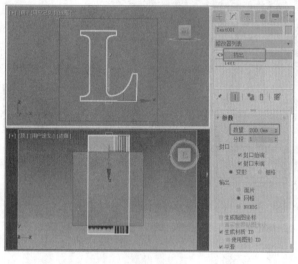
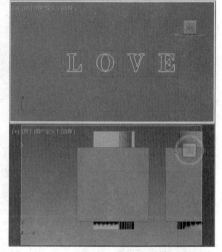

图6-12   图6-13

（5）在场景中选择正方体模型，单击"+（创建）> ⚫（几何体）>复合对象 >ProBoolean"按钮，在"拾取布尔对象"中单击"开始拾取"按钮，在场景中拾取文本模型，如图6-14所示。

（6）为进行布尔操作后的模型施加"编辑多边形"修改器，将选择集定义为"多边形"，在场景中将多余的多边形删除。使用同样的方法进行布尔操作并调整另外的烛台模型，如图6-15所示。

（7）调整模型后，选择所有进行布尔操作后的模型，为模型施加"壳"修改器，在"参数"卷展栏中设置"内部量"为5.0，并勾选"将角拉直"，如图6-16所示。

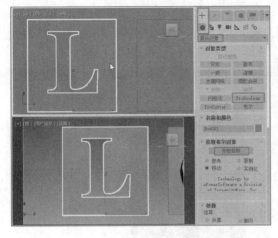

图 6-14

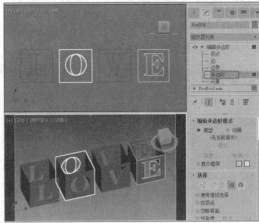

图 6-15

图 6-16

6.3 放样建模

对于许多复杂的模型，我们很难用 3ds Max 2020 中的基本几何体组合或对其修改来得到，这时就要使用放样工具来实现。放样建模是指先创建一个二维截面，然后使它沿着一个预先设定好的路径进行变形，从而得到三维对象的过程。

放样是一种传统的、非常重要的三维建模方法，其基本思想是使截面图形沿着路径放样形成三维对象，并且在路径的不同位置可以有多个截面图形。

6.3.1 放样工具

放样工具的用法分为两种：一种是单截面放样变形，只用一次放样变形即可制作出所需要的形体；另一种是多截面放样变形，用于制作较复杂的几何形体，在制作过程中要进行多个路径的放样变形。

1. 单截面放样变形

首先来介绍单截面放样变形。该方法是放样命令的基本操作方法，也是使用比较普遍的放样方法。

（1）在视图中创建一个文本和一条弧线，如图 6-17 所示。对这两个二维图形不进行限定，用户可以随意创建。

（2）选择弧，单击"＋（创建）> ●（几何体）> 复合对象"，在创建命令面板中单击"放样"按钮，命令面板中会显示放样的修改参数。

（3）单击"获取图形"按钮，在视图中单击文本，拾取图形后即可创建三维放样模型，如图 6-18所示。

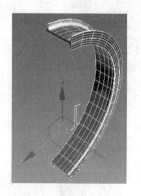

图 6-17   图 6-18

2. 多截面放样变形

在实际制作过程中，有一部分模型只用单截面放样是不能完成的，这是因为复杂的造型由不同的截面结合而成，所以就要用到多截面放样。

（1）在"顶"视图中分别创建圆、星形和多边形，在"前"视图中绘制一条直线。

（2）单击直线将其选中，单击"＋（创建）> ●（几何体）> 复合对象 > 放样"按钮，然后在"创建方法"卷展栏中单击"获取图形"按钮，在视图中单击圆，这时直线变为圆柱体，如图 6-19 所示。

（3）在"路径参数"卷展栏中设置"路径"数值为 45.0，单击"获取图形"按钮，在视图中单击星形，得到放样效果如图 6-20 所示。

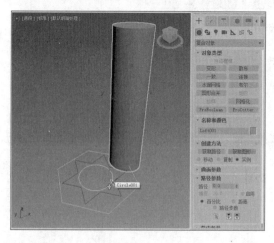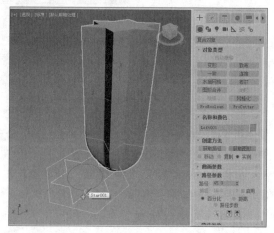

图 6-19   图 6-20

（4）将"路径"数值设置为 80.0，单击"获取图形"按钮，在视图中单击多边形，得到放样效果如图 6-21 所示。

（5）切换到 ╱（修改）命令面板，在修改器堆栈中单击将选择集定义为"图形"，这时命令面板中会出现新的命令参数。在场景中框选放样的模型，选中图 6-22 所示的 3 个放样图形，单击"比较"按钮，打开"比较"窗口，如图 6-23 所示。

（6）根据场景中选择图形的位置，在"比较"窗口中单击 （拾取图形）按钮，在视图中分别在放样对象 3 个截面的位置上单击，将 3 个截面拾取到"比较"窗口中，如图 6-24 所示。

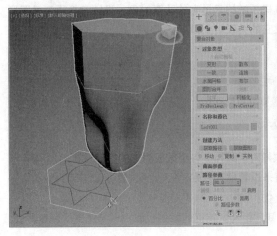 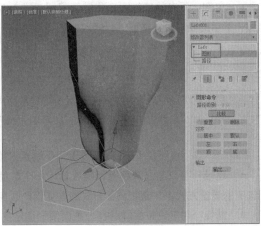

图 6-21 图 6-22

 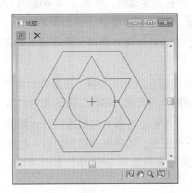

图 6-23 图 6-24

从"比较"窗口中可以看到 3 个截面图形的起始点，如果起始点没有对齐，设计者可以使用 （选择并旋转）工具手动调整，使之对齐。

3. 放样工具的参数

放样工具的参数由 5 个部分组成，即"创建方法"卷展栏、"曲面参数"卷展栏、"路径参数"卷展栏、"蒙皮参数"卷展栏和"变形"卷展栏，如图 6-25 所示。

"创建方法"卷展栏（见图 6-26）用于决定在放样过程中使用哪一种方式来进行放样。

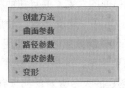 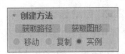

图 6-25 图 6-26

- 获取路径：如果已经选择了路径，则单击该按钮，到视图中拾取将要作为截面图形的图形。
- 获取图形：如果已经选择了截面图形，则单击该按钮，到视图中拾取将要作为路径的图形。

- 移动：直接将原始二维图形移入放样系统。
- 复制：复制一个二维图形进入放样系统，而其本身并不发生任何改变，此时原始二维图形和复制图形都是完全独立的。
- 实例：原来的二维图形将继续保留，进入放样系统的只是它的关联对象。设计者将原二维图形隐藏，以后需要对放样造型进行修改时，直接去修改它的关联对象即可。

 提示

至于是先指定路径再拾取截面图形还是先指定截面图形再拾取路径，笔者认为两种方式本质上对造型的形态没有影响，只是出于放置的需要而选择不同的方式。

"路径参数"卷展栏（见图 6-27）用于设置沿放样对象路径上各个截面图形的间隔位置。

- 路径：可以通过调整微调器或输入一个数值来设置插入点在路径上的位置。其路径的值取决于所选定的测量方式，并随着测量方式的改变而产生变化。
- 捕捉：用于设置放样路径上截面图形固定的间隔距离。捕捉的数值也取决于所选定的测量方式，并随着测量方式的改变而产生变化。
- 启用：选择该复选框，则激活"捕捉"（Snap）参数。此外，3ds Max 2020 提供了以下 3 种测量方式。百分比：将全部放样路径设为 100%，以百分比形式确定插入点的位置。距离：以全部放样路径的实际长度为总数，以绝对距离长度形式来确定插入点的位置。路径步数：以路径的分段形式来确定插入点的位置。
- 拾取图形：单击该按钮，在放样对象中手动拾取放样截面，此时"捕捉"关闭，并把所拾取到的放样截面位置作为当前"路径"微调框中的值。
- 上一个图形：选择当前截面的前一截面。
- 下一个图形：选择当前截面的后一截面。

"变形"卷展栏（见图 6-28）中的各选项功能介绍如下。

图 6-27

图 6-28

- 缩放：使用缩放可以从单个图形中放样对象，该图形在沿着路径移动时只改变其缩放。要制作这些类型的对象，可使用"缩放"变形。
- 扭曲：使用扭曲可以沿着对象的长度创建盘旋或扭曲的对象，并且扭曲将沿着路径指定旋转量。
- 倾斜：倾斜变形围绕局部 X 轴和 Y 轴旋转图形。当在"蒙皮参数"卷展栏上选择"轮廓"时，则"倾斜"是 3ds Max 2020 自动选择的工具。当手动控制轮廓效果时，可使用"倾斜"变形。
- 倒角：在真实世界中碰到的每一个对象几乎都需要倒角，这是因为制作一个非常尖的角很困难、耗时间，并且尖角容易引起伤害，故 3ds Max 2020 中创建的大多数对象都具有已切角化、倒角或减缓的边。使用"倒角"变形可以模拟这些效果。
- 拟合：使用拟合变形可以用两条拟合曲线来定义对象的顶部和侧剖面。想通过绘制放样对象的剖面来生成放样对象时，可使用"拟合"变形。

变形曲线起先以作为使用常量值的直线形式存在。要生成更精细的曲线,设计者使用变形窗口工具栏中的按钮可以插入和更改变形曲线的控制点。下面以"倒角变形"窗口(见图6-29)为例来介绍其中常用的各项工具。

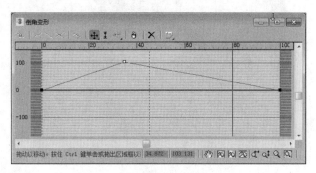

图6-29

- 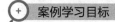(均衡):均衡是一个动作按钮,也是一种曲线编辑模式。它可以用于对轴和形状应用相同的变形。

- (显示 *x* 轴):仅显示红色的 *x* 轴变形曲线。

- (显示 *y* 轴):仅显示绿色的 *y* 轴变形曲线。

- (显示 *xy* 轴):同时显示 *x* 轴和 *y* 轴变形曲线,各条曲线使用各自的颜色。

- (变换变形曲线):在 *x* 轴和 *y* 轴之间复制曲线。此按钮在启用(均衡)按钮时是被禁用的。

- (移动控制点):更改变形的量(垂直移动)和变形的位置(水平移动)。

- (缩放控制顶点):更改变形的量,而不更改位置。

- (插入角点):单击变形曲线上的任意处可以在该位置插入角点控制点。

- (删除控制点):删除所选的控制点,也可以通过按 Delete 键来删除所选的点。

- (重置曲线):删除所有控制点(但两端的控制点除外)并恢复曲线的默认值。

- 34.872 103.131 (数值框):仅当选择了一个控制点时,才能访问这两个数值框。第一个数值框提供了点的水平位置;第二个数值框提供了点的垂直位置(或值)。

- (平移):在视图中拖动,可向任意方向移动。

- (最大化显示):更改视图放大值,使整个变形曲线可见。

- (水平方向最大化显示):更改沿路径长度进行视图放大的值,使得整个路径区域在窗口中可见。

- (垂直方向最大化显示):更改沿变形值进行视图放大的值,使得整个变形区域在窗口中显示。

- (水平缩放):更改沿路径长度进行放大的值。

- (垂直缩放):更改沿变形值进行放大的值。

- (缩放):更改沿路径长度和变形值进行放大的值,保持曲线纵横比。

- (缩放区域):在变形栅格中拖动区域,区域会相应放大,以填充变形窗口。

6.3.2　课堂案例——制作灯笼吊灯

案例学习目标

学习使用放样工具。

案例知识要点

创建路径和截面图形,使用放样工具来制作出灯笼吊灯,再结合使用"编辑多边形"修改器制作出灯笼龙骨,效果如图6-30所示。

制作灯笼吊灯

图 6-30

⊕ 场景所在位置

　随书资源：场景 /cha06/ 灯笼吊灯模型 .max。

⊕ 效果图场景所在位置

　随书资源：场景 /cha06/ 灯笼吊灯 .max。

⊕ 贴图所在位置

　随书资源：贴图。

　　（1）单击"➕（创建）> 🎨（图形）> 圆"按钮，在"顶"视图中创建圆，将该圆作为放样的图形，如图 6-31 所示。

　　（2）单击"➕（创建）> 🎨（图形）> 线"按钮，在"前"视图中创建线，将该线作为放样的路径，如图 6-32 所示。

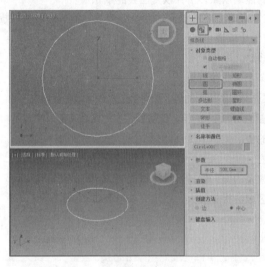

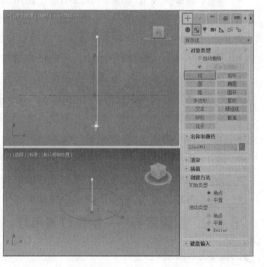

图 6-31　　　　　　　　　　　　　　　　　　　图 6-32

　　（3）在场景中选择作为路径的图形，单击"➕（创建）> ⚫（几何体）> 复合对象 > 放样"按钮，在"创建方法"卷展栏中单击"获取图形"按钮，在场景中拾取圆，如图 6-33 所示。

　　（4）在"蒙皮参数"卷展栏中取消"封口始端"复选框和"封口末端"复选框，如图 6-34 所示。

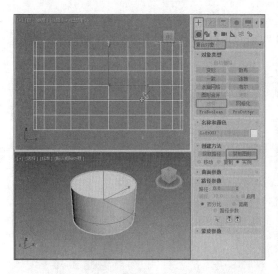
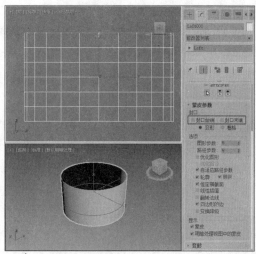

图 6-33　　　　　　　　　　　　　　　　　　图 6-34

（5）在"变形"卷展栏中单击"缩放"按钮，在打开的"缩放变形"窗口中单击 （插入角点） 按钮，在变形曲线上添加角点；添加角点后，用鼠标右键单击角点，在弹出的快捷菜单中选择"Bezier-平滑"，如图 6-35 所示。

（6）调整角点，并以同样的方法设置两端顶点的类型为"Bezier-角点"，如图 6-36 所示。

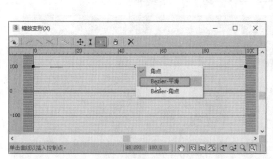
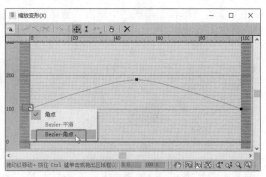

图 6-35　　　　　　　　　　　　　　　　　　图 6-36

（7）调整变形曲线的形状，如图 6-37 所示。

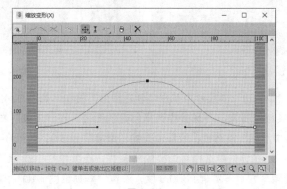

图 6-37

（8）调整好模型后，在"蒙皮参数"卷展栏中设置"图形步数"为 15、"路径步数"为 10，如图 6-38

所示，这样可以使模型更加平滑。

（9）在修改器堆栈中选择"Loft> 路径"，再选择"Line> 顶点"，在场景中调整放样模型的路径顶点，调整至图 6-39 所示的合适高度。

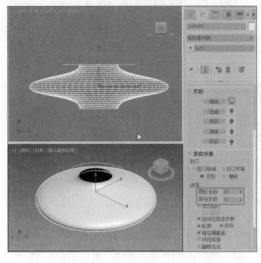

图 6-38

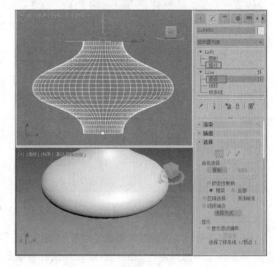

图 6-39

（10）为模型施加"编辑多边形"修改器，将选择集定义为"边"，在场景中选择图 6-40 所示的边。

（11）在"选择"卷展栏中单击"循环"按钮，选择图 6-41 所示的一圈边。

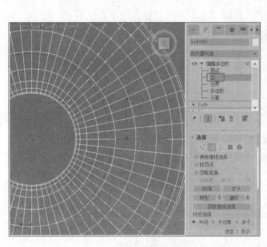

图 6-40

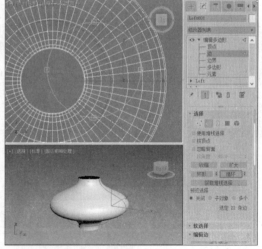

图 6-41

（12）选择边后，在"编辑边"卷展栏中单击"创建图形"按钮，如图 6-42 所示。

（13）创建图形后，关闭选择集。在场景中选择创建的图形，在"渲染"卷展栏中勾选"在渲染中启用"复选框和"在视口中启用"复选框，设置渲染的"厚度"为 6.0，如图 6-43 所示。

（14）激活"顶"视图，在场景中选择可渲染的样条线，在菜单栏中选择"工具 > 阵列"命令，在打开的对话框中选择"旋转 > 总计 >Z"为 360.0 度，设置"阵列维度 >1D"的数量为 6，单击"确定"按钮，如图 6-44 所示。

（15）阵列出的模型如图 6-45 所示。

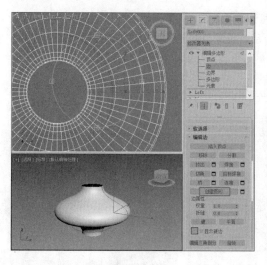

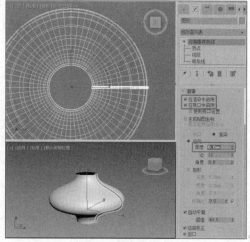

图 6-42 图 6-43

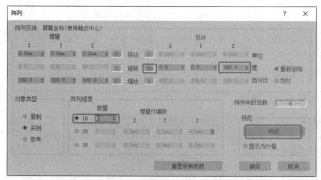

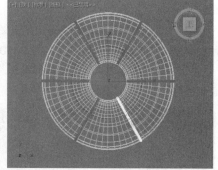

图 6-44 图 6-45

（16）在场景中选择一个可渲染的样条线，按 Ctrl+V 组合键，在打开的对话框中选择"复制"单选按钮，单击"确定"按钮，如图 6-46 所示。

（17）在场景中选择复制出的样条线，设置可渲染的"厚度"为 3.0，如图 6-47 所示。

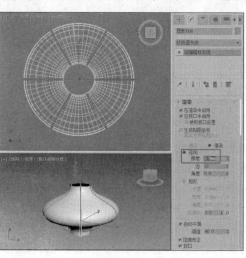

图 6-46 图 6-47

（18）激活"顶"视图，在场景中选择复制出的可渲染样条线，在菜单栏中选择"工具 > 阵列"命令，在打开的对话框中选择"旋转 > 总计 >Z"为 360.0 度，设置"阵列维度 >1D"的数量为 18，单击"确定"按钮，如图 6-48 所示。

（19）阵列出的模型如图 6-49 所示。

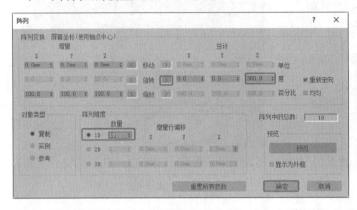

图 6-48

图 6-49

（20）选择放样的模型，将选择集定义为"边界"，在场景中选择顶、底的边界，在"编辑边界"卷展栏中单击"创建图形"按钮，如图 6-50 所示。

（21）创建图形后，选择创建的图形，在"渲染"卷展栏中勾选"在渲染中启用"复选框和"在视口中启用"复选框，设置"厚度"为 6.0，如图 6-51 所示。

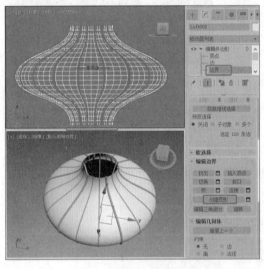

图 6-50

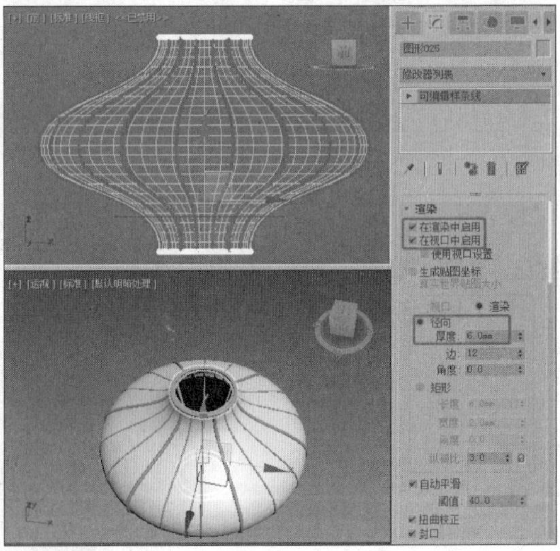

图 6-51

（22）在场景中创建线，并设置该线的渲染参数，如图 6-52 所示。

（23）使用"线"工具，在"前"视图中创建并调整图形，如图 6-53 所示。

（24）为创建的图形施加"车削"修改器，在"参数"卷展栏中设置"分段"为 16、"方向"为 Y，选择"对齐"为"最小"，如图 6-54 所示。

（25）继续创建可渲染的样条线，设置渲染的"厚度"为 1.0，如图 6-55 所示。

（26）在场景中对样条线进行复制，完成灯笼吊灯模型的制作，如图 6-56 所示。

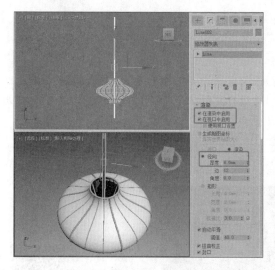

图 6-52

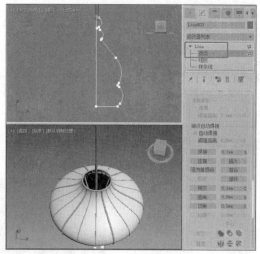

图 6-53

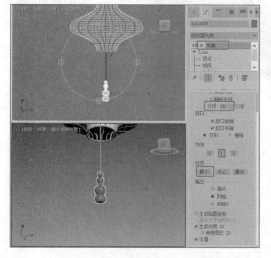

图 6-54

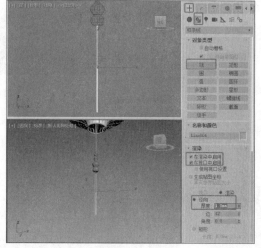

图 6-55

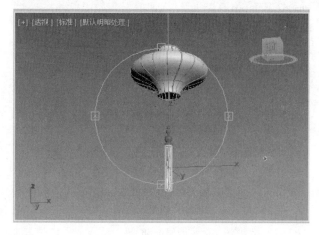

图 6-56

6.4 课堂练习——制作骰子

⊕ 练习知识要点

创建切角圆柱体作为骰子模型，创建球体并对其进行复制以将它们作为操作对象，再通过使用 ProBoolean 工具来完成骰子模型制作，效果如图 6-57 所示。

⊕ 场景所在位置

随书资源：场景 /cha06/ 骰子 .max。

制作骰子

图 6-57

6.5 课后习题——制作篮子

⊕ 练习知识要点

使用星形、线、圆、弧和放样工具，并结合使用"车削"修改器来制作菜篮模型，效果如图 6-58 所示。

⊕ 场景所在位置

随书资源：场景 /cha06/ 篮子 .max。

制作篮子

图 6-58

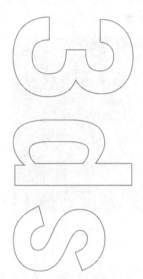

Chapter

7

第7章
材质和纹理贴图

好的作品除了需要模型，还需要材质和贴图的配合。材质和贴图是三维创作中非常重要的部分，它们的重要性和设置难度丝毫不亚于建模。通过对本章的学习，读者应掌握3ds Max材质编辑器的参数设定、常用材质和贴图的使用方法，以及结合UVW贴图的使用方法。

课堂学习目标

● 熟练掌握各种材质类型
　　的设置

● 了解VRay材质

● 熟练掌握UVW贴图等
　　各种贴图的应用

7.1 材质的概述

真实世界中的物体都有自身的表面特征，例如透明的玻璃、不同的金属具有不同的光泽度、石材和木材有不同的颜色和纹理等。在 3ds Max 2020 中创建好模型后，使用材质编辑器可以准确、逼真地表现各种物体的不同颜色、光泽和质感特征。为 3ds Max 模型指定材质后的效果如图 7-1 所示。

图 7-1

贴图的主要来源是位图，在实际应用中主要用到下面几种位图格式。

- BMP 位图格式：它有基于操作系统 Windows 和 OS/2 的两种格式。该种格式的文件几乎不被压缩，占用磁盘空间较大，颜色存储格式有 1 位、4 位、8 位和 24 位。它是当今应用比较广泛的一种文件格式。

- GIF 格式：CompuServe 公司提供的 GIF 是一种图形交换格式（Graphics Interchange Format），它是使用 LZW（Lempel-Ziv-Welch）压缩方式压缩过的格式。该格式在 Internet 上被广泛地应用，其原因主要是 256 种颜色已经较能满足主页图形的需要，且文件较小，适合网络环境下的传输和浏览。

- JPEG 格式：JPEG 格式是由 Joint Photographic Experts Group 标准发展出来的格式，该格式可以用不同的压缩比例对文件进行压缩，且压缩技术十分先进，对图像质量影响较小，因此用户可以用最少的磁盘空间得到较好的图像质量。它性能优异，应用非常广泛，是目前 Internet 上主流的图形格式，但 JPEG 格式是一种有损压缩格式。

- PSD 格式：PSD 是 Adobe Photoshop 的专用格式。在该软件所支持的各种格式中，PSD 格式存取速度比其他格式快很多。由于 Photoshop 软件越来越广泛地被应用，因此这个格式也逐步流行起来。用 PSD 格式存档时会将文件压缩，以节省空间，但不会影响图像质量。

- TIFF 格式：TIFF（Tagged Image File Format）具有图形格式复杂、存储信息多的特点。有许多绘图或图像处理软件使用 TIFF 格式来进行文件交换，3ds Max 中的大量贴图就是 TIFF 格式的。TIFF 最大色深为 32bit，它可采用 LZW 无损压缩方案存储文件。

- PNG 格式：PNG（Portable Network Graphics）是一种新兴的网络图形格式，结合了 GIF 和 JPEG 格式的优点，具有存储形式丰富的特点。PNG 最大色深为 48bit，采用无损压缩方案存储文件。知名的 Macromedia 公司，其 Fireworks 软件的默认文件格式就是 PNG。

7.2 材质编辑器

3ds Max 的材质编辑器是一个浮动的对话框，它用于设置不同类型和属性的材质与贴图效果，并将设置的结果赋予场景中的物体。

在 3ds Max 2020 的工具栏中单击 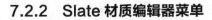（材质编辑器）按钮，打开"Slate 材质编辑器"窗口，如图 7-2 所示。Slate 材质编辑器是一个具有多个元素的图形界面。

按住 按钮，弹出隐藏的 （精简材质编辑器）按钮，单击该按钮打开精简"材质编辑器"面板，如图 7-3 所示。

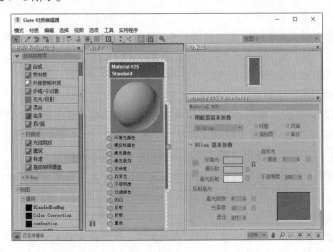

图 7-2

图 7-3

7.2.1 材质

材质主要包括描述材质视觉和光学上的属性，如颜色构成、高光控制、自发光和不透明度等。另外，使用的明暗器（Shader）类型不同，标准材质的构成也有所不同。

（1）颜色构成：一个单一颜色的表面由于光影的作用，通常会反映出多种颜色，3ds Max 中绝大部分的标准材质是通过以下 4 种颜色的构成对其进行模拟。

- 环境光：对象阴影区域的颜色。
- 漫反射：普通照明情况下对象的"原色"。
- 高光反射：对象高亮照射部分的颜色。某些标准类型可以产生高光色，但无法进行设置。

以上这 3 个部分分别代表着对象的 3 个受光区域，如图 7-4 所示。

- 过滤色：光线穿过对象所传播的颜色。其只有当对象的不透明属性低于 100% 时才出现。

（2）高光控制：不同的明暗器类型对标准材质的高光控制也各不相同，但大部分都是由多个参数进行控制的，如光泽度、高光级别等。

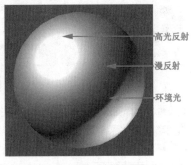

图 7-4

（3）自发光：自发光可以模拟对象从内部进行发光的效果。

（4）不透明度：不透明度是对象的相对透明程度，若降低不透明性，对象会变得更为透明。

以上绝大部分的材质构成都可以指定贴图，诸如漫反射、不透明度等，通过贴图可以使材质的外光更为复杂和真实。

7.2.2 Slate 材质编辑器菜单

Slate 材质编辑器的菜单栏包含创建和管理场景中材质的菜单。其中大部分菜单选项也可以从工具栏或导航栏的按钮中找到，因此下面就围绕菜单选项来介绍相应的按钮。

"模式"菜单（见图7-5）中的各项命令介绍如下。

- 精简材质编辑器：显示精简材质编辑器。
- Slate 材质编辑器：显示 Slate 材质编辑器。

"材质"菜单（见图7-6）中的各项命令介绍如下。

- 从对象选取（ ）：选择此命令后，3ds Max 中会显示一个滴管形状。单击视口中的一个对象，以在当前"视图"中显示出其材质。
- 从选定项获取：从场景中选定的对象获取材质，并显示在活动视图中。
- 获取所有场景材质：在当前视图中显示所有场景材质。
- 在 ATS 对话框中高亮显示资源：选择此命令后，打开"资源追踪"对话框，其中显示了位图使用的外部文件状态。如果针对位图节点单击此选项，关联的文件将在"资源追踪"对话框中高亮显示。
- 将材质指定给选定对象（ ）：将当前材质指定给当前选择中的所有对象。快捷键为 A。
- 将材质放入场景（ ）：仅当用户具有与应用到对象的材质同名的材质副本，且用户已编辑该副本以更改材质的属性时，该选项才可用。选择"将材质放入场景"可以更新应用了旧材质的对象。

"编辑"菜单（见图7-7）中的各项命令介绍如下。

- 删除选定对象（ ）：在活动"视图"中，删除选定的节点或关联。快捷键为 Del。
- 清除视图：删除活动"视图"中的全部节点和关联。
- 更新选定的预览：自动更新关闭时，选择此选项可以为选定的节点更新预览窗口。快捷键为 U。
- 自动更新选定的预览：切换选定预览窗口的自动更新。组合键为 Alt+U。

"选择"菜单（见图7-8）中的各项命令介绍如下。

图7-5

图7-6

图7-7

图7-8

- 选择工具（ ）：激活"选择工具"。"选择工具"处于活动状态时，此菜单选项旁边会有一个复选标记。快捷键为 S。
- 全选：选择当前"视图"中的所有节点。组合键为 Ctrl+A。
- 全部不选：取消当前 View（视图）中所有节点的选择。组合键为 Ctrl+D。
- 反选：反转当前选择，之前选定的节点全都取消，未选择的节点现在全都选择。组合键为 Ctrl+I。
- 选择子对象：选择当前选定节点的所有子节点。组合键为 Ctrl+C。
- 取消选择子对象：取消当前选定节点的所有子节点。
- 选择树：选择当前树中的所有节点。

"视图"菜单（见图7-9）中的各项命令介绍如下。

- 平移工具（ ）：启用"平移工具"命令后，在当前"视图"

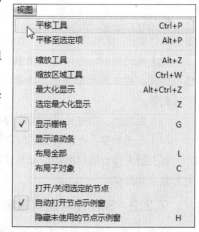

图7-9

中拖动就可以平移视图了。组合键为 Ctrl+P。

* 平移至选定项（ ◻ ）：将"视图"平移至当前选择的节点。组合键为 Alt+P。
* 缩放工具（ ◻ ）：启用"缩放工具"命令后，在当前"视图"中拖动就可以缩放视图了。组合键为 Alt+Z。
* 缩放区域工具（ ◻ ）：启用"缩放区域工具"命令后，在"视图"中拖动一块矩形选区就可以放大该区域了。组合键为 Ctrl+W。
* 最大化显示（ ◻ ）：缩放"视图"，从而让视图中的所有节点都可见且居中显示。组合键为 Ctrl+Alt+Z。
* 选定最大化显示（ ◻ ）：缩放"视图"，从而让视图中的所有选定节点都可见且居中显示。快捷键为 Z。
* 显示栅格：将一个栅格的显示切换为"视图"背景。默认设置为启用状态，快捷键为 G。
* 显示滚动条：根据需要，切换"视图"右侧和底部滚动条的显示。默认设置为禁用状态。
* 布局全部：自动排列"视图"中所有节点的布局。快捷键为 L。
* 布局子对象（ ◻ ）：自动排列当前所选节点的子对象的布局，此操作不会更改父节点的位置。快捷键为 C。
* 打开 / 关闭选定的节点：打开（展开）或关闭（折叠）选定的节点。
* 自动打开节点示例窗：启用此命令时，新创建的所有节点都会打开（展开）。
* 隐藏未使用的节点示例窗（ ◻ ）：对于选定的节点，在节点打开的情况下切换未使用节点示例窗的显示或隐藏。快捷键为 H。

"选项"菜单（见图 7-10）中的各项命令介绍如下。

* 移动子对象（ ◻ ）：启用此命令时，移动父节点会移动与之相随的子节点。禁用此命令时，移动父节点不会更改子节点的位置。默认设置为禁用状态，组合键为 Alt+C。
* 将材质传播到实例：启用此命令时，任何指定的材质会被传播到场景中对象的所有实例，如导入的 AutoCAD 块或基于 ADT 样式的对象，它们都是 DRF 文件中常见的对象类型。
* 启用全局渲染：切换预览窗口中位图的渲染。默认设置为启用状态。
* 首选项：用来打开"首选项"对话框，如图 7-11 所示，从中设置材质编辑器的一些选项，这里就不详细介绍了。

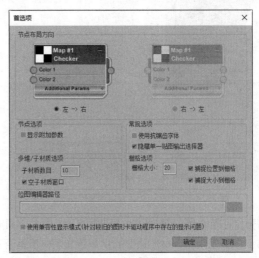

图 7-10   图 7-11

"工具"菜单（见图 7-12）中的各项命令介绍如下。

- 材质/贴图浏览器（▦）：切换"材质/贴图浏览器"的显示。默认设置为启用状态。
- 参数编辑器（▦）：切换"参数编辑器"的显示。默认设置为启用状态。
- 导航器：切换"导航器"的显示。默认设置为启用状态。

"实用程序"菜单（见图 7-13）中的各项命令介绍如下。

- 渲染贴图：此选项仅对贴图节点显示。单击此项，打开"渲染贴图"对话框，以便渲染贴图（可能是动画贴图）并预览。
- 按材质选择对象（▦）：仅当为场景中使用的材质选择了单个材质节点时启用。启用"按材质选择对象"后将打开"选择对象"对话框，用户可以基于"材质编辑器"中的活动材质选择对象。
- 清理多重材质：启用"清理多重材质"，用于删除场景中未使用的子材质。
- 实例化重复的贴图：启用"实例化重复的贴图"，用于合并重复的位图。

图 7-12

图 7-13

7.2.3 活动视图

在"Slate 材质编辑器"窗口的"视图"选项卡中会显示材质和贴图节点，用户可以在节点之间创建关联。

1. 编辑节点

用户可以折叠图 7-14 中的节点隐藏其窗口，也可以展开图 7-15 中的节点显示窗口，还可以在水平方向调整节点大小，这样更易于读取窗口名称，如图 7-16 所示。

图 7-14

图 7-15

图 7-16

双击预览可以放大节点标题栏中预览的大小。要减小预览大小，再次双击预览即可，如图 7-17 所示。

在节点的标题栏中，材质预览的拐角处表明材质是否是热材质。没有三角形则表示场景中没有使用材质，如图 7-18（a）所示；轮廓式白色三角形表示此材质是热材质，换句话说，它已经在场景中实例化，如图 7-18（b）所示；实心白色三角形表示材质不仅是热材质，而且已经应用到当前选定的对象上，如图 7-18（c）所示。如果材质没有应用于场景中的任何对象，就称它是冷材质。

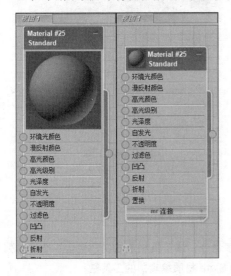

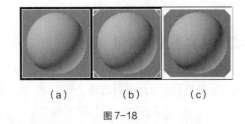

（a）　　　　（b）　　　　（c）

图 7-17　　　　　　　　　　　　　　图 7-18

2. 关联节点

要设置材质组件的贴图，用户可以将一个贴图节点拖曳关联到该组件窗口的输入套接字节点上。图 7-19 所示为创建的关联。

图 7-19

Slate 材质编辑器还添加了一个 Bezier 浮点控制器节点，以控制贴图量。若要移除选定项，单击工具栏中的 🗑（删除选定对象）按钮或直接按 Delete 键。同样，使用这种方法也可以将创建的关联删除。

3. 替换关联方法

在视图中拖动出关联，在视图的空白部分上释放新关联，将打开一个用于创建新节点的菜单，如图 7-20 所示。用户可以从输入套接字向后拖动，也可以从输出套接字向前拖动。

如果将关联拖动到目标节点的标题栏，则将弹出一个菜单，用户可通过它选择要关联的组件窗口，如图 7-21 所示。

图 7-20

图 7-21

7.2.4　材质工具按钮

使用 Slate 材质编辑器的工具栏可以快速访问许多命令。该工具栏最右侧还包含一个下拉列表框，用户可以在命名的视图之间进行选择。图 7-22 所示为 Slate 材质编辑器的工具栏。

图 7-22

工具栏中各个按钮的功能介绍如下（与前面菜单命令功能相同的按钮，这里就不重复介绍了）。

- （在视图中显示标准贴图）：在视图中显示设置的贴图。
- （在预览中显示背景）：在预览窗口中显示方格背景。
- （布局全部 – 垂直）：单击此按钮，将以垂直模式自动布置所有节点。
- （布局全部 – 水平）：单击此按钮，将以水平模式自动布置所有节点。
- （按材质选择）：仅当选定了单个材质节点时才启用此按钮。

"材质编辑器"窗口（见图 7-3）中与"Slate 材质编辑器"窗口中的参数基本相同，下面将主要介绍"材质编辑器"窗口中工具按钮的功能。

- （将材质放入场景）：在编辑材质之后更新场景中的材质。
- （生成材质副本）：通过复制自身的材质生成材质副本，冷却当前热示例窗。
- （使唯一）：用于使贴图实例成为唯一的副本。
- （放入库）：用于将选定的材质添加到当前库中。
- （材质 ID 通道）：弹出按钮上的按钮将材质标记为 Video Post 效果或渲染效果，或者存储以 RLA、RPF 文件格式保存的渲染图像目标效果（以便通道值可以在后期处理应用程序中使用）。材质 ID 值等同于对象的 G 缓冲区值，其范围为 1 ~ 15，它们表示将使用此通道 ID 的 Video Post 或渲染效果应用于该材质。
- （显示最终结果）：当此按钮处于启用状态时，示例窗将显示（显示最终结果），即材质树中所有贴图和明暗器的组合。当此按钮处于禁用状态时，示例窗只显示材质的当前层级。
- （转到父对象）：用于在当前材质中向上移动一个层级。
- （转到下一个同级项）：用于移动到当前材质中相同层级的下一个贴图或材质。
- （采样类型）：使用"采样类型"弹出按钮可以选择要显示在活动示例窗中的几何体，如图 7-23 所示。

- 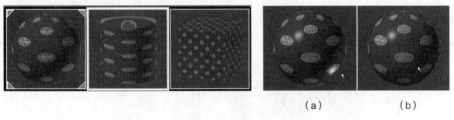 （背光）：用于将背光添加到活动示例窗中。默认情况下，此按钮处于启用状态。图 7-24（a）所示为启用背光后的效果，图 7-24（b）为未启用背光时的效果。

（a）　　　　　　（b）

图 7-23　　　　　　　　　　　　　　　　　图 7-24

-  （采样 UV 平铺）：使用"采样 UV 平铺"弹出按钮可以在活动示例窗中调整采样对象上的贴图进行图案重复，如图 7-25 所示。

- （视频颜色检查）：用于检查示例对象上的材质颜色是否超过安全 NTSC 或 PAL 阈值。图 7-26（a）所示为颜色过分饱和的材质，图 7-26（b）所示为"视频颜色检查"超过视频阈值的黑色区域。

（a）　　　　　　（b）

图 7-25　　　　　　　　　　　　　　　　　图 7-26

- （生成预览、播放预览、保存预览）：单击"生成预览"按钮，弹出"创建材质预览"对话框，创建动画材质的 AVI 文件，如图 7-27 所示；单击"播放预览"按钮，使用 Windows Media Player 播放 .avi 预览文件；单击"保存预览"按钮，将 .avi 预览文件以另一名称的 AVI 文件形式保存。

- （选项）：单击此按钮，将弹出"材质编辑器选项"对话框，该对话框可以帮助用户控制如何在示例中显示材质和贴图，如图 7-28 所示。

图 7-27

图 7-28

7.3 材质类型

下面将以精简材质编辑器为例介绍材质类型。在材质编辑器窗口中单击"Standard"按钮，在打开的"材质/贴图浏览器"对话框中展开"材质"卷展栏，其中列出了材质类型，如图 7-29 所示。

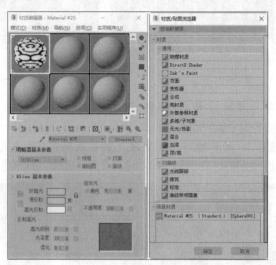

图 7-29

7.3.1 "标准"材质

"标准"材质是默认的通用材质。在真实生活中，对象的外观取决于它反射光线的情况。在 3ds Max 中，"标准"材质用来模拟对象表面的反射属性；在不使用贴图的情况下，"标准"材质为对象提供了单一、均匀的表面颜色效果。

1. "明暗器基本参数"卷展栏

"明暗器基本参数"卷展栏中的参数用于设置材质的明暗效果及渲染形态，如图 7-30 所示。

图 7-30

- 线框：选择该复选框后，将以网格线框的方式对物体进行渲染，如图 7-31 所示。
- 双面：选择该复选框后，将对物体的双面全部进行渲染，如图 7-32 所示。

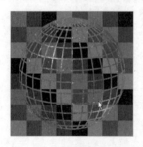

图 7-31

图 7-32

- 面贴图：选择该复选框后，可将材质赋予物体的所有面，如图 7-33 所示。

- 面状：选择该复选框后，物体将以面方式被渲染，如图 7-34 所示。

图 7-33   图 7-34

- (B)Blinn(明暗方式) 下拉列表框：用于选择材质的渲染属性。3ds Max 2020 提供了 8 种渲染属性，如图 7-35 所示。其中，"各向异性""Blinn""金属""Phong"是比较常用的材质渲染属性。
    - 各向异性：多用于椭圆表面的物体，能很好地表现出毛发、玻璃、陶瓷和粗糙金属的效果。
    - Blinn：以光滑方式进行表面渲染，易表现冷色坚硬的材质，它是 3ds Max 2020 中默认的渲染属性。
    - 金属：专用于金属材质，可表现出金属的强烈反光效果。
    - 多层：具有两组高光控制选项，能产生更复杂、有趣的高光效果，它适合表现抛光的表面效果和特殊效果等，如缎纹、丝绸和光芒四射的油漆等效果。
    - Oren-Nayar-Blinn：是"Blinn"渲染属性的变种，但它看起来更柔和，适合表现表面较为粗糙的物体效果，如织物和地毯等效果。
    - Phong：以光滑方式进行表面渲染，易表现暖色、柔和的材质。
    - Strauss：其属性与"金属"渲染属性相似，多用于表现金属效果，如带光泽的油漆和光亮的金属等效果。
    - 半透明明暗器：专用于设置半透明材质，多用于表现光线穿过半透明物体的效果，如窗帘、投影屏幕或者蚀刻了图案的玻璃等效果。

2. "基本参数"卷展栏

"基本参数"卷展栏中的参数不是一直不变的，而是随着渲染属性的改变而改变，但大部分参数都是相同的。这里以常用的"Blinn"和"各向异性"为例来介绍"基本参数"卷展栏中的参数。

"Blinn 基本参数"卷展栏中显示的是 3ds Max 2020 默认的基本参数，如图 7-36 所示。

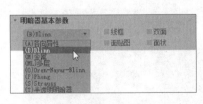

图 7-35

图 7-36

- 环境光：用于设置物体表面阴影区域的颜色。
- 漫反射：用于设置物体表面漫反射区域的颜色。
- 高光反射：用于设置物体表面高光区域的颜色。

单击这 3 个参数右侧的颜色框，会弹出相应的"颜色选择器"对话框，如图 7-37 所示，设置好合适的颜色后单击"确定"按钮即可。若单击"重置"按钮，颜色设置将恢复到初始位置。对话框右侧用于设置颜色的红、绿、蓝值，用户可以通过输入数值来设置颜色。

- 自发光：使材质具有自身发光的效果，可用于制作灯和电视机屏幕的光源效果。该参数允许在数值框中输入数值，此时"漫反射"将作为自发光色，如图7-38所示。用户也可以选择左侧的复选框，使数值框变为颜色框，然后单击颜色框选择自发光的颜色，如图7-39所示。

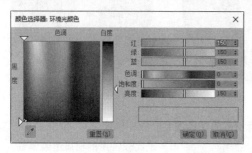

图7-37

图7-38

图7-39

- 不透明度：用于设置材质的不透明百分比值，默认值为"100"，表示完全不透明；值为"0"时，表示完全透明。

"反射高光"选项组用于设置材质的反光强度等。

- 高光级别：用于设置高光亮度。其值越大，高光亮度就越大。
- 光泽度：用于设置高光区域的光泽度大小。其值越大，高光区域越小。
- 柔化：具有柔化高光的效果，取值在 0.0 ~ 1.0。

"各向异性基本参数"卷展栏：在明暗方式下拉列表框中选择"各向异性"方式，"基本参数"卷展栏中的参数发生变化，如图7-40所示。

- 漫反射级别：用于控制材质的"环境光"颜色的亮度，改变参数值不会影响高光。取值范围为 0 ~ 400，默认值为100。
- 各向异性：控制高光的形状。
- 方向：设置高光的方向。

3."贴图"卷展栏

设置贴图是制作材质的关键环节，3ds Max 2020 在标准材质的贴图设置面板中提供了多种贴图通道，如图7-41所示。每一种贴图都有其独特之处，通过贴图通道进行材质的赋予和编辑，能使模型具有真实的效果。

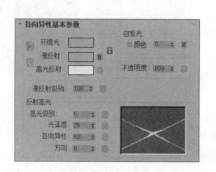

图7-40

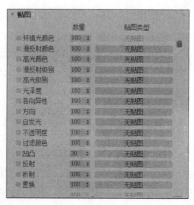

图7-41

在"贴图"卷展栏中有部分贴图通道与前面"基本参数"卷展栏中的参数对应。在"基本参数"卷展栏中可以看到有些参数的右侧都有一个▓按钮，该按钮和贴图通道中的"无贴图"按钮的作用相同，单击后都会打开"材质/贴图浏览器"对话框，如图 7-42 所示。在"材质/贴图浏览器"对话框中可以选择贴图类型。下面先对部分贴图通道进行介绍。

图 7-42

- 环境光颜色：将贴图应用于材质的阴影区。默认状态下，该通道被禁用。
- 漫反射颜色：用于表现材质的纹理效果，如图 7-43 所示。它是最常用的一种贴图。
- 高光颜色：将贴图应用于材质的高光区。
- 高光级别：与高光区贴图相似，但强度取决于高光强度的设置。
- 光泽度：贴图应用于物体的高光区域，控制物体高光区域贴图的光泽度。
- 自发光：将贴图以一种自发光的形式应用于物体表面，颜色浅的部分会产生发光效果。
- 不透明度：根据贴图的明暗部分在物体表面上产生透明的效果，颜色深的地方透明，颜色浅的地方不透明。
- 过滤颜色：根据贴图图像像素的深浅程度产生透明的颜色效果。
- 凹凸：根据贴图的颜色产生凹凸的效果，颜色深的区域产生凹下效果，颜色浅的区域产生凸起效果，如图 7-44 所示。
- 反射：用于表现材质的反射效果，它是一个在建模中重要的材质编辑参数。如图 7-45 所示，音响和模拟的桌面都有反射效果。

图 7-43   图 7-44

- 折射：用于表现材质的折射效果，常用于表现水和玻璃的折射效果。图 7-46 所示为玻璃时钟。

图 7-45

图 7-46

7.3.2 "光线跟踪"材质

"光线跟踪"材质是一种高级的材质类型。当光线在场景中移动时，通过跟踪对象来计算材质颜色。这些光线可以穿过透明对象，在光亮的材质上反射，以得到逼真的效果。

"光线跟踪"材质产生的反射和折射效果要比光线跟踪贴图的效果更逼真，但渲染速度会变得更慢。

1. 选择"光线跟踪"材质

在工具栏中单击 （精简材质编辑器）按钮，打开材质编辑器，单击"Standard"按钮，打开"材质 / 贴图浏览器"对话框，如图 7-47 所示。双击"光线跟踪"选项，材质编辑器中会显示"光线跟踪材质"的参数，如图 7-48 所示。

2. "光线跟踪"材质的基本参数

- "明暗处理"下拉列表框：单击"明暗处理"下拉列表框，会发现"光线跟踪"材质只有 5 种明暗方式，分别是"Phong""Blinn""金属""Oren-Nayar-Blinn""各向异性"，如图 7-49 所示，这 5 种方式的属性和用法与"标准"材质中的是相同的。

图 7-47

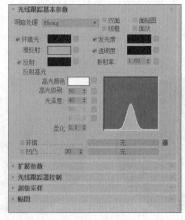

图 7-48

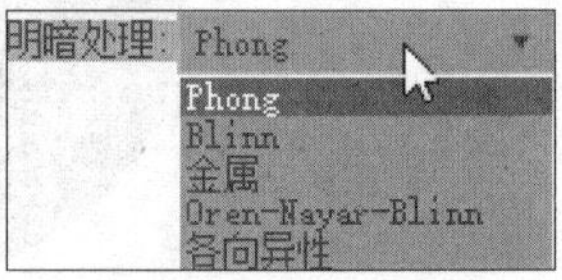

图 7-49

- 环境光：与"标准"材质不同，此处的阴影色将决定"光线跟踪"材质吸收环境光的多少。
- 漫反射：决定物体高光反射的颜色。
- 发光度：依据自身颜色来规定发光的颜色。发光度同"标准"材质中的自发光相似。
- 透明度："光线跟踪"材质通过颜色过滤表现出的颜色。黑色为完全不透明，白色为完全透明。
- 折射率：决定材质折射率的强度。用户准确调节该数值能真实反映物体对光线折射的不同折射率，例如，值为 1 时，表示空气的折射率；值为 1.5 时，表示玻璃的折射率；值小于 1 时，对象沿着它的边界进行折射。

"反射高光"选项组用于设置物体反射区的颜色和范围。

- 高光颜色：用于设置高光反射的颜色。
- 高光级别：用于设置反射光区域的范围。
- 光泽度：用于决定发光强度，取值范围为 0 ~ 200。
- 柔化：用于对反光区域进行柔化处理。
- 环境：选中时，将使用场景中设置的环境贴图；未选中时，将为场景中的物体指定一个虚拟的环境贴图，这会忽略掉在"环境和效果"对话框中设置的环境贴图。
- 凹凸：设置材质的凹凸贴图，该"凹凸"贴图与"标准"类型材质中"贴图"卷展栏中的"凹凸"贴图相同。

3. "光线跟踪"材质的扩展参数

"扩展参数"卷展栏中的参数用于对"光线跟踪"类型材质的特殊效果进行设置，参数如图 7-50 所示。

"特殊效果"选项组中各项功能介绍如下。

- 附加光：这项功能像环境光一样，能用于模拟从一个对象反射到另一个对象上的光。
- 半透明：用于制作薄对象的表面效果，有阴影投在薄对象的表面。当用在厚对象上时，它可以用于制作类似于蜡烛或有雾的玻璃效果。
- 荧光、荧光偏移："荧光"使材质发出类似黑色灯光下的荧光颜色，它将引起材质被照亮，就像被白光照亮，而不管场景中光的颜色。"荧光偏移"决定亮度的程度，1.0 表示最亮，0.0 表示不起作用。

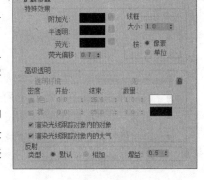

图 7-50

"高级透明"选项组中各项功能介绍如下。

- 密度和颜色：可以使用密度、颜色创建彩色玻璃效果，其颜色的程度取决于对象的厚度和"数量"参数设置。
- 开始：用于设置颜色开始的位置。
- 结束：用于设置颜色达到最大值的距离。

"反射"选项组决定反射时漫反射颜色的发光效果。

- 默认：选择"默认"单选按钮时，反射被分层，把反射放在当前漫反射颜色的顶端。
- 相加：选择"相加"单选按钮时，给漫反射颜色添加反射颜色。
- 增益：用于控制反射的亮度，取值范围为 0.0 ~ 1.0。

7.3.3 "合成"材质

"合成"材质可以复合 10 种材质。复合方式有"增加不透明度""相减不透明度"和"基于数量混合"3 种方式，分别用 A、S 和 M 表示。

"合成基本参数"卷展栏（见图 7-51）中的各选项功能介绍如下。

- 基础材质：指定基础材质，默认为标准材质（Standard）。
- 材质 1~ 材质 9：在此选择要进行复合的材质，前面的复选框控制是否使用该材质，默认为启用。
- A（增加不透明度）：各个材质的颜色依据其不透明度进行相加，总计作为最终的材质颜色。
- S（相减不透明度）：各个材质的颜色依据其不透明度进行相减，总计作为最终的材质颜色。
- M（基于数量混合）：各个材质依据其数量进行混合复合。颜色和不透明度的复合方式与不使用蒙版下的融合方式相同。
- 100.0（数值框）：控制混合的数量。

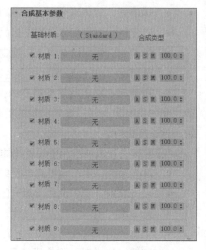

图 7-51

7.3.4 "多维/子对象"材质

将多个材质组合为一种复合式材质，分别为一个对象的不同子对象指定选择级别，创建"多维/子对象"材质，将它指定给目标对象。

"多维/子对象基本参数"卷展栏（见图 7-52）中的各选项功能介绍如下。

- 设置数量：设置拥有子级材质的数量。注意如果减少数量，系统会将已经设置的材质丢弃。
- 添加：添加一个新的子材质。新材质默认的 ID 号为当前最大的 ID 号加 1。
- 删除：删除当前选择的子材质。
- ID：单击后按子材质 ID 号的升序排列。
- 名称：单击后按名称栏中指定的名称进行排序。
- 子材质：单击后按子材质的名称进行排序。

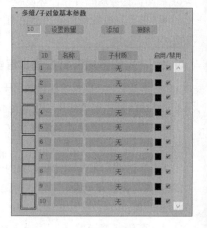

图 7-52

7.3.5 "混合"材质

"混合"材质将两种不同的材质融合在表面的同一面上，如图 7-53 所示。通过不同的融合度，控制两种材质表现出的强度，并且可以制作出材质变形动画。

"混合基本参数"卷展栏（见图 7-54）中的各选项功能介绍如下。

图 7-53

图 7-54

- 材质 1、材质 2：通过单击右侧的空白按钮选择相应的材质。
- 遮罩：选择一张图案或程序贴图来作为蒙版，利用蒙版图案的明暗度来决定两个材质的融合情况。
- 交互式：在视图中以"平滑 + 高光"方式交互渲染时，选择哪一个材质显示在对象表面。
- 混合量：确定融合的百分比例，对无蒙版贴图的两个材质进行融合时，依据它来调节混合程度。值为 0.0 时，材质 1 完全可见，材质 2 不可见；值为 1.0 时，材质 1 不可见，材质 2 可见。

"混合曲线"选项组控制蒙版贴图中黑白过渡区造成的材质融合的尖锐或柔和程度，专用于使用了蒙版贴图的融合材质。

- 使用曲线：确定是否使用混合曲线来影响融合效果。
- 转换区域：分别调节"上部"和"下部"数值来控制混合曲线，两值相近时，会产生清晰、尖锐的融合边缘；两值差距很大时，会产生柔和、模糊的融合边缘。

7.3.6　课堂案例——制作冰激凌材质

⊕ **案例学习目标**

学习使用"多维子 / 对象"材质和"标准"材质。

⊕ **案例知识要点**

设置"多维子 / 对象"材质和"标准"材质来制作冰激凌的材质效果，如图 7-55 所示。

制作冰激凌材质

图 7-55

⊕ **原始场景所在位置**

随书资源：场景 /cha07/ 冰激凌 .max。

⊕ **效果图场景所在位置**

随书资源：场景 /cha07/ 冰激凌材质 .max。

⊕ **贴图所在位置**

随书资源：贴图。

（1）打开原始场景文件，在场景中选择冰激凌，选项将选择集定义为"元素"，在场景中选择图 7-56 所示的元素，在"材质"选项栏中设置"设置 ID"为 1。

（2）在场景中选择图 7-57 所示的元素，设置"设置 ID"为 2。

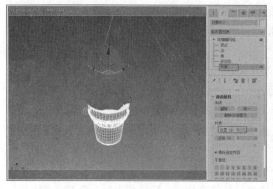
图 7-56

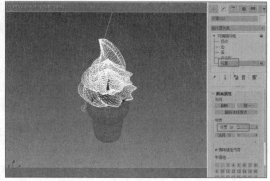
图 7-57

（3）在工具栏中单击 （精简材质编辑器）按钮，打开材质编辑器，单击"Standard"按钮，在打开的"材质/贴图浏览器"对话框中选择"多维/子对象"材质，单击"确定"按钮，如图 7-58 所示。

（4）弹出"替换材质"对话框，从中选中"将旧材质保存为子材质"，单击"确定"按钮，如图 7-59 所示。

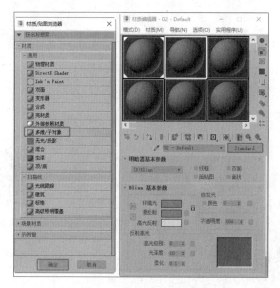
图 7-58

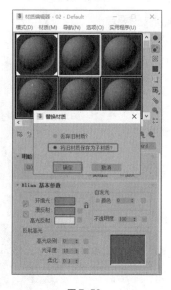
图 7-59

（5）在"多维/子对象基本参数"卷展栏中单击"设置数量"按钮，在弹出的对话框中设置"材质数量"为 2，单击"确定"按钮，如图 7-60 所示。

（6）单击（1）号材质后的灰色按钮，进入（1）号材质设置面板，在"Blinn 基本参数"卷展栏中单击"漫反射"后的色块，在弹出的对话框中设置红、绿、蓝都为 255，同时"环境光"的颜色也变成了白色，在"反射高光"选项组中设置"高光级别"为 42、"光泽度"为 33，设置"自发光"为 30，如图 7-61 所示。

（7）单击 （转到父对象）按钮，返回多维/子对象主材质面板。在"多维/子对象基本参数"卷展栏中单击（2）号材质后的"无"按钮，在弹出的对话框中选中"标准"材质，如图 7-62 所示。

（8）进入（2）号材质设置面板，在"Blinn 基本参数"卷展栏中设置环境光和漫反射的红、绿、蓝颜色分别为 255、226、171，在"反射高光"选项组中设置"高光级别"为 12、"光泽度"为 10、"柔化"为 1.0，设置"自发光"为 20，如图 7-63 所示。

图 7-60

图 7-61

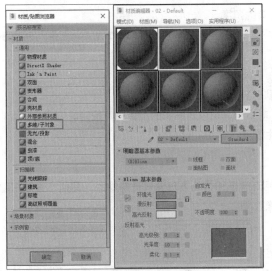

图 7-62

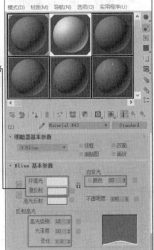

图 7-63

（9）在场景中选择冰激凌模型，单击 （将材质指定给选定对象）。

7.4 贴图类型

对于纹理较为复杂的材质，用户一般都会采用贴图来实现。贴图能在不增加对象复杂程度的基础上增加对象的细节，提高材质的真实性。

7.4.1 贴图坐标

贴图在空间上是有方向的，当为对象指定一个二维贴图材质时，对象必须使用贴图坐标。贴图坐标指明了贴图投射到材质上的方向，以及是否被重复平铺或镜像等，它使用 UVW 坐标轴的方式来指明对象的方向。

在贴图通道中选择纹理贴图后，材质编辑器会进入纹理贴图的编辑参数面板，二维贴图与三维贴图的参数面板非常相似，大部分参数都相同，如图 7-64 所示。图 7-64 分别是"位图"和"凹痕"贴图的编辑参数。

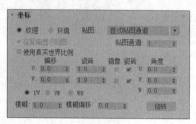

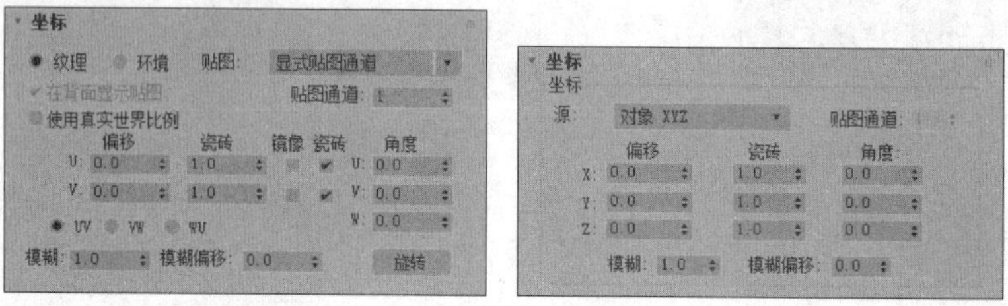

图 7-64

- 偏移：用于在选择的坐标平面中移动贴图的位置。
- 瓷砖：用于设置沿着所选坐标方向贴图被平铺的次数。
- "镜像"复选框：用于设置是否沿着所选坐标轴镜像贴图。
- "瓷砖"复选框：激活时表示禁用贴图平铺。
- 角度：用于设置贴图沿着各个坐标轴方向旋转的角度。
- UV、VW、WU：用于选择 2D 贴图的坐标平面，默认为 UV 平面，VW 和 WU 平面都与对象表面垂直。
- 模糊：根据贴图与视图的距离来模糊贴图。
- 模糊偏移：用于对贴图增加模糊效果，但是它与距离视图远近没有关系。
- 旋转：单击此按钮，打开一个"旋转贴图"对话框，用以对贴图的旋转进行控制。

通过贴图坐标参数的修改，贴图在形态上会发生改变。

7.4.2 二维贴图

二维贴图是使用二维的图像贴在对象表面或使用环境贴图为场景创建背景图像的，其他二维贴图都属于程序贴图。程序贴图是由计算机生成的贴图图像效果。

1. "位图"贴图

"位图"贴图是最简单，也是最常用的二维贴图，它是在物体表面形成一个平面的图案。位图支持包括 JPG、TIF、TGA、BMP 的静帧图像及 AVI、FLC、FLI 等动画文件。

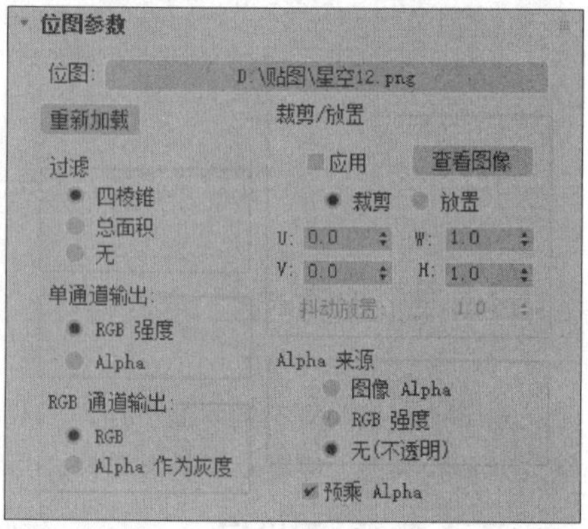

单击 ▦（精简材质编辑器）按钮，打开材质编辑器，在"贴图"卷展栏中单击"漫反射颜色"右侧的"无贴图"按钮，在打开的"材质 / 贴图浏览器"对话框中选择"位图"贴图，打开"选择位图图像文件"对话框，从中查找贴图，打开后进入"位图"的参数面板，如图 7-65 所示。

- 位图：用于设定一个位图，选择的位图文件名称将出现在按钮上面。若需要改变位图文件，用户也可单击该按钮重新选择。

图 7-65

- 重新加载：单击此按钮，将重新载入所选的位图文件。

"过滤"选项组用于选择对位图应用反走样的计算方法，其中有"四棱锥""总面积"和"无"3 项可供选择。启用"总面积"单选按钮后要求更多的内存，但是会产生更好的效果。

"RGB 通道输出"选项组用于使位图贴图的 RGB 通道是彩色的。启用"Alpha 作为灰度"单选按钮后基于 Alpha 通道显示灰度级色调。

"Alpha 来源"选项组用于控制在输出 Alpha 通道组中的 Alpha 通道的来源。

- 图像 Alpha：以位图自带的 Alpha 通道作为来源。
- RGB 强度：将位图中的颜色转换为灰度色调值，并将它们用于透明度。黑色为透明，白色为不透明。
- 无（不透明）：不使用不透明度。

"裁剪 / 放置"选项组用于裁剪或放置图像的尺寸。裁剪也就是选择图像的一部分区域，它不会改变图像的缩放；放置是在保持图像完整的同时进行缩放。裁剪和放置只对贴图有效，并不会影响图像本身。

- 应用：用于启用 / 禁用裁剪或放置设置。
- 查看图像：单击此按钮，将打开一个虚拟缓冲器，用于显示和编辑要裁剪或放置的图像，如图 7-66 所示。
- 裁剪：选中时，表示对图像进行裁剪操作。
- 放置：选中时，表示对图像进行放置操作。
- U、V：用于调节图像的坐标位置。
- W、H：用于调节图像或裁剪区的宽度和高度。
- 抖动放置：当选中"放置"时，它使用一个随机值来设定放置图像的位置，在虚拟缓冲器窗口中设置的值被忽略。

图 7-66

2. "棋盘格"贴图

该贴图类型是一种程序贴图，可以生成两种颜色的方格图像。如果使用了重复平铺，则其效果与棋盘相似，如图 7-67 所示。

打开材质编辑器，在"漫反射颜色"贴图通道中选择"棋盘格"贴图，进入棋盘格参数面板，如图 7-68 所示。

图 7-67

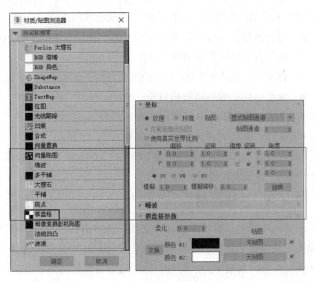

图 7-68

"棋盘格"贴图的参数非常简单，可以自定义颜色和贴图。

- 柔化：用于模糊、柔和方格之间的边界。
- 交换：用于交换两种方格的颜色。使用其后面的颜色样本可以为方格设置颜色，还可以单击后面的按钮来为每个方格指定贴图。

3. "渐变"贴图

该贴图类型可以混合 3 种颜色以形成渐变效果，如图 7-69 所示。

打开材质编辑器，在"漫反射颜色"贴图通道中选择"渐变"贴图，进入渐变参数面板，如图 7-70 所示。

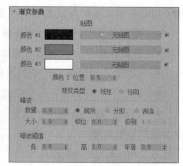

图 7-69　　　　　　　　　　　　　　　　图 7-70

- 颜色 #1~ 颜色 #3：用于设置渐变所需的 3 种颜色，也可以为它们指定一个贴图。颜色 #2 用于设置两种颜色之间的过渡色。
- 颜色 2 位置：用于设定颜色 2（中间颜色）的位置，取值范围为 0.0 ~ 1.0。当值为 0.0 时，颜色 2 取代颜色 3；当值为 1.0 时，颜色 2 取代颜色 1。
- 渐变类型：用于设定渐变是线性方式还是从中心向外的放射方式。

"噪波"选项组用于应用噪波效果。

- 数量：当该值大于 0.0 时，给渐变添加一个噪波效果。这里有规则、分形和湍流 3 种类型可供选择。
- 大小：用于缩放噪波的效果。
- 相位：控制设置动画时噪波变化的速度。
- 级别：设定噪波函数应用的次数。

"噪波阈值"选项组用于在"高"与"低"中设置噪波函数值的界限；"平滑"参数使噪波变化更光滑，值为"0.0"表示没有使用光滑。

7.4.3　三维贴图

三维贴图属于三维程序贴图，它是由数学算法生成的，属于这一类的贴图类型最多，且在三维空间中贴图时使用最频繁。当投影共线时，它们紧贴对象且不会像二维贴图那样发生褶皱，而是均匀覆盖一个表面。如果对象被切掉一部分，贴图会沿着剪切的边对齐。

下面就来介绍几种常用的三维贴图。

1."衰减"贴图

该贴图类型用于表现颜色的衰减效果。"衰减"贴图定义了一个灰度值,它是以被赋予材质的对象表面的法线角度为起点渐变的。用户通常把"衰减"贴图用在"不透明度"贴图通道,用于对对象的不透明程度进行控制,如图 7-71 所示。

选择"衰减"贴图后,材质编辑器中会显示"衰减参数"卷展栏,如图 7-72 所示。"衰减参数"卷展栏中两个颜色样本用于设置进行衰减的两种颜色,当选择不同的衰减类型时,其代表的意思也不同。在后面的数值框中可以设定颜色的强度,还可以为每种颜色指定纹理贴图。

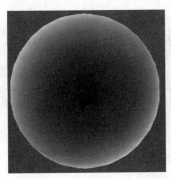 

图 7-71   图 7-72

● 衰减类型:用于选择衰减类型,如朝向 / 背离、垂直 / 平行、Fresnel (基于折射率)、阴影 / 灯光和距离混合,如图 7-73 所示。

● 衰减方向:用于选择衰减的方向,如查看方向 (摄影机 Z 轴)、摄影机 X/Y 轴、对象、局部 X/Y/Z 轴和世界 X/Y/Z 轴等,如图 7-74 所示。

"混合曲线"卷展栏用于精确地控制衰减所产生的渐变,如图 7-75 所示。在混合曲线控制器中可以为渐变曲线增加控制点和移动控制点位置等,该曲线控制器与其他曲线控制器的操作方法相同。

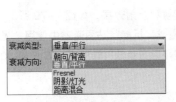 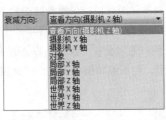 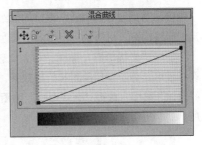

图 7-73   图 7-74   图 7-75

2."噪波"贴图

该贴图类型可以使物体表面产生起伏而不规则的噪波效果,在建模中经常会在"凹凸"贴图通道中使用,如图 7-76 所示。

在贴图通道中选择"噪波"贴图后,材质编辑器中会显示"噪波参数"卷展栏,如图 7-77 所示。

● 噪波类型:分为规则、分形和湍流 3 种类型,如图 7-78 所示。

● 噪波阈值:通过高 / 低值来控制两种颜色的限制。

● 大小:用于控制噪波的大小。

● 级别:用于控制分形运算时迭代的次数。其数值越大,噪波越复杂。

● 颜色 #1、颜色 #2:用于分别设置噪波的两种颜色,也可以指定为两个纹理贴图。

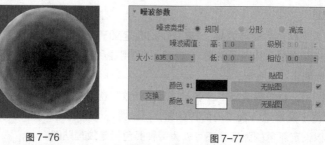

图 7-76 图 7-77

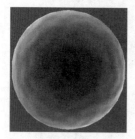

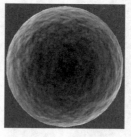

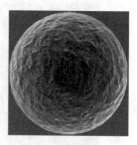

（a）规则 （b）分形 （c）湍流

图 7-78

在其他纹理贴图的参数卷展栏中都会有噪波的参数。可见，噪波是一种非常重要的贴图类型。

7.4.4 "反射和折射"贴图

用于处理反射和折射效果的贴图包括"平面镜"贴图、"光线跟踪"贴图、"反射/折射"贴图和"薄壁折射"贴图等，并且每一种贴图都有其明确的用途。

下面介绍几种常用的"反射和折射"贴图。

1. "光线跟踪"贴图

该贴图类型可以创建出很好的光线反射和折射效果，其原理与"光线跟踪"材质相似，渲染速度要比"光线跟踪"材质快；但相对于其他材质贴图来说，该类型贴图的渲染速度还是比较慢的。

使用"光线跟踪"贴图，可以比较准确地模拟出真实世界中的反射和折射效果，如图 7-79 所示。在建模中，为了模拟反射和折射效果，用户通常会在"反射"贴图通道或"折射"贴图通道中使用"光线跟踪"贴图。选择"光线跟踪"贴图后，材质编辑器中会显示"光线跟踪器参数"卷展栏，如图 7-80所示。

图 7-79 图 7-80

"局部选项"选项组中各项功能介绍如下。

- 启用光线跟踪：打开或关闭光线跟踪。

- 光线跟踪大气：设置是否打开大气的光线跟踪效果。

- 启用自反射 / 折射：是否打开对象自身反射和折射。

- 反射 / 折射材质 ID：选中时，此反射 / 折射效果被指定到材质 ID 号上。

"跟踪模式"选项组中各项功能介绍如下。

- 自动检测：如果贴图指定到材质的"反射"贴图通道，光线跟踪器将反射光线。如果贴图指定到材质的"折射"贴图通道，光线跟踪器将折射光线；如果贴图指定到材质的其他贴图通道，则需要手动选择是反射光线还是折射光线。

- 反射：从对象的表面投射反射光线。

- 折射：从对象的表面向里投射折射光线。

"背景"选项组中各项功能介绍如下。

- 使用环境设置：选中时，在当前场景中考虑环境的设置。

- 颜色样本和贴图按钮：用于设置一种颜色或一个贴图来替代环境设置。

2. "反射 / 折射"贴图

该贴图能够创建在对象上反射和折射另一个对象影子的效果。它从对象的每个轴上产生渲染图像，该类图像就像立方体的一个表面上的图像，然后把这些被称为立方体贴图的渲染图像投影到对象上，如图 7-81 所示。

在建模中，要创建反射效果，用户可以在"反射"贴图通道中选择"反射 / 折射"贴图；要创建折射效果，用户可以在"折射"贴图通道中选择"反射 / 折射"贴图。

在贴图通道中选择"反射 / 折射"贴图后，材质编辑器中会显示"反射 / 折射参数"卷展栏，如图 7-82 所示。

图 7-81

图 7-82

"来源"选项组：用于选择立方体贴图的来源。

- 自动：可以自动生成这些从 6 个对象轴渲染的图像。

- 从文件：可以从 6 个文件中载入渲染的图像。选中该单选按钮后，将激活"从文件"选项组中的按钮，用户可以使用它们载入相应方向的渲染图像。

- 大小：设置"反射 / 折射"贴图的尺寸，默认值为 100。

- "使用环境贴图"复选框：该复选框未被选中时，在渲染"反射 / 折射"贴图时将忽略背景贴图。

"模糊"选项组：对"反射 / 折射"贴图应用模糊效果。

- 模糊偏移：用于模糊整个贴图效果。
- 模糊：基于距离对象的远近来模糊贴图。

"大气范围"选项组：如果场景中包括环境雾，为了正确地渲染出雾效果，必须在"近"和"远"参数中设定距对象近范围和远范围，还可以单击"取自摄影机"按钮来使用一个摄影机中设定的远近大气范围设置。

"自动"选项组：只有在"来源"选项组中选择"自动"单选按钮时，才处于可用状态。

- 仅第一帧：使渲染器自动生成在第一帧的"反射 / 折射"贴图。
- 每 N 帧：使渲染器每隔几帧自动渲染"反射 / 折射"贴图。

7.4.5 "合成"类贴图

"合成"类贴图是指将不同颜色或贴图合成在一起的一类贴图。在进行图像处理时，"合成"类贴图能够将两种或更多的图像按指定方式结合在一起。

1. "合成"贴图

"合成"贴图类型由其他贴图组成，并且可使用 Alpha 通道和其他方法将某层置于其他层之上。对于此类贴图，用户可使用已含 Alpha 通道的叠加图像或使用内置遮罩工具仅叠加贴图中的某些部分。

"合成层"卷展栏（见图 7-83）中的各选项功能介绍如下。

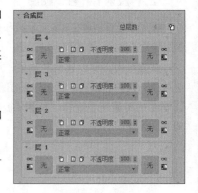

图 7-83

- 总层数：其数值框会显示贴图层层数。要在层堆栈的顶部添加层，用户可单击 🗅（添加新层）按钮。
- 👓（隐藏该层）：启用此按钮后，层将处于隐藏状态，并且不影响输出。
- ▣（对该纹理进行颜色校正）：将颜色修正贴图应用到贴图，并打开颜色修正贴图界面，用户可使用其控件修改贴图颜色。
- 🗋（删除该层）：用于删除该层。
- 🔲（重命名该层）：打开对话框命名或重命名该层。
- 🗅（复制该层）：创建层的精确副本，并将其插入最接近层的位置。
- 不透明度：层未遮罩部分的相对透明度。
- 无：左侧的"无"为贴图按钮，右侧的"无"为指定遮罩贴图的按钮。
- 混合模式：使用该下拉列表框可选择层像素与基本层中层像素的交互方式。在这里，读者可以试着自己调试，具体效果就不一一说明。

2. "遮罩"贴图

使用"遮罩"贴图可以在曲面上通过一种材质查看另一种材质。遮罩控制应用到曲面的第二个贴图的位置，如图 7-84 所示。

"遮罩参数"卷展栏（见图 7-85）中的各选项功能介绍如下。

- 贴图：选择或创建要通过遮罩查看的贴图。
- 遮罩：选择或创建用作遮罩的贴图。
- 反转遮罩：反转遮罩的效果。

图 7-84   图 7-85

3. "混合" 贴图

使用"混合"贴图可以将两种颜色或材质合成在曲面的一侧,也可以通过修改"混合量"参数来设置动画,然后绘制出使用变形功能曲线的贴图,来控制两个贴图随时间混合的方式。如图 7-86 所示,左侧和中间的图像为待混合的图像,右侧的为设置"混合量"为 50% 后的图像效果。

"混合参数"卷展栏(见图 7-87)中的各选项功能介绍如下。

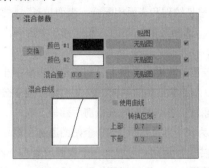

图 7-86   图 7-87

- 交换:交换两种颜色或贴图。
- 颜色 #1、颜色 #2:显示颜色选择器来选中要混合的两种颜色。
- 贴图:选中或创建要混合的位图或者程序贴图来替换每种颜色。
- 混合量:确定混合的比例。其值为 0.0 时意味着只有"颜色 #1"在曲面上可见;其值为 1.0 时意味着只有"颜色 #2"为可见。此外,用户也可以使用贴图而不是混合值达成同样的目标,两种颜色会根据贴图的强度以大一些或小一些的程度混合。

混合曲线选项组控制要混合的两种颜色间变换的渐变或清晰程度。

- 使用曲线:确定"混合曲线"是否对混合产生影响。
- 上部、下部:调整上限和下限的级别。如果两个值相等,两个贴图会在一个明确的边上相接。加宽的范围可提供更渐变的混合。

7.4.6 UVW 贴图

对纹理贴图的坐标进行编辑,还有一个更快捷、直观的方法——使用"UVW 贴图"命令。这个命令可以为贴图坐标的设定带来更多的灵活性。

在建模中会经常遇到这样的问题:将同一种材质赋予不同的物体,要根据物体的不同形态调整材质的贴图坐标。由于材质球数量有限,因此用户不可能按照物体的数量分别编辑材质,这时就要使用"UVW 贴图"对物体的贴图坐标进行编辑。

"UVW 贴图"属于修改命令的一种,在修改命令面板的下拉列表框中就可以选择使用。首先在视图中创建一个物体,赋予该物体材质贴图,然后在修改命令面板中选择"UVW 贴图",其参数如图 7-88

所示。

图 7-88 中贴图类型用于确定如何给对象应用 UVW 坐标，共有以下 7 个选项可供选择。

- 平面：该贴图类型以平面投影方式向对象上贴图。它适用于平面的表面，如纸和墙等。
- 柱形：该贴图类型以圆柱投影方式向对象上贴图，如螺丝钉、钢笔、电话筒和药瓶等都适用圆柱贴图。选择"封口"复选框，圆柱的顶面和底面放置的是平面贴图投影。
- 球形：该贴图类型围绕对象以球形投影方式贴图，会产生接缝。在接缝处，贴图的边汇合在一起。
- 收缩包裹：像球形贴图一样，它使用球形方式向对象投影贴图，但是收缩包裹将贴图所有的角拉到一个点，消除了接缝，只产生一个奇异点。
- 长方体：以 6 个面的方式向对象投影贴图。每个面是一个"平面"贴图，面法线决定不规则表面上贴图的偏移。
- 面：该贴图类型为对象的每一个面应用一个平面贴图。其贴图效果与几何体面的多少有很大关系。
- XYZ 到 UVW：此类贴图用于三维贴图，可以使三维贴图"粘贴"在对象的表面上。此种贴图方式的作用是使纹理和表面相配合，表面拉长，贴图也会随之拉长。

此外，选相应的贴图后，图 7-88 中会列出相关的参数。以选择"平面"贴图为例，相应的参数如下。

- 长度、宽度、高度：分别指定代表贴图坐标的 Gizmo 对象的尺寸。
- U 向平铺、V 向平铺、W 向平铺：用于分别设置 3 个方向上贴图的重复次数。
- 翻转：将贴图方向进行前后翻转。

系统为每个对象提供了 99 个贴图通道，默认使用通道 1。使用"通道"选项组可将贴图发送到任意一个通道中，从而用户可以为一个表面设置多个不同的贴图。

- 贴图通道：设置使用的贴图通道。
- 顶点颜色通道：指定顶点使用的通道。

单击修改器堆栈中"UVW 贴图"命令左侧的加号图标，可以选择"UVW 贴图"命令的子层级命令，如图 7-89 所示。

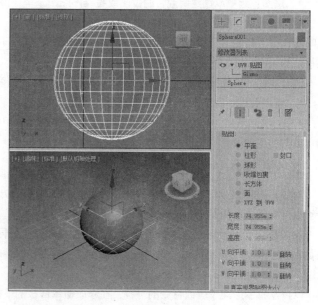

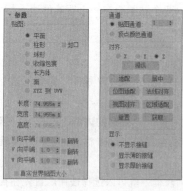

图 7-88　　　　　　　　　　　　　　　　　　图 7-89

"Gizmo"套框命令可以在视图中对贴图坐标进行调节，将纹理贴图接缝处的贴图坐标对齐。启用该子命令后，物体上会显示黄色的套框。

利用移动、旋转和缩放工具都可以对贴图坐标进行调整，套框也会随之改变，如图 7-90 所示。

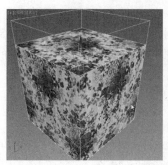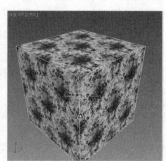

图 7-90

7.5 VRay 材质

本节将简单介绍 VRay 插件、VRay 材质的设置。只有在安装并指定"VRay 渲染器"后，VRay 相应的灯光、材质、摄影机、渲染、特殊模型等才可以正常应用。

7.5.1 "VRayMtl"材质

"VRayMtl"材质是使用频率最高的一种材质，也是使用范围最广的一种材质。"VRayMtl"材质除了能够完成反射、折射等效果，还能够出色地表现 SSS（Sub-Surface-Scattering，次表面反射）和 BRDF（Bidirectional Reflection Distribution Function，双向反射分布函数）等效果。

"VRayMtl"材质的参数设置面板包含了 6 个卷展栏："基本参数"卷展栏、"贴图"卷展栏、"涂层参数"卷展栏、"光泽参数"卷展栏、"双向反射分布函数"卷展栏和"选项"卷展栏，如图 7-91 所示。下面我们主要介绍其中常用的参数。

"基本参数"卷展栏（见图 7-92）中的常用选项功能介绍如下。

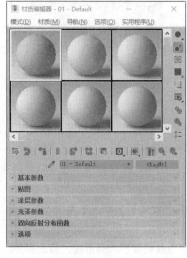

图 7-91

图 7-92

- 漫反射：用于决定物体表面的颜色和纹理。用户通过单击色块，可以调整漫反射自身的颜色。单击右侧的 （无）按钮，可以选择不同的贴图类型。
- 粗糙度：可以用于模拟绒布的效果。其数值越大，粗糙效果越明显。

"反射"选项组介绍如下。

- 反射：物体表面反射的强弱是由色块颜色的"亮度"来控制的，颜色越白反射越强，越黑反射越弱；而这里的色块整体颜色决定了反射出来的颜色，其与反射的强度是分开计算的。单击右侧的 （无）按钮，可以使用贴图控制反射的强度、颜色、区域。

> **提示**
>
> *任何参数在指定贴图后，原有的数值或颜色均被贴图覆盖。如果需要数值或颜色起到一定作用，用户可以在"贴图"卷展栏中降低该贴图的数量，这样就可以将原数值或颜色与贴图混合。*

- 光泽度：反射光泽度，可控制反射的清晰度。值为 1.0 意味着完美的镜面反射；较低的值会产生模糊或光滑的反射。
- 菲涅尔反射：启用时，反射强度成为依赖于视角的表面；自然界中的某些物质（玻璃等）便以这种方式反射光线。注意，菲涅尔效应也取决于折射率（IOR）。
- 菲涅尔 IOR：指定计算菲涅尔反射时使用的返回值。通常它是锁定的折射率参数，但用户可以解锁，以便更好地控制它。这个参数可以在贴图滚动中使用纹理映射。
- 金属度：控制材料从电介质（金属性 0.0）到金属（金属性 1.0）的反射模型。注意 0.0 到 1.0 之间的中间值不对应于任何物理材料。对于真实世界的材质，反射色通常应该设置为白色。
- 最大深度：指定一条光线能被反射的次数。具有大量反射和折射表面的场景可能需要更高的值才能看起来正确。

> **提示**
>
> *渲染室内大面积的玻璃或金属物体时，"最大深度"（反射次数）需要设置得大一些；渲染水泥地面和墙体时，"最大深度"需要适当设置少点，这样可以在不影响品质的情况下提高渲染速度。*

- 背面反射：该复选框启用后，反射也计算背面。注意，这也影响总内部反射（当折射计算）。
- 暗淡距离：勾选该复选框后，用户可以手动设置参与反射的对象之间的距离，距离大于该设置参数的将不参与反射计算。
- 暗淡衰减：可以设置对象在反射效果中的衰减强度。

"折射"选项组介绍如下。

- 折射：颜色越白，物体越透明，进入物体内部产生的折射光线也就越多；颜色越黑，透明度越低，产生的折射光线也越少。用户可以通过贴图控制折射的强度和区域。
- 光泽度：用于控制物体的折射模糊度。其值越小越模糊；默认数值 1.0 表示不产生折射模糊。用户可以通过贴图的灰度控制应用光泽度的效果。
- _IOR：用于设置透明物体的折射率。物理学中的常用物体折射率：水为 1.33、水晶为 1.55、金刚石为 2.42、玻璃按成分不同为 1.5 ~ 1.9。
- 阿贝数：增加或减少分散效应。启用此复选框并降低其值会扩大分散度，反之亦然。
- 最大深度：用于控制折射的最大次数。

● 影响阴影：用于控制透明物体产生的阴影。勾选该复选框时，透明物体将产生真实的阴影。该复选框仅对 VRay 灯光和 VRay 阴影有效。

● 影响通道：用于设置折射效果是否影响对应图像通道。

 提 示

如果有透过折射物体（如室外游泳池、室内的窗玻璃等）观察到的对象，此时需要勾选"影响阴影"复选框，选择"影响通道"的类型为"颜色 +Alpha"。

"雾颜色"选项组介绍如下。

● 雾颜色：用于调整透明物体的颜色。

● 烟雾倍增：可以理解为烟雾的浓度。值越大，烟雾颜色越浓。"烟雾倍增"一般都是作为降低烟雾颜色的浓度使用，如烟雾颜色的饱和度为 1.0 基本是最低了，但用户可能还是感觉饱和度太高，此时可以通过降低烟雾浓度控制饱和度。

● 烟雾偏移：改变雾的颜色。负值表示增加了雾对物体较厚部分的影响强度；正数表示在任何厚度上均匀分布雾色。

"半透明"选项组介绍如下。

● 半透明：半透明效果的类型有 3 种，即硬（蜡）模型、软（水）模型、混合模型。

● 散布系数：用于控制物体内部的散射总量。0.0 表示光线在所有方向被物体内部散射；1.0 表示光线在一个方向被物体内部散射，而不考虑物体内部的曲面。

● 正 / 背面系数：用于控制光线在物体内部的散射方向。0.0 表示光线沿着灯光发射的方向向前散射；1.0 表示光线沿着灯光发射的方向向后散射。

● 厚度：用于控制光线在物体内部被追踪的深度，也可以理解为光线的穿透力。

● 背面颜色：用于控制背面半透明效果的颜色。

● 灯光倍增：用于设置光线穿透力的倍增值。

"自发光"选项组介绍如下。

● 自发光：通过对色块调整，对象可以具有自发光效果。

● GI（全局照明）：取消该复选框后，自发光不对其他物体产生全局照明。

● 倍增：用于设置发光的强度。

"双向反射分布函数"卷展栏（见图 7-93）中的各选项功能介绍如下。

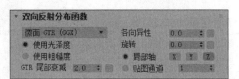

图 7-93

● 使用光泽度、使用粗糙度：用于控制如何解释反射光泽度。当选择"使用光泽度"时，光泽度值按原样使用，因为高光泽度值（如 1.0）会产生尖锐的反射高光。当选择"使用粗糙度"时，采用反射光泽度反比值。

● GTR 尾部衰减：用于控制从突出显示区域到非突出显示区域的转换。

● 各向异性：用于控制高光区域的形状。例如，用户可以用该参数来控制拉丝效果。

● 旋转：用于控制高光区的旋转方向。

- 局部轴：有 X、Y、Z 这 3 个轴可供选择。
- 贴图通道：用户可以使用不同的贴图通道与 UVW 贴图进行关联，从而实现一个物体在多个贴图通道中使用不同的 UVW 贴图，这样可以得到各自对应的贴图坐标。

"选项"卷展栏（见图 7-94）中的各选项功能介绍如下。

- 跟踪反射：用于控制光线是否追踪反射。取消勾选后，将不渲染反射效果。

图 7-94

- 跟踪折射：用于控制光线是否追踪折射。取消勾选后，将不渲染折射效果。
- 中止：指定一个阈值，低于这个阈值，反射 / 折射不会被跟踪。
- 环境优先：确定当反射或折射的光线穿过几种材质时使用的环境，每种材质都有一个环境覆盖。
- 光泽菲涅尔：启用时，使用光泽菲涅尔插入光泽反射和折射。它将菲涅尔方程考虑到光滑反射的每个"微面"，而不仅仅是观察光线和表面法线之间的角度。最明显的效果是随着光泽度的降低，擦拭边缘的光亮度减小。使用常规的菲涅尔，低光泽度的物体可能会显现出不自然的明亮和边缘发光。而光滑的菲涅尔计算可以使这种效果更加自然。
- 保存能量：决定漫反射、反射和折射颜色如何相互影响。VRay 试图保持从表面反射的光总量小于或等于落在表面上的光（就像在现实生活中发生的那样）。为此，应用以下规则：反射级别使漫反射和折射级别变暗（纯白色反射将消除任何漫反射和折射效果），折射级别使漫反射级别变暗（纯白色折射颜色将消除任何漫反射效果）。此参数决定 RGB 组件的调光是单独进行还是根据强度进行。
- 双面：默认为勾选状态，此项可以确保渲染出背面的面；取消勾选后，将只可以渲染正面的面。
- 使用发光贴图：用于控制当前材质是否使用"发光贴图"。
- 雾系统单位比例：用于控制是否使用雾系统单位比例。
- 效果 ID：勾选该复选框后，同时用户可以通过右侧的微调器设置 ID 号，覆盖掉材质本身的 ID。
- 透明度模式：用于控制透明度的取样方式。

"贴图"卷展栏（见图 7-95）中的各选项功能介绍如下。

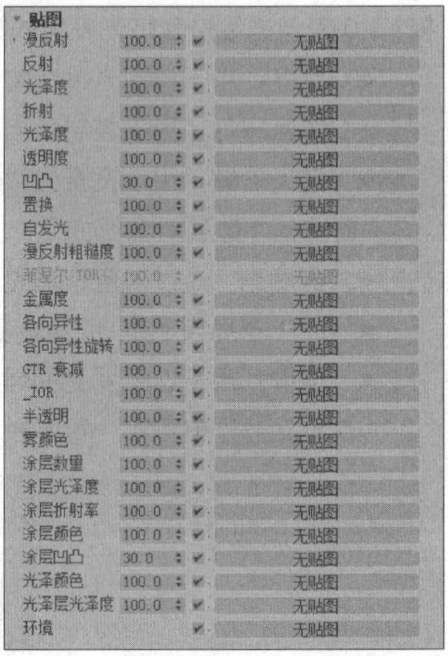

- 半透明：功能与"基本参数"卷展栏中"半透明"选项组的"背面颜色"功能相同。
- 环境：使用贴图为当前材质添加环境效果。

"涂层参数"卷展栏中的参数主要用于控制涂层表面颜色的光泽度和折射效果，"光泽参数"卷展栏中的参数主要用于设置光泽度的颜色和光泽层的光泽度。用户可以尝试调试一下这几个参数，这里就不详细介绍了，如图 7-96 所示。

7.5.2 "VRay 灯光"材质

"VRay 灯光"材质主要用于渲染霓虹灯、屏幕等自发光效果。

"参数"卷展栏（见图 7-97）中的各选项功能介绍如下。

- 颜色：用于设置对象自发光的颜色，后面的输入框可以理解为灯光的倍增器。使用右侧的"无贴图"按钮可以加载贴图，用于

图 7-95

图 7-96

代替颜色。

- 透明度：用于使用贴图指定发光体的透明度。
- 背面发光：勾选该复选框后，赋予材质对象的光源可双面发光。
- 补偿摄影机曝光：勾选该复选框后，VRay 灯光材质产生的照明效果可以增强摄影机曝光。
- 倍增颜色的不透明度：勾选该复选框后，同时使用下方的"置换"贴图通道加载黑白贴图，并可以通过贴图的灰度强弱控制发光强度，白色为最强。
- 置换：可以通过加载贴图控制发光效果，还可以通过调整倍增数值控制贴图发光的强弱，数值越大越亮。

"直接照明"选项组用于控制"VRay 灯光"材质是否参与直接照明计算。

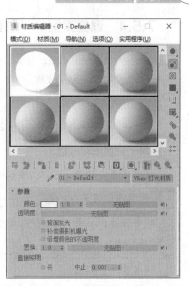

图 7-97

7.5.3 "VRay 材质包裹器"材质

在使用 VRay 渲染器渲染场景时，会出现某种对象的反射影响到其他对象，这就是色溢现象。色溢现象是因为 VRay 渲染器在渲染时间接照明的二次反弹而产生的，所以 VRay 提供了"VRay 材质包裹器"材质。该材质可以有效地避免色溢现象的出现。图 7-98（a）为控制色溢的效果，图 7-98（b）为将红色材质转换为"VRay 材质包裹器"材质并将"生成 GI"设置为 0.3 后的效果。

"VRay 材质包裹器参数"卷展栏（见图 7-99）中的各选项功能介绍如下。

　　（a）　　　　　　（b）

图 7-98　　　　　　　　　　　　　　图 7-99

- 基础材质：可以理解为对象基层的材质。

"附加表面属性"选项组用于控制材质的全局照明和焦散效果。

- 生成 GI（全局照明）：用于控制材质本身色彩对周围环境的影响。该值降低可以减少该材质对象对周围环境的影响，反之增强。
- 接收 GI（全局照明）：用于控制周围环境色彩对材质对象的影响。该值降低可以减少周围环境对该材质对象的影响，反之增强。
- 生成焦散：用于控制材质的焦散效果是否影响周围环境和对象。
- 接收焦散：用于控制周围环境和对象的焦散效果是否影响该材质对象。

"天光属性"选项组一般无用，这里就不详细介绍了。

7.5.4 课堂案例——制作香槟金材质

⊕ 案例学习目标

学习使用 VRayMtl 材质。

制作香槟金材质

⊕ 案例知识要点

本案例主要介绍使用 VRayMtl 材质，并通过设置反射的颜色来模拟有色香槟金材质，如图 7-100 所示。

⊕ 原始场景所在位置

随书资源：场景 /cha07/ 香槟金 .max。

⊕ 效果图场景所在位置

随书资源：场景 /cha07/ 香槟金材质 .max。

⊕ 贴图所在位置

随书资源：贴图。

（1）选择"文件 > 打开"命令，打开"香槟金 .max"场景。

（2）打开场景文件后，在场景中选中叉子和勺子，并打开材质编辑器，单击"Standard"按钮，在打开的"材质/贴图浏览器"对话框中选择"VRayMtl"材质，将其转换为 VRayMtl 材质，命名材质为"香槟金"，在"基本参数"卷展栏中设置"漫反射"的颜色为黑色，设置"反射"的红、绿、蓝为 235、183、122，设置"光泽度"为 0.83、"金属度"为 0.98，如图 7-101 所示。将设置好的材质指定给场景中的选择对象。

图 7-100

图 7-101

7.6 课堂练习——设置玻璃和茶水材质

⊕ 练习知识要点

本案例主要介绍使用 VRayMtl 材质，并通过设置反射、折射参数来调整玻璃和茶水的材质，如图 7-102 所示。

⊕ 场景所在位置

随书资源：场景 /cha07/ 玻璃和茶水材质 .max。

设置玻璃和茶水
材质

图 7-102

7.7 课后习题——设置樱桃材质

练习知识要点

根据材质分配材质 ID，对应材质 ID 设置每个子材质，完成的效果如图 7-103 所示。

场景所在位置

随书资源：场景 /cha07/ 樱桃材质 .max。

设置樱桃材质

图 7-103

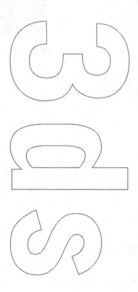

Chapter

8

第8章
摄影机和灯光环境
特效的使用

本章将重点介绍3ds Max 2020中的灯光系统，并重点介绍标准灯光的使用方法和参数设置，以及灯光特效的设置方法。读者通过学习本章的内容，要掌握标准灯光的使用方法，能够根据场景的实际情况进行灯光设置。

课堂学习目标

- 熟练掌握摄影机的使用及特效的设置方法

- 熟练掌握标准灯光的创建及参数设置

- 熟练掌握天光的特效设置方法

- 熟练掌握VRay灯光的设置方法

- 熟练掌握灯光的特效设置方法

8.1 摄影机的使用及特效

摄影机是用户制作三维场景时不可缺少的重要工具，就像场景中不能没有灯光一样。

3ds Max 2020 中的摄影机与现实生活中使用的摄影机十分相似，用户可以自由调整 3dsMax 摄影机的视角和位置，还可以利用摄影机的移动制作浏览动画。此外，该摄影机还支持景深和运动模糊等特殊效果的制作。

8.1.1　摄影机的创建

3ds Max 2020 中提供了 3 种摄影机，即物理摄影机、目标摄影机和自由摄影机。下面对这 3 种摄影机进行介绍。

1. 物理摄影机

物理摄影机将场景的帧设置与曝光控制和其他效果集成在一起，VRay 渲染器支持物理摄影机中的所有设置。物理摄影机的创建方法：单击"➕（创建）> 🎥（摄影机）> 标准 > 物理"按钮，在视图中按住鼠标左键不放并拖曳，在合适的位置上松开鼠标左键即可完成创建。

2. 目标摄影机

目标摄影机会查看在创建该摄影机时所放置的目标图标周围的区域。目标摄影机比自由摄影机更容易定向，这是因为目标摄影机只需将目标点定位在所需位置的中心上。

目标摄影机的创建方法：单击"➕（创建）> 🎥（摄影机）> 标准 > 目标"按钮，在视图中按住鼠标左键不放并拖曳，在合适的位置上松开鼠标左键即可完成创建，如图 8-1 所示。

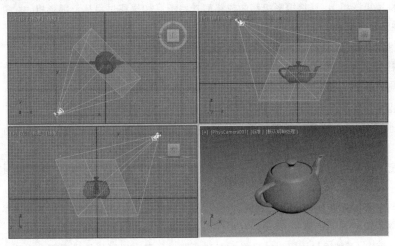

图 8-1

3. 自由摄影机

自由摄影机在摄影机指向的方向查看区域。与目标摄影机不同，目标摄影机有两个用于目标和摄影机的独立图标；自由摄影机由单个图标表示，这样的改进为的是更轻松地设置动画。自由摄影机可以绑定在运动目标上，随目标在运动轨迹上一起运动，还可以进行跟随和倾斜。自由摄影机适合处理游走拍摄、基于路径的动画。

自由摄影机的创建方法：单击"➕（创建）> 🎥（摄影机）> 标准 > 自由"按钮，直接在视图中单击鼠标左键即可完成创建，如图 8-2 所示。注意：用户在创建该摄影机时应该选择合适的视图。

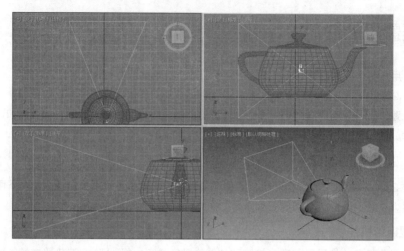

图 8-2

8.1.2 摄影机视图控制工具

创建摄影机后，用户在任意一个视图中按 C 键，即可将该视图转换为当前摄影机视图，此时视图控制区的视图控制工具也会转换为摄影机视图控制工具，如图 8-3 所示。这些视图控制工具是专用于摄影机视图的，如果激活其他视图，控制工具就会转换为标准工具。

摄影机视图控制工具的功能介绍如下。

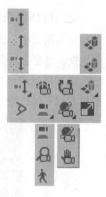

图 8-3

- ⬆️（推拉摄影机）：只将摄影机移向或移离其目标。如果移过目标，摄影机将翻转 180° 并且移离其目标。

- ⬆️（推拉目标）：只将目标移向和移离摄影机。在摄影机视图看不到变化，除非将目标推拉到摄影机的另一侧，摄影机视图将翻转。然而，更改目标到摄影机的相对位置将影响其他调整，如环游摄影机，它将目标作为其旋转的轴点。

- ⬆️（推拉摄影机 + 目标）：同时将目标和摄影机移向或移离摄影机。

- 🖐️（透视）：移动摄影机使其靠近目标点，同时改变摄影机的透视效果，从而导致镜头长度的变化。

- 🔄（侧滚摄影机）：激活该按钮后，目标摄影机围绕其视线旋转，自由摄影机围绕其局部 Z 轴旋转。

- 🔳（所示视图最大化显示选定对象）：缩放所有视口以适应所有对象或当前选择的范围。

- 🔳（所有视图最大化显示）：视图居中于对象并改变放大倍数以使对象填充视口。

- ▷（视野）：调整视口中可见的场景数量和透视张角量，摄影机的位置不发生改变。更改视野与更改摄影机上镜头的效果相似。视野越大，就可以看到更多的场景，而透视会扭曲，这与使用广角镜头相似；视野越小，看到的场景就越少，而透视会展平，这与使用长焦镜头类似。

- 🖐️（平移摄影机）：使用"平移摄影机"可以沿着平行于视图平面的方向移动摄影机。

- 👤（2D 平移缩放模式）：在 2D 平移缩放模式下，可以平移或缩放视口。在 2D 平移缩放模式处于活动状态时，会在其视口标签菜单的右侧显示一个附加的视口标签菜单。该菜单显示 2D 平移缩放模式处于活动状态，如果已进行缩放，它会显示缩放级别（默认值为 100%）。此外，用户还可以用其退出 2D 平移缩放模式。

- 🚶（穿行）：使用"穿行"可通过按下包括箭头方向键在内的一组快捷键，在视口中移动。在进入穿行导航模式之后，鼠标指针将改变为中空圆环，并在按下某个方向键（前、后、左或右）时显示方向箭头。这一特性可用于"透视"和"摄影机"视图。

- （环游摄影机）：使目标摄影机围绕其目标旋转。自由摄影机使用不可见的目标，其设置为在摄影机"参数"卷展栏中指定的目标距离。
- （摇移摄影机）：使目标围绕其目标摄影机旋转。对于自由摄影机，系统将围绕局部轴旋转摄影机。
- （最大化视口切换）：将当前被激活的视口最大化显示。

8.1.3 摄影机的参数

物理摄影机的参数涵盖了目标摄影机和自由摄影机的参数，所以下面以物理摄影机的参数为例来介绍摄影机中常用的一些重要参数。

1. "基本"卷展栏

"基本"卷展栏（见图 8-4）中的参数介绍如下。

- 目标：启用此复选框后，摄影机包括目标对象，并且目标对象的行为与目标摄影机的行为相似，用户可以通过移动目标设置摄影机的目标。
- 目标距离：用于设置目标与焦平面之间的距离。目标距离会影响聚焦、景深等。
- 显示圆锥体：在要显示摄影机圆锥体时，用户可以选择"选定时"（默认设置）、"始终"或"从不"。

图 8-4

- 显示地平线：启用该复选框后，地平线在摄影机视口中显示为水平线（假设摄影机帧包括地平线）。默认设置为禁用状态。

2. "物理摄影机"卷展栏

"物理摄影机"卷展栏用于设置摄影机的主要物理属性，如图 8-5 所示。

"胶片 / 传感器"选项组中各项功能介绍如下。

- 预设值：用于选择胶片模型或电荷耦合传感器，其选项包括 35mm（全画幅）胶片（默认设置）及多种行业标准传感器设置。每个设置都有其默认宽度值。

宽度：用于手动调整帧的宽度。

"镜头"选项组中各项功能介绍如下。

- 焦距：用于设置镜头的焦距。默认值为 40.0mm。
- 指定视野：启用时，用户可以设置新的视野（FOV）值（以度为单位），但大幅更改视野可导致透视失真。默认的视野值取决于所选的胶片 / 传感器预设值。默认设置为禁用状态。
- 缩放：在不更改摄影机位置的情况下缩放镜头。
- 光圈：将光圈设置为光圈数或 f 制光圈，此值将影响曝光和景深。光圈数越低，光圈越大且景深越窄。

"聚焦"选项组中各项功能介绍如下。

图 8-5

- 使用目标距离（默认设置）：使用"目标距离"作为焦距。
- 自定义：使用不同于"目标距离"的自定义焦距。
- 聚焦距离：选中"自定义"后，允许用户设置焦距。
- 镜头呼吸：通过将镜头向焦距方向移动或远离焦距方向来调整视野。镜头呼吸值为 0.0，表示禁用此效果。默认值为 1.0。
- 启用景深：启用时，摄影机在不等于焦距的距离上生成模糊效果。景深效果的强度基于光圈设置。其默认设置为禁用状态，禁用与启用后的效果对比如图 8-6 所示。

图 8-6

"快门"选项组中各项功能介绍如下。

● 类型：选择测量快门速度使用的单位。帧（默认设置），通常用于计算机图形；秒或分秒，通常用于静态摄影；度，通常用于电影摄像。

● 持续时间：根据所选的单位类型设置快门速度，该值可能影响曝光、景深和运动模糊。

● 偏移：启用时，指定相对于每帧开始时间的快门打开时间，更改此值会影响运动模糊，默认的"偏移"值为 0.0。默认设置为禁用状态。

● 启用运动模糊：启用此复选框后，摄影机可以生成运动模糊效果。默认设置为禁用状态。

3."曝光"卷展栏

"曝光"卷展栏主要设置摄影机曝光，如图 8-7 所示。

● 安装曝光控制：单击以使物理摄影机曝光控制处于活动状态。如果物理摄影机曝光控制已处于活动状态，则会禁用此按钮，其标签将显示"曝光控制已安装"。如果其他曝光控制处于活动状态，该卷展栏中的其他控制将处于非活动状态。

"曝光增益"选项组用于模拟胶片曝光速度（或其数字等效值）。

● 手动：通过 ISO（感光度）值设置曝光增益。当此单选按钮处于活动状态时，通过此值、快门速度和光圈设置计算曝光。该数值越高，曝光时间越长。

● 目标（默认设置）：用于设置与 3 个摄影曝光值（Exposure Value，EV）的组合相对应的单个曝光值。每次增加或降低曝光值，对应的也会分别减少或增加有效的曝光，因此，值越高，生成的图像越暗；值越低，生成的图像越亮。EV 默认设置为 6.0。

图 8-7

"白平衡"选项组用于调整色彩平衡。

● 光源（默认设置）：用于按照标准光源设置色彩平衡。默认设置为"日光（6500K）"。

● 温度：以色温的形式设置色彩平衡，以开尔文温度（K）表示。

● 自定义：用于设置任意色彩平衡。单击色样以打开"颜色选择器"，用户可以从中设置希望使用的颜色。

"启用渐晕"选项组包括以下两项。

● 启用渐晕：启用时，渲染模拟出现在胶片平面边缘的变暗效果。要在物理上更加精确地模拟渐晕，可使用"散景（景深）"卷展栏上的"光学渐晕（CAT 眼睛）"控制。

● 数量：增加此数量以增加渐晕效果。默认值为 1.0。

4."散景（景深）"卷展栏

"散景（景深）"卷展栏用于设置景深的散景效果，如图 8-8 所示。

"光圈形状"选项组中各项功能介绍如下。

● 圆形（默认设置）：散景效果基于圆形光圈。

图 8-8

● 叶片式：散景效果使用带有边的光圈。使用"叶片"值设置每个模糊圈的边数；使用"旋转"值设置每个模糊圈旋转的角度。

● 自定义纹理：使用贴图图案替换每种模糊圈（如果贴图为填充黑色背景的白色圈，则等效于标准模糊圈）。

● 影响曝光：启用时，自定义纹理将影响场景的曝光。根据纹理的透明度，这样可以允许相比标准的圆形光圈通过更多或更少的灯光（同样地，如果贴图为填充黑色背景的白色圈，则允许进入的灯光量与圆形光圈相同）。禁用此复选框后，纹理允许的通光量始终与通过圆形光圈的灯光量相同。默认设置为启用状态。

"中心偏移（光环效果）"选项组用于使光圈透明度向中心（负值）或边（正值）偏移。正值会增加焦外区域的模糊量，而负值会减小模糊量。中心偏移设置的场景中尤其明显显示散景效果。

"光学渐晕（CAT 眼睛）"选项组用于模拟"猫眼"效果使帧呈现渐晕效果（部分广角镜头可以形成这种效果）。

"各向异性（失真镜头）"选项组用于垂直（负值）或水平（正值）拉伸光圈模拟失真镜头。与设置"中心偏移（光环效果）"时相比，"各向异性（失真镜头）"设置在显示散景效果的场景中是最明显的。

5."透视控制"卷展栏

"透视控制"卷展栏用于调整摄影机视图的透视，如图 8-9 所示。

"镜头移动"选项组下的这些设置用于控制沿水平或垂直方向移动摄影机，而不旋转或倾斜摄影机。在 x 轴和 y 轴，这些设置将以百分比形式表示（不考虑图像纵横比）。

"倾斜校正"选项组下的这些设置用于控制沿水平或垂直方向倾斜摄影机。用户可以使用这些设置来更正透视，特别是在摄影机已向上或向下倾斜的场景中。

图 8-9

6."镜头扭曲"卷展栏

"镜头扭曲"卷展栏用于向渲染添加扭曲效果，如图 8-10 所示。

"扭曲类型"选项组中各项功能介绍如下。

● 无（默认设置）：不应用扭曲。

● 立方：启用后，"数量"不为 0.0 时，将扭曲图像。正值会产生枕形扭曲；负值会产生桶形扭曲。在枕形扭曲中，到图像中心的距离越大，向中心扭曲的线越多。枕形扭曲还可装饰图像。

● 纹理：基于纹理贴图扭曲图像。单击该按钮可打开"材质/贴图浏览器"，然后指定贴图。

图 8-10

7."其他"卷展栏

"其他"卷展栏用于设置剪切平面和环境范围，如图 8-11 所示。

"剪切平面"选项组中各项功能介绍如下。

● 启用：启用此项可启用此功能。在视口中，剪切平面在摄影机锥形光线内显示为红色的栅格。

● 近、远：用于设置近距和远距平面，采用场景单位。对于摄影机，比近距剪切平面近或比远距剪切平面远的对象是不可视的。

"环境范围"选项组中各项功能介绍如下。

图 8-11

● 近距范围、远距范围：确定在"环境"面板上设置大气效果的近距范围和远距范围限制。两个限制之间的对象将在远距值和近距值之间消失。

8.1.4 课堂案例——制作景深特效

案例学习目标

学习使用摄影机的景深效果。

案例知识要点

在原始场景的基础上，设置合适的摄影机景深参数，完成的景深效果如图 8-12 所示。

制作景深特效

图 8-12

原始场景所在位置

随书资源：场景 /cha08/ 景深 .max。

效果图场景所在位置

随书资源：场景 /cha08/ 景深 ok.max。

贴图所在位置

随书资源：贴图。

（1）打开原始场景文件，渲染打开的场景（该场景为 VRay 渲染），如图 8-13 所示。

（2）在打开的场景中创建物理摄影机，然后在场景中选择摄影机，切换到 ⬜（修改）命令面板，在"物理摄影机"卷展栏中勾选"启用景深"复选框，设置"光圈"为 1.0，如图 8-14 所示。光圈参数影响摄影机的景深效果，在该摄影机中前面的物体清晰，越往后越模糊。

图 8-13

图 8-14

（3）对场景进行渲染可以得到景深效果（见图 8-12）。

8.2 灯光的使用和特效

灯光的重要作用是配合场景营造氛围，所以灯光应该和所照射的物体一起渲染来体现效果。如果将暖色的光照射在冷色调的场景中，就让人感到不舒服了。

8.2.1 标准灯光

3ds Max 2020 中的灯光可分为标准和光度学两种类型。标准灯光是 3ds Max 2020 的传统灯光，共 6 种，分别是目标聚光灯、自由聚光灯、目标平行光、自由平行光、泛光、天光，如图 8-15 所示。

下面分别对标准灯光进行简单介绍。

图 8-15

1. 标准灯光的创建

标准灯光的创建比较简单，直接在视图中拖曳、单击就可完成创建。

目标聚光灯和目标平行光的创建方法相同，以创建目标聚光灯为例，只需在创建命令面板中单击"目标聚光灯"按钮后，在视图中按住鼠标左键不放并进行拖曳，在合适的位置松开鼠标左键即可完成创建。在创建过程中，移动鼠标指针可以改变目标点的位置。创建完成后，用户还可以单独选择光源和目标点，利用移动和旋转工具改变位置和角度。

2. 目标聚光灯和自由聚光灯

聚光灯是一种有方向的光源，类似于舞台上的强光灯。它可以准确控制光束的大小、焦点、角度，建模中经常使用该光源，如图 8-16 所示。

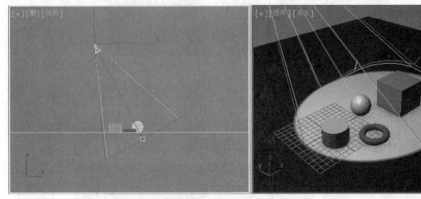

图 8-16

- 目标聚光灯：可以向移动目标点投射光，且具有照射焦点和方向性，如图 8-17 所示。
- 自由聚光灯：其功能和目标聚光灯的功能一样，只是没有定位的目标点，仅是沿着一个固定的方向照射，如图 8-18 所示。自由聚光灯常用于动画制作中。

3. 目标平行光和自由平行光

平行光可以在一个方向上发射平行的光源，与物体之间没有距离的限制，它主要用于模拟太阳光。用户可以调整光的颜色、角度和位置的参数。

目标平行光和自由平行光没有太大的区别，当需要光线沿路径移动时，应该使用目标平行光；当光源位置不固定时，应该使用自由平行光。两种灯光的形态如图 8-19 所示。

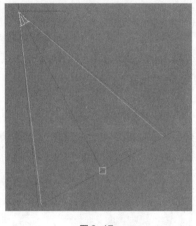
图 8-17

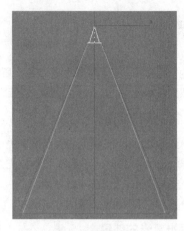
图 8-18

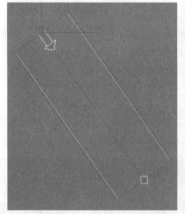
图 8-19

4. 泛光

泛光是一种点光源，向各个方向发射光线，能照亮所有面向它的对象，如图 8-20 所示。通常，泛光用于模拟点光源或者作为辅助光在场景中添加充足的光照效果。

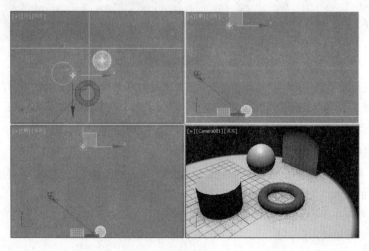
图 8-20

5. 天光

天光能够创建出一种全局光照效果，配合光能传递渲染功能，还能够创建出非常自然、柔和的渲染效果。天光没有明确的方向，就好像一个覆盖整个场景的、很大的半球发出的光，能从各个角度照射场景中的物体，如图 8-21 所示。

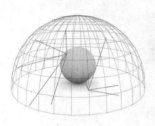

图 8-21

8.2.2　标准灯光的参数

标准灯光的参数大部分都是相同或相似的，只有天光具有自身的修改参数，但比较简单。下面就以目标聚光灯的参数为例，介绍标准灯光的参数。

在创建命令面板中单击"＋（创建）>（灯光）> 标准 > 目标聚光灯"按钮，在视图中创建一盏目标聚光灯，然后单击（修改）按钮切换到修改命令面板，修改命令面板中会显示出目标聚光灯的修改参数，如图 8-22 所示。

图 8-22

1. "常规参数"卷展栏

"常规参数"卷展栏是所有类型灯光共有的，用于设定灯光的开启和关闭、灯光的阴影、包含或排除对象及灯光阴影的类型等，如图 8-23 所示。

"灯光类型"选项组中各项功能介绍如下。

● 启用：勾选该复选框，灯光被打开；未选定时，灯光被关闭。被关闭灯光的图标在场景中用黑色表示。

● 灯光类型下拉列表框：使用该下拉列表框可以改变当前选择灯光的类型，其中包括"聚光灯""平行光""泛光" 3 种类型。改变灯光类型后，灯光所特有的参数也将随之改变。

图 8-23

● 目标：勾选该复选框，则为灯光设定目标。灯光及其目标之间的距离显示在该复选框的右侧。对于自由光，用户可以自行设定该值；而对于目标光，用户可以通过移动灯光、灯光的目标物体或关闭该复选框来改变值的大小。

"阴影"选项组中各项功能介绍如下。

● 启用：用于开启和关闭灯光产生的阴影。在渲染时，用户可以决定是否对阴影进行渲染。

● 使用全局设置：该复选框用于指定阴影是使用局部参数还是使用全局参数。开启该复选框，则其他有关阴影的设置值将采用场景中默认的全局统一参数设置，此时如果修改了其中一个使用该设置的灯光，则场景中所有使用该设置的灯光都会相应地改变。

● 阴影类型下拉列表框：该下拉列表中列出了 3ds Max 2020 中的 4 种内置阴影类型，分别是高级光线跟踪、区域阴影、阴影贴图和光线跟踪阴影，以及 VRay 阴影（如果用户安装了 VRay 会显示 VRay 阴影），如图 8-24 所示。

图 8-24

◆ 阴影贴图：产生一个假的阴影，它从灯光的角度计算产生阴影对象的投影，然后将它投影到后面的对象上。优点是渲染速度较快，阴影的边界较柔和；缺点是阴影不真实，不能反映透明效果，如图 8-25 所示。

    ◆ 光线跟踪阴影：可以产生真实的阴影。它在计算阴影时考虑对象的材质和物理属性，缺点是计算量较大。效果如图 8-26 所示。

图 8-25　　　　　　　　　　　　图 8-26

    注意：以上介绍的参数基本上都是建模中比较常用的。灯光亮度的调节、阴影的设置、灯光及物体摆放的位置等设置技巧需要多加练习，才能熟练掌握。

    ◆ 高级光线跟踪：高级光线跟踪是对光线跟踪阴影的改进，拥有更多详细的调节参数。

    ◆ 区域阴影：可以模拟面积光或体积光所产生的阴影，它是模拟真实光照效果时的必备功能。

    ● 排除：该按钮用于设置灯光是否照射某个对象，或者是否使某个对象产生阴影。单击该按钮，会弹出"排除 / 包含"对话框，如图 8-27 所示。在"排除 / 包含"对话框的左边窗口中选择要排除的对象后，单击 >> 按钮即可排除对象；如果要撤销对对象的排除，则在右边的窗口中选择对象，单击 << 按钮即可。

2. "强度 / 颜色 / 衰减"卷展栏

"强度 / 颜色 / 衰减"卷展栏用于设定灯光的强弱、颜色及灯光的衰减参数，参数面板如图 8-28 所示。

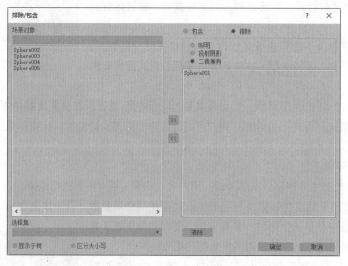

图 8-27　　　　　　　　　　　　　　　　　图 8-28

    ● 倍增：类似于灯的调光器。倍增值小于"1.0"时减小光的亮度，倍增值大于"1.0"时增大光的亮度。当倍增值为负值时，可以从场景中减去亮度。

- 颜色选择器：位于倍增的右侧，用户可以从中设置灯光的颜色。

"衰退"选项组用于设置灯光的衰减方法。

- 类型：用于设置灯光的衰减类型，它共包括 3 种衰减类型，即无、倒数和平方反比。默认为"无"，不会产生衰减；倒数类型使光从光源处开始线性衰减，距离越远，光的强度越弱；平方反比类型按照离光源距离的平方比倒数进行衰减，这种类型最接近真实世界的光照特性。
- 开始：用于设置距离光源多远开始进行衰减。
- 显示：在视图中显示衰减开始的位置，它在光锥中用绿色圆弧来表示。

"近距衰减"选项组用于设定灯光亮度开始减弱的距离，如图 8-29 所示。

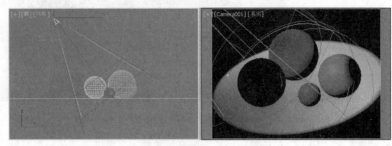

图 8-29

- 开始、结束："开始"设定灯光从亮度为 0.0 开始逐渐显示的位置，在光源到开始之间，灯光的亮度为 0.0。从"开始"到"结束"，灯光亮度逐渐增强到设定的亮度。在"结束"以外，灯光保持设定的亮度和颜色。
- 使用：开启或关闭衰减效果。
- 显示：在场景视图中显示衰减范围。灯光及参数的设定改变后，衰减范围的形状也会随之改变。

"远距衰减"选项组用于设定灯光亮度减弱为 0.0 的距离，如图 8-30 所示。

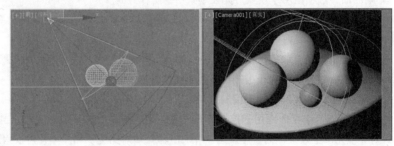

图 8-30

- 开始、结束："开始"设定灯光开始从亮度为初始设定值逐渐减弱的位置，在光源到开始之间，灯光的亮度设定为初始亮度和颜色。从"开始"到"结束"，灯光亮度逐渐减弱到 0.0。在"结束"以外，灯光亮度为 0.0。

3. "聚光灯参数"卷展栏

"聚光灯参数"卷展栏用于控制聚光灯的"聚光区 / 光束"和"衰减区 / 区域"等，它是聚光灯特有的参数卷展栏，如图 8-31 所示。

"光锥"选项组用于对聚光灯照明的锥形区域进行设定。

- 显示光锥：该复选框用于控制是否显示灯光的范围框。选择该复选框后，即使聚光灯未被选择，也会显示灯光的范围框。

图 8-31

- 泛光化：选择该复选框后，聚光灯能作为泛光灯使用，但阴影和阴影贴图仍然被限制在聚光灯范围内。

- 聚光区 / 光束：调整灯光聚光区光锥的角度大小。它是以角度为测量单位的，默认值为 43.0，光锥以亮蓝色的锥线显示。

- 衰减区 / 区域：调整灯光散光区光锥的角度大小。默认值为 45.0。

聚光区 / 光束和衰减区 / 区域两个参数可以理解为调节灯光的内外衰减，如图 8-32 所示。

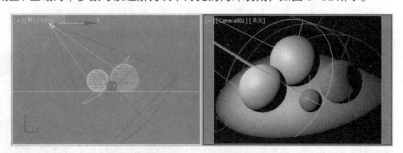

图 8-32

- "圆"和"矩形"单选按钮：决定聚光区和散光区是圆形还是矩形。默认为圆形，当用户要模拟光从窗户中照射进来时，可以设置为矩形的照射区域。

- "纵横比"和"位图拟合"：当设定为矩形照射区域时，使用纵横比来调整方形照射区域的长宽比，或者使用"位图拟合"按钮为照射区域指定一个位图，使灯光的照射区域同位图的长宽比相匹配。

4．"高级效果"卷展栏

"高级效果"卷展栏用于控制灯光影响表面区域的方式，并提供了对投影灯光的调整和设置，如图 8-33 所示。

"影响曲面"选项组用于设置灯光在场景中的工作方式。

- 对比度：该参数用于调整最亮区域和最暗区域的对比度，取值范围为 0.0 ~ 100.0。默认值为 0.0，代表正常的对比度。

- 柔化漫反射边：取值范围为 0.0 ~ 100.0；其数值越小，边界越柔和；默认值为 50.0。

- 漫反射：该复选框用于控制打开或者关闭灯光的漫反射效果。

- 高光反射：该复选框用于控制打开或者关闭灯光的高光部分。

- 仅环境光：该复选框用于控制打开或者关闭对象表面的环境光部分。当选中该复选框时，灯光照明只对环境光产生效果，而"漫反射""高光反射""对比度"和"柔化漫反射边"选项将不能使用。

"投影贴图"选项组能够将图像投射在物体表面，以用于模拟投影仪和放映机等效果，如图 8-34 所示。

图 8-33

图 8-34

- 贴图：开启或关闭所选图像的投影。
- 无：单击该按钮，将打开"材质 / 贴图浏览器"对话框，用于指定进行投影的贴图。

5. "阴影参数"卷展栏

"阴影参数"卷展栏用于选择阴影方式，设置阴影的效果，如图 8-35 所示。

"对象阴影"选项组用于调整阴影的颜色和密度及增加阴影贴图等，它是"阴影参数"卷展栏中主要的参数选项组。

- 颜色：用于设定阴影的颜色，默认为黑色。
- 密度：通过调整投射阴影的百分比来调整阴影的密度，从而使阴影变黑或者变亮。取值范围为 -1.0 ~ 1.0，当该值等于 0.0 时，不产生阴影；当该值等于 1.0 时，产生最深颜色的阴影；负值产生阴影的颜色与设置的阴影颜色相反。
- 贴图：可以将物体产生的阴影变成所选择的图像，如图 8-36 所示。

图 8-35   图 8-36

- 灯光影响阴影颜色：选中该复选框，灯光的颜色将会影响阴影的颜色，阴影的颜色为灯光的颜色与阴影的颜色相混合后的颜色。

"大气阴影"选项组用于控制大气效果是否产生阴影，一般大气效果是不产生阴影的。

- 启用：开启或关闭大气阴影。
- 不透明度：调整大气阴影的透明度。当该参数为 0.0 时，大气效果没有阴影；当该参数为 100.0 时，产生完全的阴影。
- 颜色量：调整大气阴影颜色和阴影颜色的混合度。当采用大气阴影时，在某些区域产生的阴影是由阴影本身颜色与大气阴影颜色混合生成的。当该参数为 100.0 时，阴影的颜色完全饱和。

6. "阴影贴图参数"卷展栏

选择阴影类型为"阴影贴图"后，将出现"阴影贴图参数"卷展栏，如图 8-37 所示。这些参数用于控制灯光投射阴影的质量。

- 偏移：该数值框用于调整物体与产生的阴影图像之间的距离。其数值越大，阴影与物体之间的距离就越大。如图 8-38 所示，图 8-38(a) 为将"偏移"值设置为 1.0 后的效果，图 8-38(b) 为将"偏移"值设置为 10.0 后的效果。看上去好像是物体悬浮在空中，实际上是影子与物体之间有距离。
- 大小：用于控制阴影贴图的大小。其数值越大，阴影的质量越高，但也会占用更多内存。
- 采样范围：用于控制阴影的模糊程度。其数值越小，阴影越清晰；其数值越大，阴影越柔和。取样范围为 0.0 ~ 20.0，推荐使用 2.0 ~ 5.0，默认值为 4.0。
- 绝对贴图偏移：选中该复选框时，为场景中的所有对象设置偏移范围。未选中该复选框时，只在场景中相对于对象偏移。

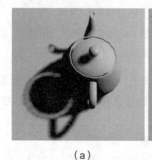

（a） （b）

图 8-37 图 8-38

- 双面阴影：选中该复选框后，在计算阴影时同时考虑背面阴影，此时对象内部并不被外部灯光照亮。未选中该复选框时，将忽略背面阴影，外部灯光也可照亮对象内部。

8.2.3　天光的特效

天光在标准灯光中是比较特殊的一种灯光，它主要用于模拟自然光线，能表现全局光照的效果。在真实世界中，由于空气中的灰尘等介质的存在，即使阳光照不到的地方，我们也不会觉得暗，且能够看到物体。但在 3ds Max 2020 中，光线就好像在真空中一样，光照不到的地方是黑暗的，所以在创建灯光时，一定要让光照射在物体上。

利用天光可以不考虑位置和角度，用户在视图中的任意位置上创建天光，都会获得自然光的效果。下面来介绍天光的参数。

单击"➕（创建）> 💡（灯光）> 标准 > 天光"按钮，在任意视图中单击鼠标左键，即可创建天光。参数面板中会显示出天光的参数，如图 8-39 所示。

图 8-39

- 启用：用于打开或关闭天光。选中该复选框，将在阴影和渲染计算的过程中利用天光来照亮场景。
- 倍增：通过设置倍增的数值调整灯光的强度。

"天空颜色"选项组中各种功能介绍如下。

- 使用场景环境：选中该单选按钮，将利用"环境和效果"对话框中的环境设置来设定灯光的颜色。只有当光线跟踪处于激活状态时，该设置才有效。
- 天空颜色：选中该单选按钮，用户可通过单击颜色样本框显示"颜色选择器"对话框，并从中选择天光的颜色。一般使用天光，保持默认的颜色即可。
- 贴图：可利用贴图来影响天光的颜色，该复选框用于控制是否激活贴图；右侧的微调器用于设置使用贴图的百分比,某数值小于 100% 时,贴图颜色将与天空颜色混合;"无贴图"按钮用于指定一个贴图。只有当光线跟踪处于激活状态时,贴图才有效。

"渲染"选项组中各种功能介绍如下。

- 投射阴影:选中该复选框时,天光可以投射阴影。默认是关闭的。
- 每采样光线数:设置用于计算照射到场景中给定点上的天光光线数量,默认值为 20。
- 光线偏移:设置对象可以在场景中给定点上投射阴影的最小距离。

使用天光一定要注意,天光必须配合高级灯光使用才能起作用;否则,即使创建了天光,也不会有自然光的效果。下面来介绍如何使用天光表现全局光照效果。

操作步骤如下。

(1)在场景中创建一些几何体。单击" ➕(创建)> 💡(灯光)> 标准 > 天光"按钮,在视图中创建天光。在工具栏中单击★(渲染产品)按钮,渲染后的效果并不是真正的天光效果。

(2)在工具栏中单击 🗝(渲染设置)按钮,弹出"渲染设置:扫描线渲染器"窗口,切换到"高级照明"选项卡,在"选择高级照明"卷展栏的下拉列表框中选择"光跟踪器"渲染器,如图 8-40 所示。

(3)单击"渲染"按钮,对视图中的茶壶再次进行渲染,得到天光的效果如图 8-41 所示。

图 8-40

图 8-41

8.2.4　灯光的特效

在标准灯光参数中的"大气和效果"卷展栏用于制作灯光特效,如图 8-42 所示。

- 添加:用于添加特效。单击该按钮后,会弹出"添加大气或效果"对话框,用户可以从中选择"体积光"和"镜头效果",如图 8-43 所示。

图 8-42

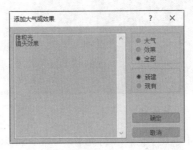

图 8-43

- 删除：用于删除列表框中所选定的大气效果。
- 设置：用于对列表框中选定的大气或环境效果进行参数设定。

8.2.5 课堂案例——台灯光效

⊕ **案例学习目标**

学习体积光特效。

⊕ **案例知识要点**

通过创建目标聚光灯，并为聚光灯添加体积光效果，完成的台灯光效如图 8-44 所示。

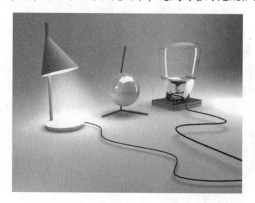

台灯光效

图 8-44

⊕ **原始场景所在位置**

随书资源：场景 /cha08/ 台灯 .max。

⊕ **效果图场景所在位置**

随书资源：场景 /cha08/ 台灯光效 .max。

⊕ **贴图所在位置**

随书资源：贴图。

（1）打开原始场景文件，如图 8-45 所示，渲染当前场景得到图 8-46 所示的效果。

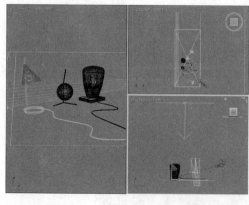

图 8-45

图 8-46

（2）单击"➕（创建）> 💡（灯光）> 标准 > 目标聚光灯"按钮，在"前"视图中台灯的位置创建目标聚光灯，在场景中调整灯光的位置和照射角度。

（3）切换到 （修改）命令面板，在"强度/颜色/衰减"卷展栏中设置"倍增"为0.2，在"远距衰减"中勾选"使用"和"显示"，设置"开始"为300.0、"结束"为706.4。在"聚光灯参数"卷展栏中设置"聚光区/光束"为20.0、"衰减区/区域"为60.0。在"大气和效果"卷展栏中单击"添加"按钮，在打开的"添加大气或效果"对话框中选择"体积光"，单击"确定"按钮。添加的体积光如图8-47所示。

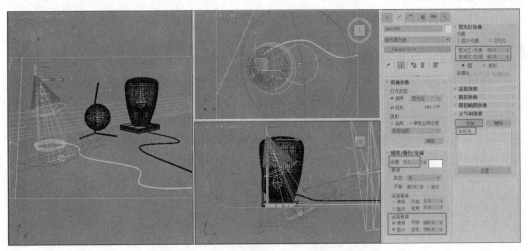

图 8-47

（4）对场景进行渲染即可得到体积光效果。如果对当前效果不满意，用户还可以调整参数，这里就不详细介绍了。

8.2.6　VRay 灯光的参数

安装 VRay 渲染器后，VRay 灯光为 3ds Max 的标准灯光和光度学灯光提供了名为"VRay 阴影"的阴影类型（见图 8-48），还提供了自己的灯光面板，其中包括 VRay 灯光、VRay IES、VRay 环境光、VRay 太阳。下面我们将介绍常用的 VRay 灯光和 VRay 太阳两种灯光及 VRay 阴影参数，如图 8-49 所示。

图 8-48　　　　　　　　图 8-49

1. VRay 阴影

将灯光的阴影类型指定为"VRay 阴影"时，相应的"VRay 阴影参数"卷展栏才会出现，如图 8-50 所示。

当阴影类型为"VRay 阴影"时，"VRay 阴影参数"卷展栏的介绍如下。

- 透明阴影：控制透明物体的阴影，必须使用 VRay 材质并选择材质中的"影响阴影"才能产生效果。
- 偏移：控制阴影与物体的偏移距离，一般用默认值。
- 区域阴影：控制物体阴影效果，有长方体和球体两种模式。启用该复选框

图 8-50

后会降低渲染速度。

- U 大小、V 大小、W 大小：其值越大，阴影越模糊，并且还会产生杂点，降低渲染速度。
- 细分：控制阴影的杂点。参数值越高，杂点越光滑，同时渲染速度会降低。

2. VRay 灯光

VRay 灯光主要用于模拟室内灯光或产品展示，它是室内渲染中使用频率最高的一种灯光。

"常规"卷展栏（见图 8-51）中的各选项功能介绍如下。

- 开：控制灯光的开、关。
- 类型：该下拉列表框提供了"平面""穹顶""球体""网格""圆形"5 种类型，如图 8-52 所示。这 5 种类型形状各不相同，因此可以被应用于各种场景下。"平面"一般用于制作片灯、窗口自然光和补光；"穹顶"的作用类似于 3ds Max 的天光，光线来自位于灯光 z 轴的半球状圆顶；"球体"是以球形的光来照亮场景，多用于制作亮的各种灯的灯泡；"网格"用于制作特殊形状灯带、灯池，必须有一个可编辑网格模型为基础；"圆形"一般用于制作圆形灯片以提供照明。

图 8-51　　　　　　　　图 8-52

- 目标：勾选该复选框后，显示灯光的目标点。
- 长度：用于设置平面灯光的长度。
- 宽度：用于设置平面灯光的宽度。
- 单位：用于设置灯光的强度单位，它提供了 5 种类型——默认（图像）、发光率（lm）、亮度（lm/m² /sr）、辐射率（W）和辐射（W/m²/sr）。"默认（图像）"为默认单位，依靠灯光的颜色、亮度、大小控制灯光的最后强弱。
- 倍增：用于设置灯光的强度。

"纹理"选项组（"纹理"即贴图通道）中的各选项功能介绍如下。

- 纹理：这个复选框允许用户使用贴图作为半球状的光照。
- 分辨率：贴图光照的计算精度，最大值为 2048。
- 无贴图：单击该按钮，用于选择纹理贴图。

"矩形 / 圆形灯光"卷展栏（见图 8-53）中的各选项功能介绍如下。

- 定向：在默认情况下，来自平面或光源的光线在光点所在侧各个方向上均匀地分布。当这个参数增加到 1.0 时，扩散范围变窄，使光线更具有方向性。光线在光源周围各个方向照射的值为 0.0（默认值），0.5 的值将光锥推成 45° 角，1.0 的值（最大值）则形成 90° 的光锥。
- 预览：允许光的传播角度被视为一个线框在视窗中，因为它是由光的方向参数设置。
- 预览纹理图：如果使用纹理驱动光线，则其能够在视区中显示纹理。

"选项"卷展栏（见图 8-54）中的各选项功能介绍如下。

- 排除：单击该按钮，弹出"包含 / 排除"对话框，从中选择灯光排除或包含的对象模型。在选中

"排除"单选按钮时"包含"单选按钮失效，反之亦然。

图 8-53　　　　　　　　　　　　图 8-54

- 投射阴影：用来控制是否对物体产生照明阴影。
- 双面：用来控制是否让灯光的双面都产生照明效果。当灯光类型为"平面"时该项才有效，其他灯光类型时无效。
- 不可见：用来控制渲染后是否显示灯光的形状。
- 不衰减：在真实的自然界中，所有的光线都是有衰减的，如果将这个复选框取消，VRay 光源将不计算灯光的衰减效果。
- 天光入口：如果勾选该复选框，会把 VRay 灯光转换为天光，此时的 VRay 灯光变成了间接照明（GI），失去了直接照明。"投射阴影""双面""不可见"等参数将不可用，这些参数被天光参数所取代。
- 存储发光贴图：如果使用发光贴图来计算间接照明，则勾选该复选框后，发光贴图会存储灯光的照明效果。它有利于快速渲染场景，当渲染完光子的时候，可以把这个 VRay 光源关闭或者删除；它对最后的渲染效果没有影响，因为它的光照信息已经保存在发光贴图里。
- 影响漫反射：该复选框决定灯光是否影响物体材质属性的漫反射。
- 影响高光：该复选框决定灯光是否影响物体材质属性的高光。
- 影响反射：该复选框决定灯光是否影响物体材质属性的反射。

"采样"卷展栏（见图 8-55）中的各选项功能介绍如下。

- 细分：用来控制渲染后的品质。设置比较低的参数，杂点多，渲染速度快；设置比较高的参数，杂点少，渲染速度慢。
- 阴影偏移：用来控制物体与阴影偏移距离，一般保持默认即可。

"视口"卷展栏（见图 8-56）中的各选项功能介绍如下。

- 启用视口着色：视口为"真实"状态时，会对视口照明产生影响。
- 视口线框颜色：当启用时，光的线框在视窗中以指定的颜色显示。
- 图标文本：可以启用或禁用视区中的光名预览。

"高级选项"卷展栏（见图 8-57）中的各选项功能介绍如下。

- 使用 MIS：当该复选框启用（默认设置）时，光的贡献分为两个部分，一部分是直接照明，另一部分是间接照明（对于漫反射材料）或者反射（对于光滑表面），提供直接照明和间接照明以使光线可用。这意味着部分光线的贡献最终在 GI 渲染元素（或反射渲染元素）。在某些特定的情况下，这是不可取的。这个复选框可以用来计算光的贡献（通过直接照明）。

　　图 8-55　　　　　　　　　　图 8-56　　　　　　　　　　图 8-57

3. VRay 太阳

VRay 太阳（VRaySun）主要用于模拟真实的室外太阳照射效果，它的效果会随着 VRay 太阳的位置变化而变化。

"VRay 太阳参数"卷展栏（见图 8-58）中的各选项功能介绍如下。

- 启用：打开或关闭太阳光。

- 不可见：当启用时，使 VRay 太阳不可见。这样有助于防止光滑表面出现明亮的斑点，因为低概率的射线会击中极其明亮的太阳圆盘。

- 影响漫反射：决定了 VRay 太阳是否影响材质的漫反射特性。

- 漫反射基值：控制太阳对漫射照明的强度。

- 影响高光：决定 VRay 太阳是否影响材质的高光。

- 高光基值：控制太阳对高光的强度。

- 投射大气阴影：启用时，大气效果在现场投射阴影。

- 浊度：控制空气的混浊度，能影响太阳和天空的颜色。如果数值小，则表示清爽、干净的空气，颜色比较蓝；如果数值大，则表示阴天有灰尘的空气，颜色呈橘黄色。

- 臭氧：控制空气中臭氧的含量。如果数值小，则阳光比较黄；如果数值大，则阳光比较蓝。

图 8-58

- 强度倍增：控制阳光的亮度，默认值为 1.0。"VRay 太阳"是 VRay 渲染器的灯光，所以一般我们使用的是标准摄影机，场景会出现很亮、曝光的效果。一般情况下，如果使用标准摄影机，"强度倍增"设置为 0.03 ~ 0.005；如果使用 VRay 摄影机，"强度倍增"保持默认就可以了。

"浊度"与"强度倍增"是相互影响的，因为空气中的浮尘较多时，浮尘会对阳光有遮挡、衰减的作用，阳光的强度相应会降低。

"VRay 太阳"是 VRay 渲染器的灯光，设计之初就是配合 VRay 摄影机使用的，且 VRay 摄影机模拟的是真实的摄影机，具有控制进光的光圈、快门速度、曝光、光晕等选项，所以"强度倍增"为 1.0 时不会曝光。但我们一般使用的是标准摄影机，它不具有 VRay 摄影机的特性，如果"强度倍增"为 1.0，必然会出现整个场景曝光的效果，所以使用标准摄影机，"强度倍增"设置为 0.03 ~ 0.005。

- 大小倍增：太阳的大小，主要控制阴影的模糊程度。其值越大，阴影越模糊。

- 过滤颜色：用于自定义阳光的颜色。

- 颜色模式：影响滤色器颜色参数中的颜色影响太阳颜色的方式。

- 阴影细分：用来调整阴影的细分质量。其值越大，阴影质量越好，且没有杂点。

"大小倍增"与"阴影细分"是相互影响的，影子的虚边越大，所需要的细分就越多。当影子为虚边阴影时，会需要一定的细分值增加阴影的采样，如果采样数量不够，会出现很多杂点，所以"大小倍增"的值越大，"阴影细分"的值就需要适当增大。

- 阴影偏移：用来控制阴影与物体之间的距离。其值越大，阴影越向灯光的方向偏移。

- 光子发射半径：这个参数与发光贴图有关。

- 天空模型：指定用于生成 VRay 天空（VRaySky）纹理的过程模型。
- 间接水平照明：指定来自天空的水平表面照明强度。
- 地面反照率：改变地面的颜色。
- 混合角度：控制大小的梯度形成的 VRay 天空（VRaySky）之间的地平线和实际的天空夹角。
- 地平线偏移：从默认位置（绝对地平线）偏移地平线。
- 排除：与标准灯光一样，用来排除物体的照明。

在创建"VRay 太阳"后，会弹出提示对话框，提示是否为"环境贴图"添加一张"VRay 天空"贴图，如图 8-59 所示。

VRay 天空是 VRay 灯光系统中的一个非常重要的照明系统，一般是与 VRay 太阳配合使用。VRay 没有真正的天光引擎，所以只能用环境光来代替。

图 8-59

在"V-Ray 太阳"对话框中单击"是"按钮后，按 8 键打开"环境和效果"窗口，为"环境贴图"加载"VRay 天空"贴图，这样就可以得到 VRay 的天光。按 M 键打开"材质编辑器"窗口，将鼠标指针放置在"VRay 天空"贴图处，按住鼠标左键将"VRay 天空"贴图拖曳到一个空的材质球上，选择"实例"复制，这样就可以调节"VRay 天空"贴图的相关参数。

"VRay 天空参数"卷展栏中的各选项功能介绍如下。

- 指定太阳节点：默认为关闭，此时 VRay 天空的参数与 VRay 太阳的参数是自动匹配的；勾选该复选框时，用户可以从场景中选择不同的灯光，此时 VRay 太阳将不再控制 VRay 天空的效果，VRay 天空将用它自身的参数来改变天光的效果。
- 太阳光：单击"无"按钮可以选择太阳光，这里除了可以选择 VRay 太阳外，还可以选择其他的灯光。

其他参数与"VRay 太阳参数"卷展栏中的对应参数的含义相同。

8.2.7 课堂案例——室内场景布光

案例学习目标

学习 VRay 灯光。

案例知识要点

通过为室内洗手间空间的灯光布局来学习 VRay 灯光的使用，完成的光效如图 8-60 所示。

室内场景布光

图 8-60

⊕ 原始场景所在位置

随书资源：场景 /cha08/ 室内灯光 .max。

⊕ 效果图场景所在位置

随书资源：场景 /cha08/ 室内灯光布局 .max。

⊕ 贴图所在位置

随书资源：贴图。

（1）打开原始场景文件，如图 8-61 所示。

（2）渲染当前场景得到图 8-62 所示的效果，在此场景渲染出的效果图可以看出窗外有发光材质。在此场景的基础上，我们为其创建灯光。

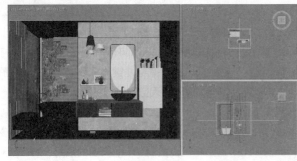 

图 8-61   图 8-62

（3）在窗户的位置上创建 VRay 灯光，在场景中调整灯光的位置和灯光照明的朝向，切换到 🗋（修改）命令面板，在"常规"卷展栏中设置"倍增"为 5.0，设置灯光的颜色为浅蓝色，用来设置一个冷色调的主光源；在"选项"卷展栏中勾选"不可见"复选框，取消"影响高光"和"影响反射"两个复选框的勾选，如图 8-63 所示。

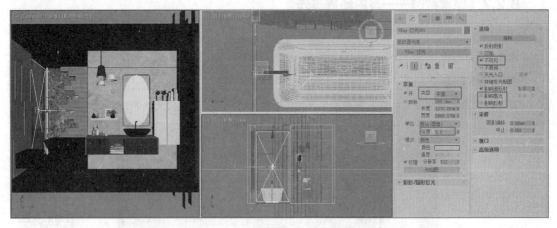

图 8-63

（4）在"左"视图中创建 VRay 灯光，在场景中调整灯光的位置和朝向，切换到 🗋（修改）命令面板，在"常规"卷展栏中设置"倍增"为 5.0，设置灯光的颜色为暖色（如淡橘色）；在"选项"卷展栏中勾选"不可见"复选框，取消"影响高光"和"影响反射"两个复选框的勾选，如图 8-64 所示。

（5）在"前"视图中图 8-65 所示的位置创建 VRay 灯光，在"常规"卷展栏中设置"倍增"为 5.0，设置灯光的颜色为暖色（如淡橘色），在"选项"卷展栏中勾选"不可见"复选框，取消"影响高光"和"影响反射"两个复选框的勾选。

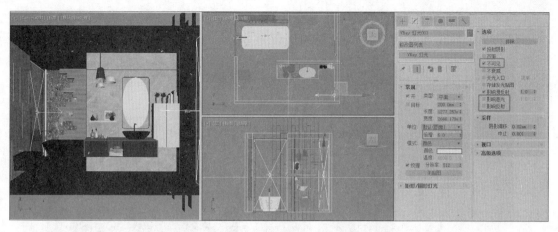

图 8-64

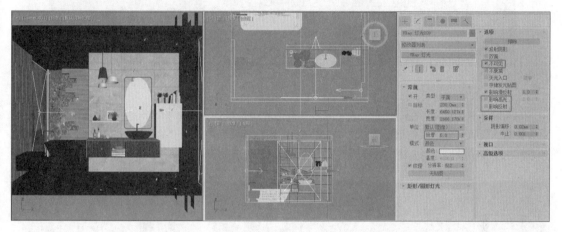

图 8-65

（6）在吊灯的位置创建 VRay 灯光，在"常规"卷展栏中选中灯光类型为"球体"，设置"半径"为 20.0、"倍增"为 50.0，设置灯光为暖光（如淡橘色），如图 8-66 所示。

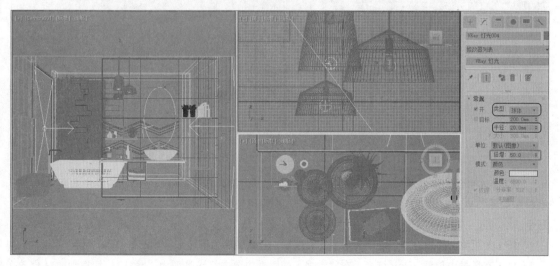

图 8-66

（7）在场景中选中镜面模型，在"顶"视图中按住 Shift 键沿 y 轴向上移动，在弹出的对话框中选中"复制"单选按钮，单击"确定"按钮，如图 8-67 所示。

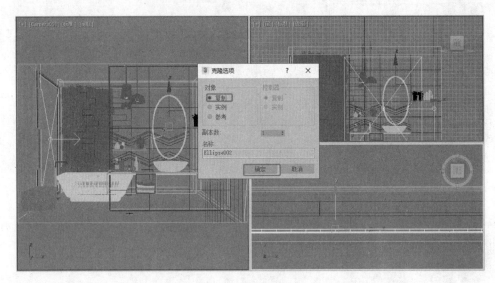

图 8-67

（8）在场景中创建 VRay 灯光，在"常规"卷展栏中选中灯光类型为"网格"，切换到 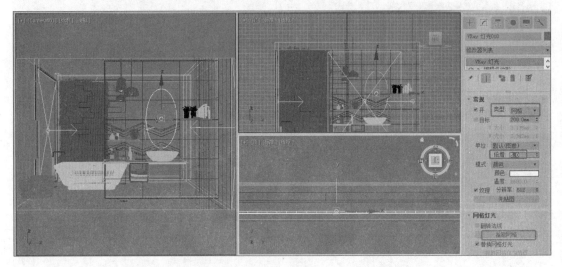（修改）命令面板，设置灯光的"倍增"为 5.0，在"网格灯光"卷展栏中选择"拾取网格"按钮，在场景中拾取复制出的镜子模型，将该模型转换为灯光，如图 8-68 所示。

图 8-68

（9）在洗手台墙面的上方创建"线"，选中线，在"渲染"卷展栏中勾选"在渲染中启用"和"在视口中启用"复选框，选择渲染类型为"矩形"，设置"长度"为 20.0、"宽度"为 20.0，如图 8-69 所示。

（10）为可渲染的线施加"编辑多边形"修改器，将其转换为多边形，如图 8-70 所示。

（11）在场景中创建 VRay 灯光，在"常规"卷展栏中选中灯光类型为"网格"，切换到 （修改）

命令面板，设置灯光的"倍增"为 5.0，在"网格灯光"卷展栏中单击"拾取网格"按钮，在场景中拾取转换为多边形的线，将该模型转换为灯光，作为墙面顶上的装饰线条灯，如图 8-71 所示。

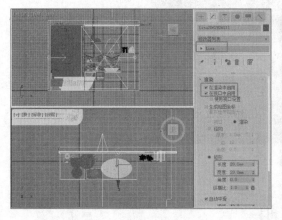

图 8-69

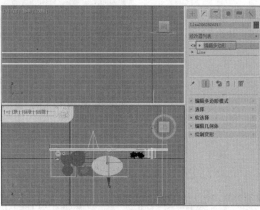

图 8-70

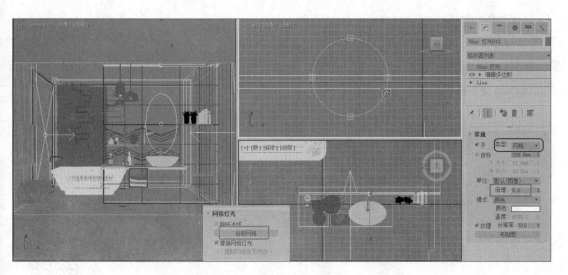

图 8-71

（12）对场景进行渲染，如果场景过亮，则用户可以降低灯光的"倍增"参数，这里就不详细介绍了。

8.3 课堂练习——创建筒灯照明

练习知识要点

筒灯是一种商业照明灯具；它是一种点光源灯具，通常是分布在商场等的天花板上，作为空间照明光源使用，如图 8-72 所示。

场景所在位置

随书资源：场景 /cha08/ 筒灯照明 .max。

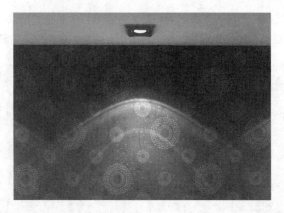

创建筒灯照明

图 8-72

8.4 课后习题——设置摆件照明

⊕ 练习知识要点

为摆件设置一个合适的灯光，完成的效果图如图 8-73 所示。

⊕ 场景所在位置

随书资源：场景 /cha08/ 摆件照明 .max。

设置摆件照明

图 8-73

Chapter

9

第9章
综合实训案例——现代客餐厅

本章将以现代客餐厅的制作为例详细地介绍如何搭建模型、设置材质、创建灯光和设置渲染等。

课堂学习目标

- 熟练掌握室内框架的搭建
- 熟练掌握模型的导入及调整
- 熟练掌握灯光的创建
- 熟练掌握渲染设置

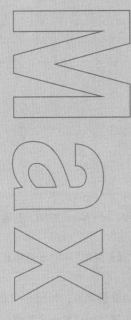

➕ 案例学习目标

　　本案例讲解了从基础的场景建模慢慢深入到材质、相机、灯光设置，再到最终软装色调的搭配，从而完整表现了家装制图的流程。

➕ 案例知识要点

现代客餐厅 1　现代客餐厅 2

　　通过使用各种工具、命令和修改器来制作室内的模型，再通过设置材质、灯光和渲染来完成室内客餐厅效果图的制作，如图 9-1 所示。

图 9-1

➕ 效果图场景所在位置

　　随书资源：场景 /cha09/ 客餐厅 .max。

➕ 贴图所在位置

　　随书资源：贴图。

9.1 室内框架的搭建

　　首先，我们来学习室内框架的搭建。

9.1.1 输出 CAD 室内框架

　　在创建场景模型前，需先将平面图纸整理出来，将图纸写块，以便导入 3ds Max 2020，然后进行框架、吊顶、造型模型的创建。

　　（1）打开 CAD 图纸文件 "cha09/ 客餐厅 .dwg"，打开后可以看到 "平面布局图" 和 "地面铺装图"，如图 9-2 所示。

　　（2）将平面布局图中不需要的部分删除，保留客餐厅的框架及大概的家具定位，如图 9-3 所示。

　　（3）按 W 键打开 "写块" 窗口，单击 🔲（拾取点）按钮，单击鼠标左键随便拾取一个基点；返回到 "写块" 窗口，单击 🔲（选择对象）按钮，选择需要拾取的图纸；按 "空格" 键返回 "写块" 窗口，选择 "插入单位" 为 "无单位"，单击 🔲（显示标准文件选择对话框）按钮，指定一个输出路径，如图 9-4 所示。

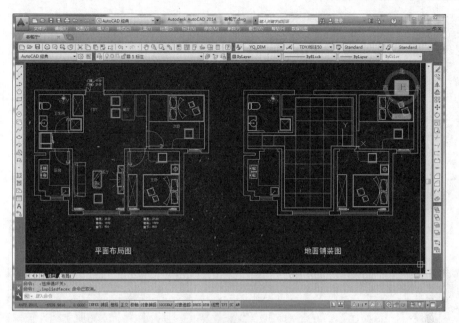

图 9-2

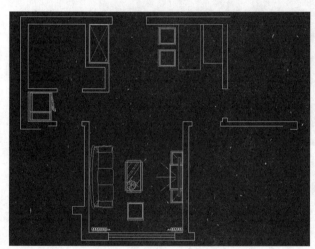

图 9-3

图 9-4

9.1.2　室内框架模型的制作

（1）打开 3ds Max 2020 软件，选择"文件 > 导入 > 导入"命令，在打开的对话框中选择导入之前制作的新块，单击"打开"按钮，在打开的"AutoCAD DWG/DXF 导入选项"窗口中单击"确定"按钮即可。按 Ctrl+A 组合键选择导入的图纸，将模型成组，并修改对象颜色，将其改为在背景色下较为明显的颜色，如图 9-5 所示。

（2）按 W 键激活 ✛（选择并移动）工具，在"坐标显示"区域中右击每个坐标的 ⬍（微调器）按钮，将图纸坐标归零，如图 9-6 所示。

（3）单击"✛（创建）> ▣（图形）> 样条线 > 线"按钮，在"顶"视图中根据场景轮廓绘制封闭的图形，在有门和窗的位置需创建点，创建的图形如图 9-7 所示。

（4）为图形施加"挤出"修改器，设置层高数量为 2750.0，如图 9-8 所示。

图 9-5

图 9-6

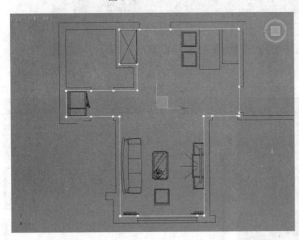

图 9-7

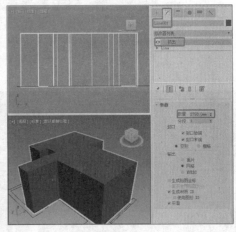

图 9-8

（5）为模型施加"编辑多边形"修改器，将选择集定义为"边"，以入户门为例，选择两条边，单击鼠标右键，在弹出的四元菜单中选择"连接"命令，连接边，如图 9-9 所示。切换到"前"视图，按 S 键激活 ![捕捉] （捕捉开关）按钮，先将线高度调至与平面图平齐，再抬高 2100.0mm，设置门高。

![图标] 操作提示

在"坐标显示"区域中单击 ![图标] （绝对模式变换输入）按钮，激活 ![图标] （偏移模式变换输入）按钮，可在各轴向设置精准偏移距离。

（6）将选择集定义为"多边形"，选择作为门的多边形，单击鼠标右键，在弹出的四元菜单中单击"挤出"前的 ![图标] （设置）按钮，在弹出的小盒中设置合适的挤出数量，如图 9-10 所示；按 Delete 键将选中的多边形删除。

（7）使用之前的方法完成各个门洞及窗洞的制作，如图 9-11 所示。为窗洞连接线时，需单击 ![图标] （设置）按钮，设置"分段"为 2。

（8）为模型施加"法线"修改器，用鼠标右键单击模型，在弹出的四元菜单中选择"对象属性"命令，勾选"背面消隐"复选框，便于观察，如图 9-12 所示。

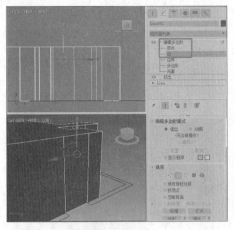

图 9-9

图 9-10

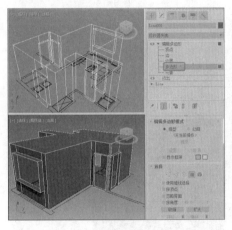

图 9-11

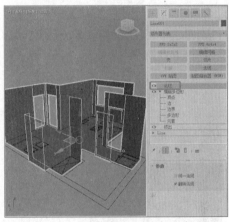

图 9-12

（9）再次为模型施加"编辑多边形"修改器，将选择集定义为"多边形"，将顶面、地面、地面过门石材质分离出来，以便于后期材质的指定，如图 9-13 所示。

框架模型制作完成后，下面开始制作踢脚线、窗台石、地面造型等模型。

（1）创建图 9-14 所示的样条线以作为踢脚线，门洞处均无线段。

 操作提示

用户也可以在关闭选择集后，按 Ctrl+V 组合键复制模型，多次单击 （从修改器堆栈中移除）按钮，将所有的修改移除只保留原始的线条，将多余的点和线段删除。

（2）为模型施加"挤出"修改器，设置挤出的"数量"为 100.0，取消"封口始端"复选框和"封口末端"复选框；然后施加"壳"修改器，设置"外部量"为 10.0，勾选"将角拉直"，如图 9-15 所示。

（3）在"顶"视图中创建矩形以作为窗台石，为矩形施加"编辑样条线"修改器调整点的位置，做出窗台石两侧耳朵及探出部分；为图形施加"挤出"修改器，设置合适的数量，并调整模型至合适的位置，如图 9-16 所示。

（4）为模型施加"编辑多边形"修改器，选择室内两条边，用鼠标右键单击模型，单击"切角"前的■（设置）按钮，在弹出的小盒中设置合适的参数，如图 9-17 所示。

图 9-13

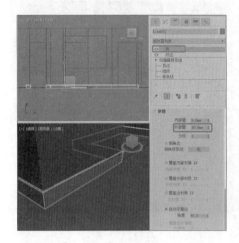

图 9-15

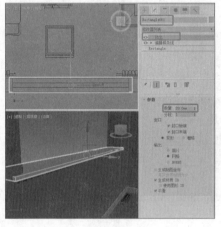

图 9-16

（5）复制墙体模型作为墙角串边，将所有的修改器移除，将选择集定义为"顶点"，删除多余的定点；将选择集定义为"样条线"，为样条线设置"轮廓"为 150.0，如图 9-18 所示。

图 9-17

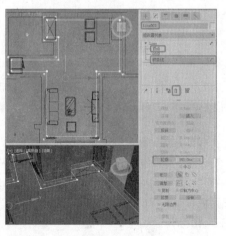

图 9-18

（6）将选择集定义为"顶点"，分别调整玄关衣柜和走廊冰箱处的点，为图形施加"挤出"修改器，设置合适的数量，并调整模型至合适的位置，如图 9-19 所示。内圈线调整点是为了完成后串边的砖为均匀的。

（7）按 Ctrl+V 组合键复制串边模型，将选择集定义为"样条线"，删除外圈样条线，再为内圈样条线向内设置轮廓，轮廓的数量为 30.0，如图 9-20 所示。

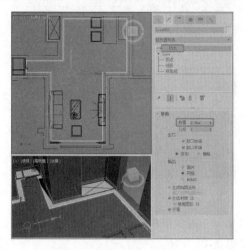 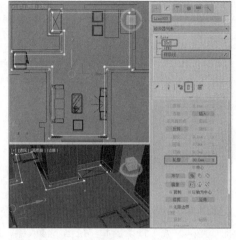

图 9-19 图 9-20

然后，制作吊顶及装饰线条模型。

（1）创建图 9-21 所示的线作为吊顶，窗边预留 200mm 用于放置窗帘盒，吊顶边宽设置为 350mm，走廊吊顶宽设置为 750mm ~ 800mm。

（2）为图形施加"挤出"修改器，设置挤出的"数量"为 100.0，取消"封口末端"复选框便于观察模型，调整吊顶的最低点为顶下 300mm，如图 9-22 所示。

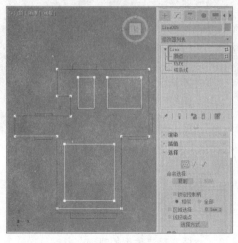 

图 9-21 图 9-22

（3）复制吊顶模型作为吊顶内饰黑金线条，将"可编辑样条线"的选择集定义为"样条线"，删除外侧的样条线，并为内侧 3 个样条线设置轮廓，向内轮廓为 15.0mm；选择"挤出"修改器，设置"数量"为 85.0，调整模型至合适的位置，如图 9-23 所示。

（4）按 Ctrl+V 组合键复制模型作为石膏板带造型，将"可编辑样条线"的选择集定义为"样条线"，删除外侧的样条线，再为内侧的 3 条样条线设置轮廓，向内轮廓为 10.0mm；选择"挤出"修改器，设置"数量"为 70.0，调整模型至合适的位置；使用同样的方法再制作一圈石膏板带造型，如图 9-24 所示。

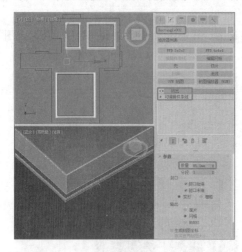

图 9-23

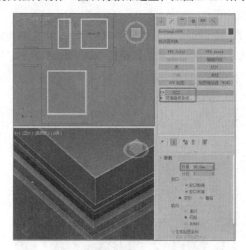

图 9-24

（5）创建图形作为吊顶立封板，侧封板与吊顶内边沿一般保留 80mm ～ 100mm 用来布置反光灯槽，为图形施加"壳"修改器和"挤出"修改器，如图 9-25 所示。

（6）创建完成的场景框架模型如图 9-26 所示。

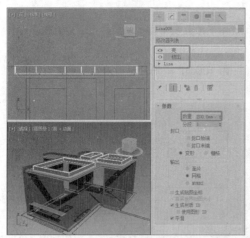

图 9-25

图 9-26

9.2 设置测试渲染

在指定材质前，需先设置测试渲染。测试渲染便于设置材质及最终效果的观察。

（1）按 F10 键打开"渲染设置"面板，单击"渲染器"右侧的 ▼ 按钮，在弹出的下拉列表中选择"V-Ray 5, hotfix 2"渲染器；在"公用"选项卡中设置一个合适的输出尺寸，如图 9-27 所示。

（2）切换到"V-Ray"选项卡，在"全局开关"卷展栏中选择参数为默认，设置"二次光线偏移"为 0.001，以避免后期共面；在"图像过滤"卷展栏中取消"图像过滤器"，如图 9-28 所示。

（3）在"环境"卷展栏中勾选"GI 环境"，设置"颜色"的色块为青蓝色（与外景天空同色），设置亮度倍增为 0.0，使其只反射，不照明，如图 9-29 所示。

操作提示

测试渲染及成图渲染在设置完成后，用户均可单击"预设"右侧的下拉按钮，选择"保持预设"命令，为文件命名，将预设存储起来，在弹出的"选择预设类别"窗口中选择除"公用"外的所有选项，单击"保存"按钮，这样可以将预设参数保存起来，便于下次调用；下次调用参数时展开"预设"下拉列表，找到之前保存的预设名称，直接选择即可。

图 9-27

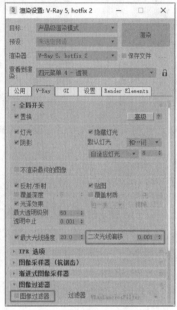

图 9-28

图 9-29

（4）将选择集定义为"GI"，在"全局照明"卷展栏中选择"标准"参数，选择"首次引擎"为"发光贴图"、选择"二次引擎"为"灯光缓存"；在"发光贴图"卷展栏中选择"当前预设"为"非常低"，再选择为"自定义"，设置"最小比率"为 -5、"最大比率"为 -4，设置"细分"为 20、"插值采样"为 20，如图 9-30 所示。

（5）在"灯光缓存"卷展栏中设置"细分"为 100，如图 9-31 所示。

（6）切换到"设置"选项卡，在"系统"卷展栏中选择"标准"参数，勾选"动态分割渲染块"，设置"动态内存限制"为 16000，选择"默认几何体"为"自动"、选择"最大树向深度"为 90，如图 9-32 所示。

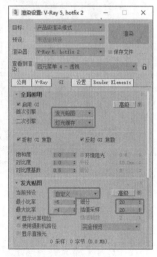

图 9-30

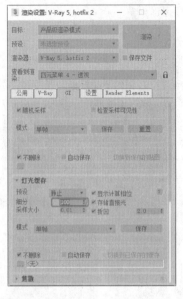

图 9-31   图 9-32

9.3 设置材质

（1）单击 ▣（材质编辑器）按钮（或按 M 键）打开"材质编辑器"，选择材质球，将材质命名为"乳胶漆 – 白"，指定"VRayMtl"材质，设置"漫反射"的"亮度"为 250，设置"反射"的"亮度"为 5，设置"光泽度"为 0.68，取消"菲涅尔反射"；在场景中选择吊顶及板带模型，单击 ☜（将材质指定给选定对象）按钮将材质指定给模型，如图 9-33 所示。

（2）将乳胶漆的材质球拖曳到一个新的材质球上，将其命名为"壁纸墙面 01"，如图 9-34 所示。

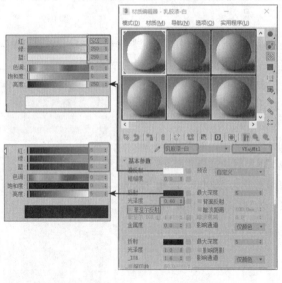

图 9-33   图 9-34

（3）为"漫反射"指定"位图"贴图，贴图文件位于随书资源文件"贴图 /2016051 (32).jpg"中，进入"漫反射贴图"层级面板，设置"模糊"为 1.0，如图 9-35 所示。

（4）将材质指定给墙体模型，为模型添加"UVW 贴图"修改器，在"参数"卷展栏中选择贴图的类型为"长方体"，设置"长度""宽度""高度"均为 1200.0，如图 9-36 所示。

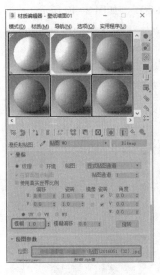

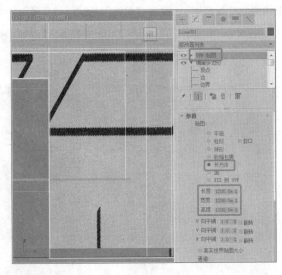

图 9-35　　　　　　　　　　　　　　　　图 9-36

（5）选择一个新的材质球，将其命名为"地砖 01"，将材质转换为"VRayMtl"，为"漫反射"指定"平铺"贴图；进入"漫反射贴图"层级面板，选择"预设类型"为"堆栈砌合"，在"高级控制"卷展栏的"平铺设置"选项组中设置"水平数"和"垂直数"均为 2.0，设置"淡出变化"为 0.0，为"纹理"指定"位图"贴图，贴图文件位于随书资源文件"贴图 / 巴西香雪梅 ACS591080P.jpg"下；在"砖缝设置"选项组中设置"水平间距"和"垂直间距"为 0.18，设置"纹理"的颜色，设置"亮度"为 234，如图 9-37 所示。

（6）单击 ⬧（转到父对象）按钮返回上一层面板，为"反射"指定"衰减"贴图，进入"反射贴图"层级面板，选择"衰减类型"为 Fresnel，设置"折射率"为 1.6，如图 9-38 所示。

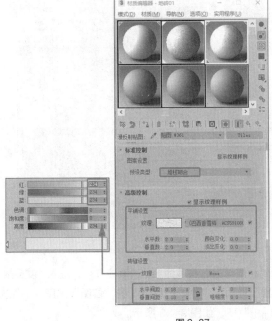

图 9-37　　　　　　　　　　　　　　　　图 9-38

（7）返回上一层面板，设置"反射光泽度"为 0.98，取消"菲涅尔反射"，如图 9-39 所示。

（8）在场景中选择客厅大面积地砖，将材质指定给选定对象，为模型添加"UVW 贴图"修改器，选择贴图类型为"长方体"，设置"长度""宽度""高度"均为 1600.0，如图 9-40 所示。

图 9-39

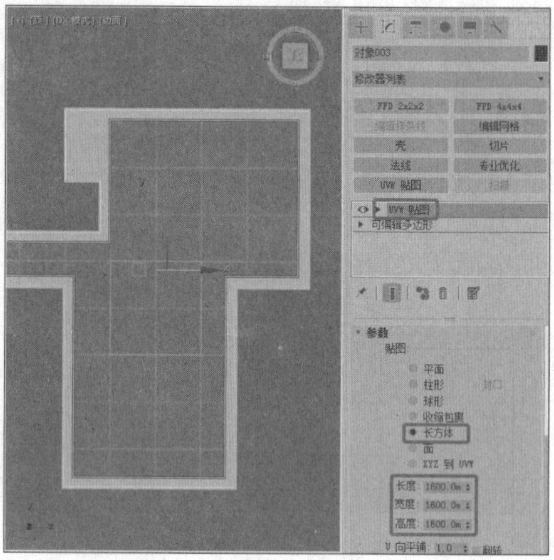

图 9-40

（9）将"地砖 01"的材质球拖曳到一个新的材质球上，将其命名为"地砖 02"，进入"漫反射贴图"层级面板，在"高级控制"卷展栏的"平铺设置"选项组中更改"纹理"的"位图"贴图，贴图文件位于随书资源文件"贴图 / 玛雅印象 ACS626080P（2 代产品）.jpg"中，如图 9-41 所示。

（10）在场景中选择宽 30mm 的串边模型，将材质指定给选定对象，添加"UVW 贴图"修改器，设置模型贴图参数如图 9-42 所示。

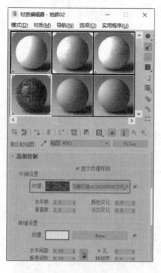

图 9-41

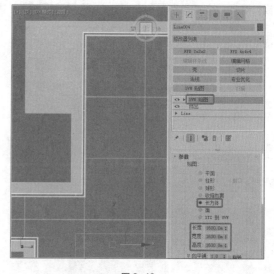

图 9-42

（11）将"地砖 02"的材质球拖曳到一个新的材质球上，将其命名为"地砖 03"，进入"漫反射贴图"层级面板，在"高级控制"卷展栏的"平铺设置"选项组中更改"纹理"的"位图"贴图，贴图文件位于随书资源文件"贴图 /ACT056080L 古堡灰 3.jpg"下，如图 9-43 所示。

（12）在场景中选择墙角的串边模型，将材质指定给选定对象，添加"UVW 贴图"修改器，设置模型贴图参数，如图 9-44 所示。

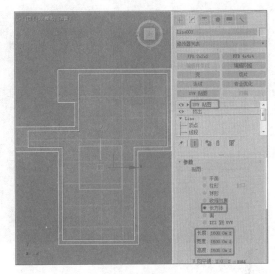

图 9-43　　　　　　　　　　　　　　　　　图 9-44

（13）将"地砖 02"的材质球拖曳到一个新的材质球上，将其命名为"地砖 04"，进入"漫反射贴图"层级面板，将"纹理"的"位图"贴图覆盖到"平铺"上，如图 9-45 所示。

（14）在场景中选择过门石模型，将材质指定给选定对象，为模型添加"UVW 贴图"修改器，选择贴图类型为"平面"，设置"长度"和"宽度"均为 800.0，如图 9-46 所示。

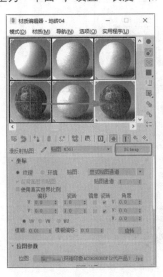

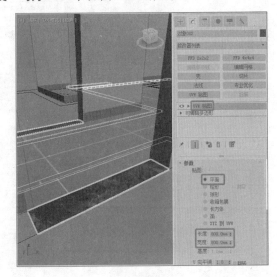

图 9-45　　　　　　　　　　　　　　　　　图 9-46

（15）将"地砖 03"的材质球拖曳到一个新的材质球上，将其命名为"地砖 05"，进入"漫反射贴图"层级面板，将"纹理"的"位图"贴图覆盖到"平铺"上，如图 9-47 所示。

（16）在场景中选择踢脚线模型，将材质指定给选定对象，为模型添加"UVW 贴图"修改器，选择贴图类型为"长方体"，设置"长度""宽度""高度"均为 800.0，如图 9-48 所示。

（17）选择一个新的材质球，将其命名为"金属 – 黑钢"，指定"VRayMtl"材质，设置"漫反射"

的"亮度"为 23、"反射"的"亮度"为 255，使用默认的菲涅尔反射即可，如图 9-49 所示，将材质指定给场景中的黑钢线条。

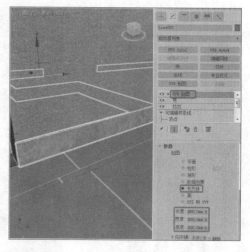

图 9-47　　　　　　　　　　　　　　　　图 9-48

操作提示

将制作的场景存储以作为备份，另存场景后继续接下来的制作。

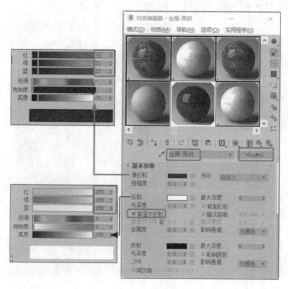

图 9-49

9.4 导入素材模型

　　室内的框架模型、材质及测试渲染设置完成后，下面将为场景导入需要的一些软装素材模型。

　　（1）在菜单栏中选择"文件 > 导入 > 合并"命令，导入门窗模型，模型文件位于随书资源文件"场

景 /cha09/ 门窗 .max"下。如果导入的模型不合适，可以做适当调整，还可以复制模型并调整模型至合适的位置，如图 9-50 所示。

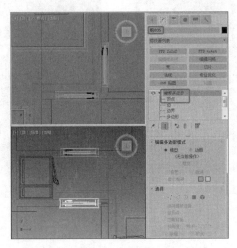

图 9-50

 操作提示

摆放门时，应注意门的开启方向，门套内侧卡到门洞边沿。

（2）调整窗户及窗套，如图 9-51 所示。

（3）调整入户门，如图 9-52 所示。

（4）继续导入剩余的模型，模型文件位于随书资源文件"素材模型 / 家具、灯具及造型 .max"下，餐厅摆放后的效果如图 9-53 所示。

  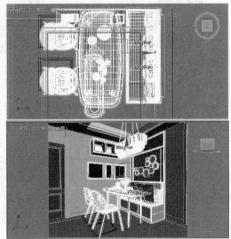

图 9-51   图 9-52   图 9-53

（5）调整定制衣柜及冰箱柜体，如图 9-54 所示。

（6）调整客厅模型，如图 9-55 所示。

 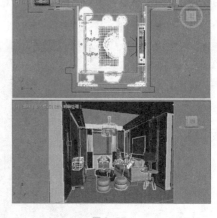

图 9-54   图 9-55

（7）在入户吊顶处创建平面作为平面吊顶，复制并调整筒灯模型，如图 9-56 所示。

（8）在"顶"视图中根据吊顶制作一圈黑钢嵌条，如图 9-57 所示。

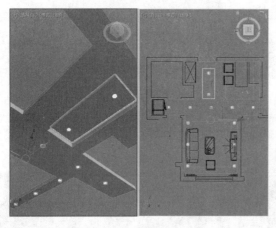 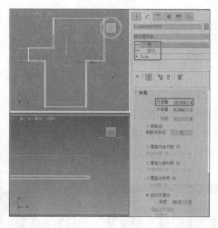

图 9-56   图 9-57

9.5 创建摄影机

单击"➕（创建）> ▣（摄影机）> 标准 > 目标"按钮，在"顶"视图中创建摄影机，分别创建客厅和餐厅的摄影机；设置"镜头"为 24mm，调整相机的高度为 1200mm，调整完成的客厅相机角度如图 9-58 所示，餐厅相机角度为如图 9-59 所示。

 操作提示

家装室内镜头多使用 22mm ~ 28mm，相机成像效果合适即可；相机高度多为 900mm ~ 1200mm；如镜头前有遮挡，可使用"剪切平面"中的"手动剪切"调整。

图 9-58   图 9-59

9.6 创建灯光

场景灯光的创建以自模仿真实光源为原则，如自然环境光源、主光源、辅助光源、补光等。打灯光宜精不宜多，否则会因无法体现物体的真实光影关系而失真。

（1）在"顶"视图中创建"弧"作为外景背景板，为弧施加"挤出"修改器，设置合适的参数；为模型施加"法线"修改器，用鼠标右键单击模型，在"对象属性"中勾选"背面消隐"，如图 9-60 所示。

操作提示

施加"法线"修改器是为了可以正常渲染，背面是无法渲染的；设置"背面消隐"是为了便于观察。

（2）按 M 键打开材质编辑器，选择一个新的材质球，将材质命名为"环境 – 背景板"，将材质转换为"VRay 灯光材质"，设置颜色的倍增为 1.6，为"颜色"指定"位图"贴图，贴图文件位于随书资源文件"场景 /cha09/2015-011-52-147.jpg"下；进入"灯光颜色"层级面板，激活 ▣ （视口中显示明暗处理材质），可在指定材质后显示图像，如图 9-61 所示。

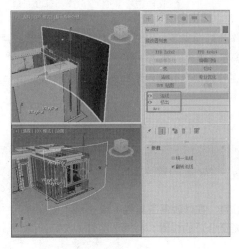

图 9-60   图 9-61

（3）将材质指定给背景板，为模型施加"UVW 贴图"修改器，选择贴图类型为"长方体"，在"对齐"选项组中单击"适配"按钮使贴图适配模型，如图 9-62 所示。

操作提示

施加"UVW 贴图"修改器后模型只是亮光显示，看不到图像。此时可以在材质中单击"颜色"后的色块，将亮度降低，这样只是便于图像显示。

（4）在"前"视图中使用"VRayLight"（VR 灯光）创建平面光，该灯光作为自然光源，比窗洞处的稍小，比玻璃处的稍大即可；在"一般"卷展栏中选择"模式"为"色温"，设置"温度"为 7200.0、"倍增器"为 10.0；在"选项"卷展栏中勾选"不可见"，取消"影响反射"；在"顶"视图中以"实例"形式复制灯光作为补光，灯光位于窗内即可，使用 （选择并非均匀缩放）工具将灯光缩小，如图 9-63 所示。

操作提示

同类灯光应使用"实例"复制，便于在调试阶段修改。

图 9-62

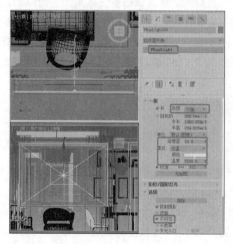

图 9-63

（5）在"顶"视图中继续创建 VRayLight 作为灯池光源，以"实例"形式复制模型，并调整模型至合适的位置，灯光之间预留点空隙，两个灯池需要 8 盏灯；在"一般"卷展栏中选择"模式"为"色温"，设置"温度"为 4500.0、"倍增器"为 10.0；在"选项"卷展栏中勾选"不可见"，取消"影响反射"，如图 9-64 所示。

操作提示

灯带宽度较窄，所以灯光的半长应保持为 15mm ~ 20mm。

（6）复制一个灯池灯光作为衣柜及吊灯的灯带，在修改器工具栏中单击 （使唯一）按钮使其具有唯一性，以"实例"形式复制灯光，并调整灯光至合适的位置，共需 7 盏灯（衣柜 2 盏、吊柜 3 盏、卡座背景造型 2 盏），如图 9-65 所示。

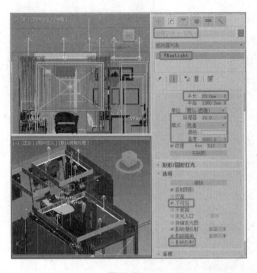
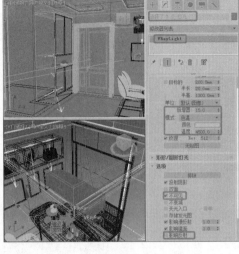

图 9-64　　　　　　　　　　　　　　　　　　图 9-65

（7）在"前"视图中创建光度学目标灯光作为筒灯，在"常规参数"卷展栏中取消"目标"，在"阴影"选项组中勾选"启用"，选择阴影类型为"VRayShadow"（VR 阴影），选择"灯光分布（类型）"为"光度学 Web"；在"分布（光度学 Web）"卷展栏中单击"选择光度学文件"按钮选择光度学文件，文件位于随书资源文件"贴图 / 经典筒灯 .ies"下；在"图形 / 区域阴影"卷展栏中选择光线类型为"点光源"；在"强度 / 颜色 / 衰减"卷展栏中设置"开尔文"为 6500.0，在"结果强度"中勾选倍增，设置为 300.0%；以"实例"形式复制灯光并调整灯光至合适的位置，共 13 盏灯，如图 9-66 所示。

（8）在场景中创建 VRayLight 作为餐厅吊灯、客厅吊灯和台灯的光源，在"一般"卷展栏中选择灯光类型为"球体"，选择"模式"为"色温"，设置"温度"为 4500.0、"倍增器"为 150.0；在"选项"卷展栏中勾选"不可见"，取消"影响反射"，以"实例"形式复制灯光并调整灯光至合适的位置，如图 9-67 所示。

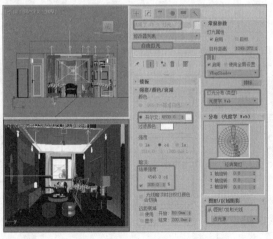

图 9-66　　　　　　　　　　　　　　　　　　图 9-67

（9）在"顶"视图中创建 VRayLight 平面光作为餐厅和客厅吊灯的补光，设置"倍增器"为 10.0，设置"模式"为"颜色"并设置"颜色"为白色、"亮度"为 255，勾线"不可见"，取消"影响反射"；

灯光尺寸比灯具稍大一点，高度均为灯具上方，如图 9-68 所示。

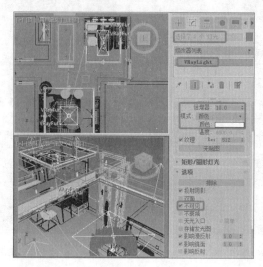

图 9-68

9.7 测试渲染场景

测试渲染是指渲染低质量的效果图，这样既方便调试场景的灯光及材质，又可提前观察效果。测试达到满意效果后即可渲染成图。

激活摄影机视口，单击 （渲染产品）按钮，测试渲染的效果如图 9-69 和图 9-70 所示。

🎯 **操作提示**

渲染时会出现曝光现象，只需在 VR 帧窗口中激活 □（显示色彩在 sRGB 空间）按钮即可解决此问题。图 9-69 和图 9-70 的效果也是存储时的真实效果。

图 9-69

图 9-70

9.8 最终渲染场景

（1）按 F10 键打开"渲染设置"面板，设置最终的渲染输出尺寸，如图 9-71 所示。

（2）切换到"V-Ray"选项卡，在"图像采样器（抗锯齿）"卷展栏中选择"类型"为"渲染块"；在"渲染块图像采样器"卷展栏中设置"最小细分"为 1、"最大细分"为 24、"噪波阈值"为 0.005；在"图像过滤器"卷展栏中启用"图像过滤器"，选择"过滤器"为 Catmull-Rom，如图 9-72 所示。

（3）在"颜色映射"卷展栏中选择类型为"指数"，如图 9-73 所示。

| 图 9-71 | 图 9-72 | 图 9-73 |

（4）切换到"GI"选项卡，在"发光贴图"卷展栏中选择"当前预设"为"中"，设置"细分"为 50、"插值采样"为 30；在"灯光缓存"卷展栏中设置"细分"为 1500，如图 9-74 所示。

（5）如需在后期制作中使用通道图，可切换到"Render Elements"（渲染元素）选项卡，添加"VRay 线框颜色"（见图 9-75），并设置一个输出路径，在渲染成图时便会同时渲染一张通道图。

| 图 9-74 | 图 9-75 |

（6）在之前测试渲染中，材质的反射细分、折射细分及灯光的细分均为默认，需手动将 VRay 材质

和灯光的细分依次提高，或使用小插件可以解决此问题；打开随书资源文件"场景 /cha09"文件夹，将"全局灯光材质细分 .mse"文件拖曳到 3ds Max 2020 视口中，此时视口中会弹出"全局灯光材质细分1.4"窗口，将"反射细分""折射细分""灯光细分"均设置为 16，依次单击"反射细分"按钮、"折射细分"按钮、"灯光细分"按钮，即可将场景内材质灯光批量调整细分，如图 9-76 所示。

图 9-76

（7）渲染完成后的成图效果如图 9-77 和图 9-78 所示。

至此，本案例制作完成。

图 9-77

图 9-78